矿区生态环境修复丛书

有色冶金汞污染控制

刘　恢　刘志楼　杨　姝　柴立元　著

科学出版社
龍門書局
北　京

内 容 简 介

本书结合中南大学国家重金属污染防治工程技术中心在有色冶金行业汞污染控制领域的研究工作，主要从有色金属冶炼烟气中汞的污染控制和资源化回收两个角度详细介绍有色金属工业汞控制现状、有色冶金过程中汞赋存形态与转化行为、有色冶金烟气干法脱汞技术、有色冶金烟气湿法洗涤脱汞技术等内容，阐明汞迁移分配规律，形成汞污染控制技术和汞资源回收技术，为有色冶金汞污染控制提供理论基础和技术支撑，也可为污染物迁移转化行为、先进吸附催化材料制备和应用及资源循环利用等领域的研究提供一定依据和参考。

本书可作为从事有色金属冶炼、环境工程、重金属污染控制等相关工程领域的广大科技工作者、工程技术人员和高等院校专业师生等人员的参考书。

图书在版编目（CIP）数据

有色冶金汞污染控制/刘恢等著. —北京：龙门书局，2021.5
（矿区生态环境修复丛书）
国家出版基金项目
ISBN 978-7-5088-5901-9

I. ①有… II. ①刘… III. ①有色金属冶金-汞污染-污染控制
IV. ①TF8

中国版本图书馆 CIP 数据核字(2021)第 081632 号

责任编辑：李建峰　杨光华　刘　畅/责任校对：高　嵘
责任印制：彭　超/封面设计：苏　波

科 学 出 版 社
龍 門 書 局 出版
北京东黄城根北街 16 号
邮政编码：100717
http://www.sciencep.com
武汉精一佳印刷有限公司印刷
科学出版社发行　各地新华书店经销
*
开本：787×1092　1/16
2021 年 5 月第　一　版　　印张：16
2021 年 5 月第一次印刷　　字数：378 000
定价：208.00 元
（如有印装质量问题，我社负责调换）

“矿区生态环境修复丛书”

编　委　会

“矿区生态环境修复丛书”序

我国是矿产大国，矿产资源丰富，已探明的矿产资源总量约占世界的12%，仅次于美国和俄罗斯，居世界第三位。新中国成立尤其是改革开放以后，经济的发展使得国内矿山资源开发技术和开发需求上升，从而加快了矿山的开发速度。由于我国矿产资源开发利用总体上还比较传统粗放，土地损毁、生态破坏、环境问题仍然十分突出，矿山开采造成的生态破坏和环境污染点多、量大、面广。截至 2017 年底，全国矿产资源开发占用土地面积约 362 万公顷，有色金属矿区周边土壤和水中镉、砷、铅、汞等污染较为严重，严重影响国家粮食安全、食品安全、生态安全与人体健康。党的十八大、十九大高度重视生态文明建设，矿业产业作为国民经济的重要支柱性产业，矿产资源的合理开发与矿业转型发展成为生态文明建设的重要领域，建设绿色矿山、发展绿色矿业是加快推进矿业领域生态文明建设的重大举措和必然要求，是党中央、国务院做出的重大决策部署。习近平总书记多次对矿产开发做出重要批示，强调“坚持生态保护第一，充分尊重群众意愿”，全面落实科学发展观，做好矿产开发与生态保护工作。为了积极响应习总书记号召，更好地保护矿区环境，我国加快了矿山生态修复，并取得了较为显著的成效。截至 2017 年底，我国用于矿山地质环境治理的资金超过 1 000 亿元，累计完成治理恢复土地面积约 92 万公顷，治理率约为 28.75%。

我国矿区生态环境修复研究虽然起步较晚，但是近年来发展迅速，已经取得了许多理论创新和技术突破。特别是在近几年，修复理论、修复技术、修复实践都取得了很多重要的成果，在国际上产生了重要的影响力。目前，国内在矿区生态环境修复研究领域尚缺乏全面、系统反映学科研究全貌的理论、技术与实践科研成果的系列化著作。如能及时将该领域所取得的创新性科研成果进行系统性整理和出版，将对推进我国矿区生态环境修复的跨越式发展起到极大的促进作用，并对矿区生态修复学科的建立与发展起到十分重要的作用。矿区生态环境修复属于交叉学科，涉及管理、采矿、冶金、地质、测绘、土地、规划、水资源、环境、生态等多个领域，要做好我国矿区生态环境的修复工作离不开多学科专家的共同参与。基于此，“矿区生态环境修复丛书”汇聚了国内从事矿区生态环境修复工作的各个学科的众多专家，在编委会的统一组织和规划下，将我国矿区生态环境修复中的基础性和共性问题、法规与监管、基础原理/理论、监测与评价、规划、金属矿冶区/能源矿山/非金属矿区/砂石矿废弃地修复技术、典型实践案例等已取得的理论创新性成果和技术突破进行系统整理，综合反映了该领域的研究内容，系统化、专业化、整体性较强。本套丛书将是该领域的第一套丛书，也是该领域科学前沿和国家级科研项目成果的展示平台。

本套丛书通过科技出版与传播的实际行动来践行党的十九大报告“绿水青山就是金山银山”的理念和“节约资源和保护环境”的基本国策，其出版将具有非常重要的政治意义、理论和技术创新价值及社会价值。希望通过本套丛书的出版能够为我国矿区生态环境修复事业发挥积极的促进作用，吸引更多的人才投身到矿区修复事业中，为加快矿区受损生态环境的修复工作提供科技支撑，为我国矿区生态环境修复理论与技术在国际上全面实现领先奠定基础。

干　勇　胡振琪　党　志
柴立元　周连碧　束文圣
2020 年 4 月

前　言

汞是一种剧毒重金属，具有持久存在、生物累积及全球迁移的污染特性，严重威胁生态环境与人类健康。2013 年，中国与全球其他 86 个国家和地区共同签署了《关于汞的水俣公约》，旨在降低全球汞排放，减少汞的危害。

有色金属冶炼行业是我国主要的人为汞排放源，也是国际汞公约重点管控的行业。有色金属矿物通常伴生一定量的汞，在冶炼过程中约有 90%以上的伴生汞会转化进入烟气，因此烟气汞的治理是有色冶金汞污染控制的关键。除汞以外，冶炼烟气中还含有高浓度甚至超高浓度的 SO_2，导致治理难度增加。目前主要依靠余热回收+电除尘+湿法洗涤+电除雾+转化吸收制酸+湿法脱硫等烟气处理设施被动脱汞，造成汞在烟气处理全流程分散及二次污染，增加汞污染防治的难度。另外，汞是一种重要的战略资源，广泛应用在化工、核能等重点行业，但国际汞公约已限制原生汞矿开采及贸易，从冶炼烟气回收伴生汞资源将成为国民经济发展的重要支撑。

针对目前有色金属冶炼汞污染控制面临的诸多问题，本书提出“冶炼烟气脱除零价汞—深度净化洗涤液汞—选择性回收固相中汞”全流程控制与回收汞资源的新思路，并开展了新材料、新工艺、新技术的研究。基于此，本书总结有色冶金烟气汞污染控制技术发展和政策要求，结合中南大学国家重金属污染防治工程技术中心在有色金属冶炼汞污染控制领域取得的研究成果，从汞赋存形态和转化行为、干法湿法脱汞技术和汞资源化回收等角度进行详细介绍。全书共分为 5 章，第 1 章主要从汞产排特征、汞污染控制的政策要求和汞污染控制技术及发展趋势等角度介绍有色金属工业汞污染控制现状；第 2 章主要从烟尘中汞的分布、性质和形态，洗涤过程中汞的分布及形态转变、汞的再释放等角度介绍有色金属冶炼过程中汞赋存形态与转化行为；第 3 章主要从无水硫酸铜催化氧化脱汞、Cu_xO@C 异质结构材料催化氧化脱汞、MoS_2 催化转化脱汞、硒化铜吸附脱汞、金属掺杂氧化铈催化脱汞等角度详细介绍有色冶金烟气干法脱汞技术；第 4 章主要从硫脲配位氧化脱除零价汞、硫化铜胶体强化湿法洗涤净化脱汞、均相纳米硫分散液捕汞等角度介绍有色冶金烟气湿法洗涤脱汞技术；第 5 章主要从酸性含汞溶液中电沉积回收汞、冶炼含汞固废碘化法选择性回收汞等角度介绍有色冶金含汞废物资源化回收技术。

本书主要由中南大学刘恢教授、江西理工大学刘志楼博士和中南大学杨姝博士共同撰写而成，中南大学柴立元院士对全书进行了审阅和校订，并提出了许多建设性的意见。全书撰写过程中，得到了很多同事和朋友的热情帮助和支持，他们对本书内容和结构提出了宝贵的意见和建议。特别是陈昊对第 1 章，刘操、李超芳对第 2～3 章，王东丽、谢小峰对第 4 章，向开松对第 5 章的撰写提供了大量的帮助。在此表示诚挚的谢意！全书编写过程中参考了大量相关文献和书籍，在此向有关作者表示感谢。

作者研究团队在有色金属冶炼汞污染控制领域得到了国家重点研发计划课题“有色冶金大气多污染物全过程控制耦合技术与示范（2017YFC0210405）”、国家科技支撑计划课题“重金属冶炼气型污染物净化与利用技术及示范（2012BAC12B03）”、国家自然科学基金项目“有色冶金烟气治理与资源循环（51722407）”“铅锌冶炼烟气汞形态分布规律及分离原理（51474246）”“还原气氛下单质汞的高效捕获和机理研究（51804139）”等项目的大力资助，在此深表感谢。

由于作者水平有限，本书中难免存有不足之处，敬请读者批评指正。

作　者

2020 年 12 月

目　　录

第 1 章　有色冶金工业汞污染控制现状

汞是一种全球性的剧毒污染物。金属汞及其无机化合物可在大气中长时间停留，并随大气环流远距离迁移至全球范围，沉降到一些远离污染源的地区，比如在远离大型汞排放源的北极附近海域的鱼类体内被发现含有极高含量的汞。同时，无机汞化合物会在生物化学作用下转化为神经毒性更高、代谢更难、且具有遗传性的甲基汞等有机汞化合物，通过食物链在生物体内不断富集累积，对人体健康与生态环境危害严重。20 世纪 50～60 年代，日本发生了因汞污染导致的水俣病事件，水俣病（汞中毒）轻症者会出现口齿不清、面部痴呆、手足麻痹震颤、感觉障碍等症状；重症者会出现痉挛、神经错乱，最后死亡；孕妇摄入甲基汞超标的食物后可能导致婴儿患上先天性水俣病。因此，水俣病事件被列入世界八大公害事件之一。

2001 年，联合国环境规划署（United Nations Environment Programme，UNEP）开展了首次全球汞评估，指出“人为活动的汞排放已经明显改变了汞的自然循环，对人类健康和生态系统造成了严重的威胁”。由此，全球性汞污染问题由学术科研上升到政府外交层面。2009 年 2 月 20 日联合国环境规划署理事会通过第 25/5 号决议要求制定一项关于汞的具有法律约束力的全球性文书。2013 年 10 月 10 日，包括中国在内的 87 个国家与地区签署了《关于汞的水俣公约》，旨在减少汞的排放，控制汞污染在全球范围的迁移，以降低其对人与环境的不利影响，公约的签署成为国际汞污染控制的重要里程碑。经过七轮政府间会议磋商，该公约已于 2017 年 8 月 16 日正式生效，目前共有 128 个缔约方。

大气汞的来源主要分为自然源和人为源。工业革命前，大气汞主要来源于自然，即自然界的自发活动：①火山喷发、地热活动和矿化作用等地质过程；②土壤表面、自然水体、植物表面蒸腾作用及冰雪消融等地表天然释放过程；③森林大火、草原大火及煤层自燃等燃烧过程。工业革命后，人类工业活动造成的人为汞排放源增多，逐渐成为大气汞的最主要来源。人为源主要包括：①煤、石油、天然气、生物质燃料等的燃烧过程；②有色冶金、水泥建材生产、氯碱工业、聚氯乙烯生产、钢铁冶金等工业生产过程；③小规模手工炼金等。目前，全球大气汞年排放量已超过工业革命前的 4.5 倍。根据联合国环境规划署发布的 *Global Mercury Assessment* 2018（《全球汞评估 2018》），2015 年全球人为源大气汞排放量超过 2 220 t（各人为源大气汞排放量见表 1.1），超过 1 800 t 汞进入水和土壤，另有 7 000～8 000 t 汞可能通过潜在的二次污染源释放。我国 2015 年人为源大气汞年排放量约为 565 t，占全球总排放量的 25%左右；我国大气汞排放主要来源于化石燃料燃烧、有色冶金、水泥生产、聚氯乙烯生产等国民经济建设中的重点行业，具体比例见图 1.1。

表 1.1　2010 年和 2015 年全球人为源大气汞排放量统计表

人为排放源	2010 年		2015 年	
	汞排放量/t	占比/%	汞排放量/t	占比/%
小规模手工炼金	679.00	37.49	838.00	37.68
化石燃料燃烧（火力发电）	271.00	14.96	295.00	13.26
化石燃料燃烧（工业锅炉）	126.00	6.96	128.00	5.75
化石燃料燃烧（生活、交通）	57.20	3.16	58.70	2.64
生物质燃烧	49.50	2.73	51.90	2.33
有色冶金（原生铝、铜、铅、锌）	151.00	8.34	228.00	10.26
黄金冶炼	73.10	4.04	84.50	3.80
汞冶炼	12.20	0.67	13.80	0.62
水泥工业	187.00	10.33	233.00	10.47
钢铁冶金（原生）	26.70	1.47	29.80	1.34
废钢冶炼	9.69	0.54	10.10	0.45
石油精炼	13.10	0.72	14.40	0.65
氯碱工业	21.00	1.16	15.20	0.68
聚氯乙烯生产	—	—	58.30	2.62
垃圾焚烧	15.40	0.85	15.00	0.67
其他废物处理	115.00	6.35	147.00	6.61
火葬	4.19	0.23	3.77	0.17
合计	1 811.08	100.00	2 224.47	100.00

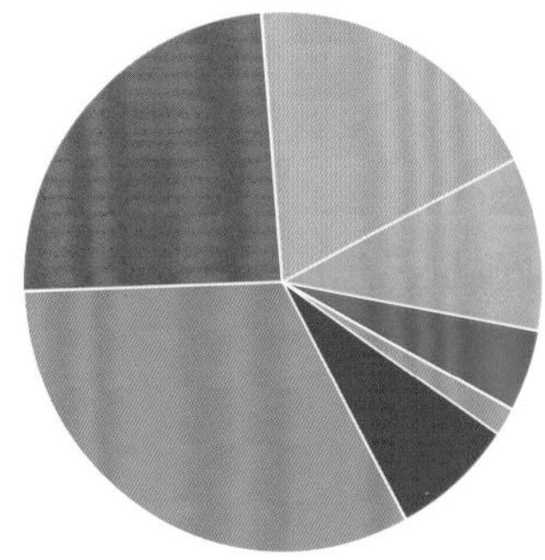

图 1.1　2015 年我国人为源大气汞排放比例

1.1　有色冶金工业汞的产排特征

1.1.1　国内外铜铅锌矿汞来源分析

有色金属是国民经济发展、国防建设、人民生活的重要基础原材料。有色冶金行业是从矿石中提取金属材料的重要战略行业。同时有色冶金行业也是《关于汞的水俣公约》的重点管控行业，全球有色冶金行业大气汞排放从2010年的236 t增加至2015年的326 t，已成为汞排放量增长最快的行业之一。

我国是世界有色金属生产大国之一。据统计，2019 年我国十种有色金属产量达到 5 842 万 t，连续 19 年居世界第一，其中精锌产量为 624 万 t、精铅产量为 580 万 t、精炼铜产量为 978 万 t。有色金属矿石中通常伴生一定量的汞，并在冶炼过程中挥发进入烟气，形成含汞烟气。有色冶金矿物以硫化矿为主，矿物中汞常以朱砂（HgS）、硫锑汞矿（$HgSb_4S_8$）或氯硫汞矿（$Hg_3S_2Cl_2$）等形式与其他硫化物伴生，其含量差异较大。锌、铅、铜与汞性质相近，其金属矿物中汞含量较高（Yin et al.，2012）。宋敬祥（2010）系统地调查了我国锌矿物中汞的含量分布。结果显示，我国锌精矿中汞的质量分数在 0.07～2 534 g/t，算术平均质量分数为 159 g/t，不同精矿之间汞含量差异非常大。从空间分布上看，我国的陕西、甘肃两省锌精矿中汞含量较高，精矿中汞质量分数的几何平均值分别为 240.77 g/t 和 499.91 g/t（吴清茹，2015）。我国铅精矿的平均汞质量分数为 33.1 g/t，最高质量分数可达 193 g/t，其中重庆和内蒙古地区的铅精矿汞质量分数较高，分别为 114.91 g/t 和 62.21 g/t。我国铜精矿中汞质量分数相对于铅、锌精矿较低，算术平均值为 3.2 g/t。高汞铜精矿主要分布在云南和江西，其汞质量分数算术平均值分别为 13.68 g/t 和 4.66 g/t。我国《重金属精矿产品中有害元素的限量规范》（GB 20424—2006）中规定，锌、铅、铜精矿中汞的质量分数分别不超过 600 g/t、500 g/t 和 100 g/t。参照这一标准，我国自产锌、铅、铜精矿中汞的质量分数合格率分别为 92%、100%和 98%。表 1.2 为我国部分省份自产锌、铅、铜精矿汞含量。高汞精矿空间分布主要受矿山类型和成矿条件影响。我国陕西和甘肃地区的锌精矿汞含量非常高，该区域的矿山成矿的溶液主要来源于深海和高汞含量的沉积岩。

表 1.2　我国部分省区市锌、铅、铜精矿汞含量　（单位：g/t）

省区市	锌精矿	铅精矿	铜精矿
安徽	4.10	14.66	0.34
重庆	—	114.91	—
福建	0.54	12.63	—
广东	72.16	43.75	0.05

续表

省区市	锌精矿	铅精矿	铜精矿
广西	9.34	10.13	0.62
甘肃	499.91	10.77	2.86
陕西	240.77	45.14	—
新疆	16.86	—	2.02
西藏	0.23	0.02	—
青海	—	0.6	1.77
四川	45.55	26.46	2.15
湖南	4.72	1.31	—
湖北	—	6.86	0.99
江西	1.47	19.51	4.66
河南	4.96	2.25	—
浙江	0.88	20.96	—
江苏	13.29	18.61	0.06
山西	—	52.17	0.14
山东	—	4.92	1.50
云南	10.98	21.54	13.68
内蒙古	2.16	62.21	1.84
黑龙江	—	25.67	—
吉林	—	55.58	—
辽宁	—	61.04	—

注：—表示无数据

2019 年我国原生锌、铅、铜的产量分别为 479 万 t、343 万 t 和 648 万 t。目前锌、铅、铜精矿对外的依存度分别为 53%、57%和 78%，为满足行业产能的要求，我国从国外大量进口精矿，联合国环境规划署对全球精矿中汞含量进行了调查（Monitoring，2013）（主要来源于各国自愿提供数据），此外 Holmström 和联合国环境规划署也对各国精矿中汞含量进行了调查（Holmström et al.，2012；Pacyna et al.，2010），其结果如表 1.3 所示。

表 1.3　国外锌、铅、铜精矿汞含量　（单位：g/t）

国家	精矿种类	几何平均值	最小含量	最大含量	数据来源
澳大利亚	锌精矿	60.0	9.0	170	Holmström 等（2012）
瑞典	锌精矿	60.0	17.0	2 500	Holmström 等（2012）
加拿大	锌精矿	40.0	9.0	190	Holmström 等（2012）
美国	锌精矿	—	1.0	100	Holmström 等（2012）
俄罗斯	锌精矿	—	5.0	123	AMAP/UNEP（2013）
秘鲁	锌精矿	—	5.0	157	AMAP/UNEP（2013）
德国	锌精矿	—	6.0	164	AMAP/UNEP（2013）
挪威	锌精矿	60.0	—	—	AMAP/UNEP（2013）
西班牙	锌精矿	—	43.0	130	AMAP/UNEP（2013）
秘鲁	铅精矿	10.0	2.0	100	Holmström 等（2012）
澳大利亚	铅精矿	10.0	5.0	15	Holmström 等（2012）
加拿大	铅精矿	—	10.0	200	Holmström 等（2012）
西班牙	铅精矿	—	20.0	200	Holmström 等（2012）
墨西哥	铅精矿	—	20.0	25	Pacyna 等（2010）
加拿大	铜精矿	2.3	—	—	AMAP/UNEP（2013）
俄罗斯	铜精矿	—	0.3	10	Pacyna 等（2010）
西班牙	铜精矿	12.0	1.0	140	Holmström 等（2012）
瑞典	铜精矿	—	3.0	200	Holmström 等（2012）

注：—表示无数据

1.1.2　有色冶金行业汞排放现状

2015 年我国有色冶金行业大气汞年排放量为 138 t，约占我国总汞排放量的四分之一，约占全球有色冶金行业汞排放量的四成。据清华大学估算，我国锌、铅、铜行业大气汞排放因子（每生产 1 t 重金属排放的汞的质量）分别为 9.0 g/t、14.1 g/t、1.6 g/t（吴清茹，2015），锌、铅、铜冶炼汞排放量为 126 t，三种金属冶炼汞排放量占行业总汞排放量的 90%以上，受到国家环保部门的重点监管。2010 年，我国颁布了《铅、锌工业污染物排放标准》（GB 25466—2010）与《铜、镍、钴工业污染物排放标准》（GB 25467—2010），规定铅锌冶炼企业、铜钴镍冶炼企业的大气汞排放的排放浓度限值分别小于 0.05 mg/m^3 和 0.012 mg/m^3。

本小节将以锌、铅、铜典型冶炼过程为例，介绍汞在工艺过程的流向与分布。

1. 锌冶炼行业

焙烧+浸出+电解是最常规的锌冶炼工艺。在高温焙烧过程中，锌精矿中 99.1%的汞会进入气相中。进入烟气中的汞，在后续的处理过程中又会进入烟尘、污酸和硫酸等物质中。典型锌冶炼过程中汞的流向见图 1.2。焙烧过程中进入烟气和烟尘中汞的比例分别为 82.3%和 16.8%;烟气中的汞大部分进入污酸、酸泥和硫酸中,比例分别为 15.3%、49.9%和 15.7%，还有 1.4%的汞随制酸尾气排入大气中；约 3.9%的汞保留在浸出工序产生的浸出渣中，7.8%的汞由废酸排出；净化渣中的汞比例为 6.0%。

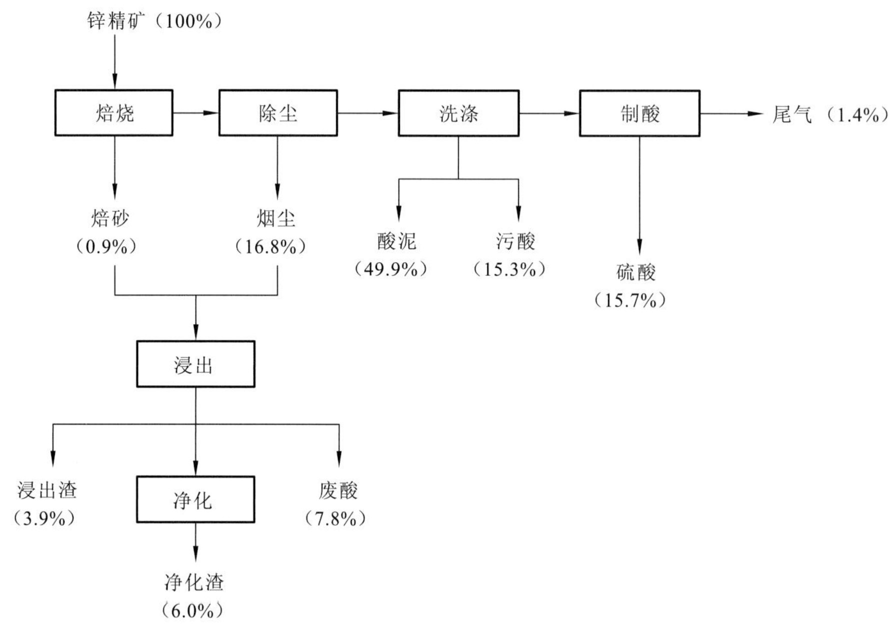

图 1.2　典型锌冶炼过程中汞的流向

2. 铅冶炼行业

我国铅冶炼工艺皆为高温熔炼工艺，分为粗铅冶炼和精炼两个过程。在粗铅冶炼过程中铅精矿中汞几乎全部进入烟气，并最终进入废气、废水和废渣（林星杰 等，2015；王亚军 等，2015），图 1.3 为铅冶炼过程中汞的流向。铅冶炼过程中汞绝大部分进入烟气洗涤过程产生的酸泥、污酸处理渣和废水处理渣中，其比例分别为 34%、33%和 16%；约有 5%的汞会进入硫酸产品中；在烟化过程中产生的次氧化锌和水淬渣中的汞约占总汞的 6%；电解精炼过程产生的阳极泥中汞的含量占总汞的 3%；仍有约 3%的汞会随着有组织排放尾气及无组织排放的方式进入大气中。

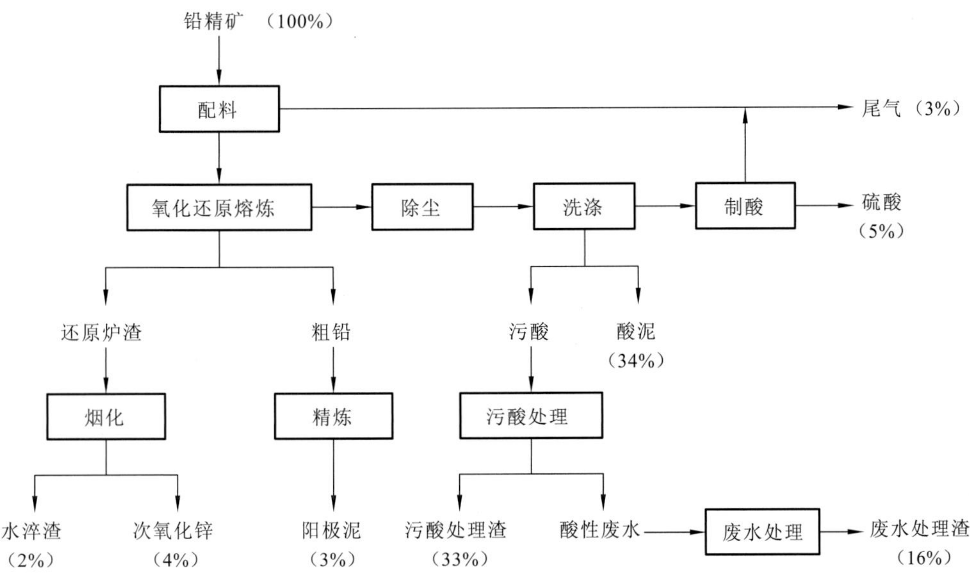

图 1.3　典型铅冶炼过程中汞的流向

3. 铜冶炼行业

图 1.4 为典型铜冶炼过程中汞的流向分布。铜精矿中绝大部分的汞在熔炼过程中进入烟气中。烟气制酸过程产生的酸泥、污酸和硫酸是汞的主要流向，分别占总汞的 56%、11%和 14%；闪速熔炼和转炉吹炼过程产生的烟尘中汞所占比例约为 16%；其余的汞则分布在尾气和炉渣中，其比例分别约为 1%和 2%。

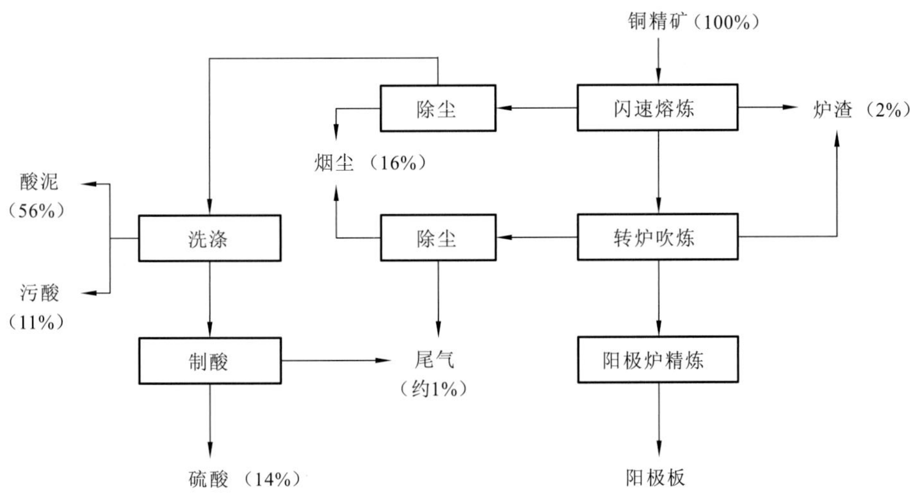

图 1.4　典型铜冶炼过程中汞的流向

1.2 有色冶金行业汞污染控制的政策要求

1.2.1 有色冶金行业的涉汞政策和国际汞公约

国际经验表明，汞污染防治和管理工作的不断推进离不开法律法规和标准体系的完善、执法力度的加强、减排技术的研发、融资渠道多元化和健全、国际和区域协作的加强、监测信息系统的完善、科研力度的支撑及公众知识信息的普及等一系列措施。

在我国促进汞污染治理的法律法规与政策体系中，宪法中规定的“保护环境和自然资源防治污染和其他公害”是汞污染治理的根本依据。《中华人民共和国环境保护法》是《中华人民共和国宪法》之下的基本法，既是汞污染治理的依据，也是必须遵守的基本法。此外还有《中华人民共和国大气污染防治法》《中华人民共和国固体废物污染环境防治法》《中华人民共和国水污染防治法》三部专门法，《中华人民共和国清洁生产促进法》和《中华人民共和国循环经济促进法》两部促进法及《中华人民共和国环境保护税法》等。这些法律，从污染物产生的源头控制、过程减量出发，从气、水、渣三个层面，全方位地对汞污染防控起到了显著作用。

政府部门制定并发布了一系列行政法规与规范性文件，专门从宏观层面指导汞污染治理工作，与部门性规章等相配套的是一系列汞污染治理的具体政策。通过一系列法规政策的实施，达到以下几点效果。一是通过调整产业结构、产品结构和结合技术改造，推行清洁生产，完成一大批污染治理项目。通过对重金属污染行业积极推行清洁生产，加速技术改造，强制淘汰一大批污染重、能耗高、物耗高的设备和产品，使污染物排放量持续下降，环境效益逐年提高。二是将汞污染防治集中在重点区域，重点突破整治。三是给出汞污染治理的目标，加大污染限期治理的力度。四是企业环境监督管理得到加强。

在国家层面的法律法规和政策之下，各级地方政府也根据本地情况，制定和颁布了很多地方性汞污染治理的规章和政策，对国家法律法规和政策体系形成了补充和完善。从铜铅锌冶炼行业来看，目前我国已经具备了较为完善和系统的汞污染治理的法律法规和政策体系，通过行业准入、全程清洁生产、物质循环利用，基本上控制了汞污染物的排放。综合考虑我国铜铅锌冶炼行业环境保护与污染防治的现状和实际需要，现阶段铜铅锌冶炼行业汞污染防控需要进一步贯彻落实各项法规政策，加强法规政策的针对性和可操作性，尽快出台铅锌行业规范条件和铜行业清洁生产评价指标体系，强化经济政策的支持和管控力度。

1. 法律

截至 2020 年，我国与汞污染治理相关的国家法律共 7 部，具体如表 1.4 所示。各专项法是汞污染治理法律法规体系的有机组成部分，是汞污染治理环境执法和环境管理工作的技术依据。

表 1.4　我国主要汞污染治理的法律

序号	法律名称	发布（修订）时间	备注（文号）
1	中华人民共和国环境保护法	2014.04.24	中华人民共和国主席令〔2014〕第9号
2	中华人民共和国大气污染防治法	2018.10.26	中华人民共和国主席令〔2018〕第16号
3	中华人民共和国水污染防治法	2017.06.27	中华人民共和国主席令〔2017〕第70号
4	中华人民共和国固体废物污染环境防治法	2020.04.29	中华人民共和国主席令〔2020〕第43号
5	中华人民共和国循环经济促进法	2018.10.26	中华人民共和国主席令〔2018〕第16号
6	中华人民共和国清洁生产促进法	2012.02.29	中华人民共和国主席令〔2012〕第54号
7	中华人民共和国环境保护税法	2018.10.26	中华人民共和国主席令〔2018〕第16号

《中华人民共和国环境保护法》第四十二条：排放污染物的企业事业单位和其他生产经营者，应当采取措施，防治在生产建设或者其他活动中产生的废气、废水、废渣、医疗废物、粉尘、恶臭气体、放射性物质以及噪声、振动、光辐射、电磁辐射等对环境的污染和危害。排放污染物的企业事业单位，应当建立环境保护责任制度，明确单位负责人和相关人员的责任。重点排污单位应当按照国家有关规定和监测规范安装使用监测设备，保证监测设备正常运行，保存原始监测记录。严禁通过暗管、渗井、渗坑、灌注或者篡改、伪造监测数据，或者不正常运行防治污染设施等逃避监管的方式违法排放污染物。

《中华人民共和国大气污染防治法》第四十三条：钢铁、建材、有色金属、石油、化工等企业生产过程中排放粉尘、硫化物和氮氧化物的，应当采用清洁生产工艺，配套建设除尘、脱硫、脱硝等装置，或者采取技术改造等其他控制大气污染物排放的措施。

《中华人民共和国水污染防治法》第三十七条：禁止向水体排放、倾倒工业废渣、城镇垃圾和其他废弃物。禁止将含有汞、镉、砷、铬、铅、氰化物、黄磷等的可溶性剧毒废渣向水体排放、倾倒或者直接埋入地下。存放可溶性剧毒废渣的场所，应当采取防水、防渗漏、防流失的措施。

《中华人民共和国固体废物污染环境防治法》第七十九条：产生危险废物的单位，应当按照国家有关规定和环境保护标准要求贮存、利用、处置危险废物，不得擅自倾倒、堆放。

《中华人民共和国循环经济促进法》第三十条：企业应当按照国家规定，对生产过程中产生的粉煤灰、煤矸石、尾矿、废石、废料、废气等工业废物进行综合利用。

《中华人民共和国清洁生产促进法》第二十七条：企业应当对生产和服务过程中的资源消耗以及废物的产生情况进行监测，并根据需要对生产和服务实施清洁生产审核。

有下列情形之一的企业，应当实施强制性清洁生产审核：

（一）污染物排放超过国家或者地方规定的排放标准，或者虽未超过国家或者地方规定的排放标准，但超过重点污染物排放总量控制指标的；

（二）超过单位产品能源消耗限额标准构成高耗能的；

（三）使用有毒、有害原料进行生产或者在生产中排放有毒、有害物质的。

污染物排放超过国家或者地方规定的排放标准的企业，应当按照环境保护相关法律的规定治理。

实施强制性清洁生产审核的企业，应当将审核结果向所在地县级以上地方人民政府负责清洁生产综合协调的部门、环境保护部门报告，并在本地区主要媒体上公布，接受公众监督，但涉及商业秘密的除外。

县级以上地方人民政府有关部门应当对企业实施强制性清洁生产审核的情况进行监督，必要时可以组织对企业实施清洁生产的效果进行评估验收，所需费用纳入同级政府预算。承担评估验收工作的部门或者单位不得向被评估验收企业收取费用。

实施清洁生产审核的具体办法，由国务院清洁生产综合协调部门、环境保护部门会同国务院有关部门制定。

《中华人民共和国环境保护税法》第二条：在中华人民共和国领域和中华人民共和国管辖的其他海域，直接向环境排放应税污染物的企业事业单位和其他生产经营者为环境保护税的纳税人，应当依照本法规定缴纳环境保护税。《中华人民共和国环境保护税法》附件《应税污染物和当量值表》将总汞列为应税的第一类水污染物，汞及其化合物列为大气污染物。

2. 规划

规划是行业发展的引领性文件。我国为推进汞污染防治工作，出台的相关规划，对调整和优化产业结构、加强重金属污染治理、强化环境执法监管、加大资金和政策支持力度、加强技术研发和示范推广、健全法规标准体系等方面提出了要求，对全面推进重金属污染综合防治工作、有效控制铜铅锌行业的环境污染，促进行业可持续发展具有重要意义。

现阶段与有色行业汞污染治理相关的规划共有6项（表1.5），从不同侧面阐述了中国铜铅锌等有色行业汞污染治理的目标、任务、重点工程和政策保障，成为指导全国开展汞污染综合防治的行动纲领。第十二届全国人民代表大会第四次会议通过的《中华人民共和国国民经济和社会发展第十三个五年规划纲要》第四十四章第三节规定："实施环境风险全过程管理。加强危险废物污染防治，开展危险废物专项整治。加大重点区域、有色等重点行业重金属污染防治力度。加强有毒有害化学物质环境和健康风险评估能力建设。推进核设施安全改进和放射性污染防治，强化核与辐射安全监管体系和能力建设。"国务院出台的《"十三五"生态环境保护规划》明确指出"加强汞污染控制……加强燃煤电厂等重点行业汞污染排放控制。禁止新建原生汞矿，逐步停止原生汞开采。""西南地区以有色金属、磷矿等矿产资源开发过程导致的环境污染风险防控为重点，强化磷、汞、铅等历史遗留土壤污染治理。""继续开展危险废物规范化管理督查考核，以含铬、铅、汞、镉、砷等重金属废物和生活垃圾焚烧飞灰、抗生素菌渣、高毒持久性废物等为重点开展专项整治。”国务院出台的《全国资源型城市可持续发展规划（2013—2020年）》明确要求“强化重点污染物防治……积极开展重金属污染综合治理，以采矿、冶炼、化学原料及其制品等行业为重点，严格控制汞、铬、镉、铅和类金属砷等重金属排放总量。”工业和信息化部出台的《工业绿色发展规划（2016—2020年）》要求“以挥发性有机物、持久性有机污染物、重金属污染物等污染物削减为目标，围绕重点行业、重点领域实施工业特征污染物削减计划。到2020年，削减汞使用量280 t/年，减排总铬15 t/年、总铅15 t/年、砷10 t/年。”工业和信息化部出台的《有色金属工业发展规划（2016—2020年）》中指出“推进重金属污染区域联防联控，以国家重点防控区及铅锌、铜、镍、二次有色金属资源冶炼等企业为核心，以铅、砷、镉、汞和铬等I类重金属污染物综合防治为重点，严格执行国家约束性减排指标，确保重金属污染物稳定、达标排放。”2016年国家发展和改革委员会、科技部、工业和信息化部、环境保护部出台的《“十三五”节能环保产业发展规划》明确提出“加快烟气多污染物协同处理技术及其集成工艺、成套装备与催化剂开发……研发脱硫、脱硝、除尘、除汞副产物的回收利用技术。”

表 1.5　汞污染防治相关规划（国务院出台）

序号	名称	发布机构	发布时间	备注（文号）
1	中华人民共和国国民经济和社会发展第十三个五年规划纲要	全国人大	2016.03.16	
2	“十三五”生态环境保护规划	国务院	2016.11.24	国发〔2016〕65 号
3	全国资源型城市可持续发展规划（2013—2020 年）	国务院	2013.11.12	国发〔2013〕45 号
4	工业绿色发展规划（2016—2020 年）	工业和信息化部	2016.06.30	工信部规〔2016〕225 号
5	有色金属工业发展规划（2016—2020 年）	工业和信息化部	2016.09.28	工信部规〔2016〕316 号
6	“十三五”节能环保产业发展规划	国家发展和改革委员会、科技部、工业和信息化部、环境保护部	2016.12.22	发改环资〔2016〕2686 号

3. 其他涉及有色冶金行业污染防治相关的规范性文件

目前国家出台了多项与汞污染治理有关的法规政策等规范性文件，各类法规政策处于试点起步探索或者深入探索阶段，初步构建了环境经济政策体系框架，污染治理政策工具的组合运用充分体现了党中央、国务院对汞污染防治的高度重视。与有色冶金行业汞污染防治相关的主要规范性文件整理如表1.6所示。通过构建法规和政策体系，我国对铜铅锌等有色冶金行业的汞污染防治工作开展全面部署，结合重点行业加快推进行业产品生态设计、生产流程管理和末端治理，结合重点区域加强重金属污染治理、强化环境执法监管，对有效减少汞的使用并降低排放起到了良好效果。

表 1.6　中国汞污染治理相关的规范性文件

序号	名称	发布机构	发布时间	备注（文号）
1	国务院关于印发土壤污染防治行动计划的通知	国务院	2016.05.28	国发〔2016〕31 号
2	国务院关于加快发展节能环保产业的意见	国务院	2013.08.01	国发〔2013〕30 号
3	国务院办公厅转发环境保护部等部门关于推进大气污染联防联控工作改善区域空气质量指导意见的通知	国务院办公厅	2010.05.11	国办发〔2010〕33 号
4	生态环境部关于提升危险废物环境监管能力、利用处置能力和环境风险防范能力的指导意见	生态环境部	2019.10.15	环固体〔2019〕92 号
5	生态环境部、国家发展和改革委员会、工业和信息化部、财政部关于印发《工业炉窑大气污染综合治理方案》的通知	生态环境部、国家发展和改革委员会、工业和信息化部、财政部	2019.07.01	环大气〔2019〕56 号
6	关于发布《铜冶炼废水治理工程技术规范》和《铜冶炼废气治理工程技术规范》为国家环境保护标准的公告	生态环境部	2018.12.28	生态环境部公告 2018 年第 74 号
7	关于京津冀大气污染传输通道城市执行大气污染物特别排放限值的公告	环境保护部	2018.01.15	环境保护部公告 2018 年第 9 号
8	关于发布《排污许可证申请与核发技术规范有色金属工业-汞冶炼》等七项国家环境保护标准的公告	环境保护部	2017.12.27	环境保护部公告 2017 年第 82 号
9	关于发布《排污许可证申请与核发技术规范有色金属工业—铅锌冶炼》等四项国家环境保护标准的公告	环境保护部	2017.09.29	环境保护部公告 2017 年第 54 号
10	清洁生产审核办法	国家发展和改革委员会、环境保护部	2016.05.16	中华人民共和国国家发展和改革委员会、中华人民共和国环境保护部令 2016 年第 38 号
11	关于发布《重点行业二噁英污染防治技术政策》等 5 份指导性文件的公告（含《汞污染防治技术》）	环境保护部	2015.12.24	环境保护部公告 2015 年第 90 号
12	关于发布国家环境保护标准《铅冶炼废气治理工程技术规范》的公告	环境保护部	2015.11.20	环境保护部公告 2015 年第 72 号

续表

序号	名称	发布机构	发布时间	备注（文号）
13	工业和信息化部办公厅、财政部办公厅关于加强高风险污染物削减行动计划组织实施工作的通知	工业和信息化部办公厅、财政部办公厅	2015.05.27	工信厅联节〔2015〕49 号
14	关于发布《石油炼制工业污染物排放标准》等六项国家污染物排放标准的公告（含《再生铜、铝、铅、锌工业污染物排放标准》）	环境保护部	2015.04.16	环境保护部公告 2015 年第 27 号
15	关于发布《锅炉大气污染物排放标准》等三项国家污染物排放（控制）标准的公告（含《锡、锑、汞工业污染物排放标准》）	环境保护部	2014.05.16	环境保护部公告 2014 年第 35 号
16	工业和信息化部、财政部关于联合组织实施高风险污染物削减行动计划的通知	工业和信息化部、财政部	2014.04.25	工信部联节〔2014〕168 号
17	关于发布《铝工业污染物排放标准》（GB 25465—2010）等六项污染物排放标准修改单的公告	环境保护部	2013.12.27	环境保护部公告 2013 年第 79 号
18	工业和信息化部关于有色金属工业节能减排的指导意见	工业和信息化部	2013.02.17	工信部节〔2013〕56 号
19	环境保护部、中国保监会关于开展环境污染强制责任保险试点工作的指导意见	环境保护部、中国保监会	2013.01.21	环发〔2013〕10 号
20	关于发布《铅锌冶炼工业污染防治技术政策》《石油天然气开采业污染防治技术政策》《制药工业污染防治技术政策》三项指导性文件的公告	环境保护部	2012.03.07	环境保护部公告 2012 年第 18 号
21	关于发布《钒工业污染物排放标准》等三项国家污染物排放标准的公告	环境保护部	2011.04.02	环境保护部公告 2011 年第 30 号
22	关于发布《淀粉工业水污染物排放标准》等 8 项国家污染物排放标准的公告（含《铅、锌工业污染物排放标准》《铜、镍、钴工业污染物排放标准》）	环境保护部	2010.09.27	环境保护部公告 2010 年第 71 号
23	关于发布《清洁生产标准粗铅冶炼业》等两项国家环境保护标准的公告	环境保护部	2009.11.13	环境保护部公告 2009 年第 59 号
24	国家发展和改革委员会、财政部、国土资源部等关于规范铅锌行业投资行为加快结构调整指导意见的通知	国家发展和改革委员会、财政部、国土资源部	2006.09.13	发改运行〔2006〕1898 号
25	国家环境保护总局、国土资源部、卫生部关于发布《矿山生态环境保护与污染防治技术政策》的通知	国家环境保护总局、国土资源部、卫生部	2005.09.07	环发〔2005〕109 号

4. 国际汞公约

《关于汞的水俣公约》中的（第八条 排放）对大气汞排放源的主要要求如下。

拥有相关来源的缔约方应当采取措施，控制汞的排放，并可制订一项国家计划，设定为控制排放而采取的各项措施及其预计指标、目标和成果。任何计划均应自本公约开始对所涉缔约方生效之日起 4 年内提交缔约方大会。如果缔约方选择依照第二十条制订一项国家实施计划，则该缔约方可把本款所规定的计划纳入其中。

对于新来源而言，每一缔约方均应要求在实际情况允许时尽快、但最迟应自本公约开始对其生效之日起 5 年内使用最佳可得技术和最佳环境实践，以控制并于可行时减少排放。缔约方可采用符合最佳可得技术的排放限值。

对于现有来源而言，每一缔约方均应在实际情况允许时尽快、但不迟于自本公约开始对其生效之日起 10 年内，在其国家计划中列入并实施下列一种或多种措施，同时考虑其国家的具体国情、以及这些措施在经济和技术上的可行性及其可负担性；

（一）控制并于可行时减少源自相关来源的排放的量化目标；

（二）控制并于可行时减少来自相关来源的排放限值；

（三）采用最佳可得技术和最佳环境实践来控制源自相关来源的排放；

（四）采用针对多种污染物的控制战略，从而取得控制汞排放的协同效益；

（五）减少源自相关来源的排放的替代性措施。

每一缔约方均应在实际情况允许时尽快，且自本公约开始对其生效之日起 5 年内建立、并于嗣后保存一份关于相关来源的排放情况的清单。

《关于汞的水俣公约》中的（第九条 释放）对土地或水汞排放源的主要要求如下：

那些拥有相关来源的缔约方应采取各种措施控制其释放，并可制订一项国家计划，列明为控制释放而采取的各种措施及其预计指标、目标和成果。任何计划均应自本公约对所涉缔约方开始生效之日起 4 年内提交缔约方大会。如果缔约方依照第二十条制定了一项实施计划，则所涉缔约方可把依照本款制订的计划列入这一执行计划之中。

相关措施应当酌情包括下列一种或多种措施：

（一）采用释放限值，以控制并于可行时减少来自相关来源的释放；

（二）采用各种最佳可得技术和最佳环境实践，以控制来自各类相关来源的释放；

（三）订立一项同时对多种污染物实行控制的战略，以期在控制释放方面取得协同效益；

（四）采取旨在减少来自相关来源的释放的其他措施。

在实际情况允许时尽快、且不迟于自本公约对其开始生效之日起 5 年内建立、并于嗣后保持一份关于各相关来源的释放情况的清单。

《关于汞的水俣公约》中的（第十七条 信息交流）要求：

各缔约方应促进以下信息的交流：

（一）有关汞和汞化合物的科学、技术、经济和法律信息，包括毒理学、生态毒理学和安全信息；

（二）有关减少或消除汞和汞化合物的生产、使用、贸易、排放和释放的信息；

（三）在技术和经济上可行的对下列产品和工艺的替代信息：

1. 添汞产品；

2. 使用汞或汞化合物的生产工艺；以及

3. 排放或释放汞或汞化合物的活动和工艺；

包括此类替代产品和工艺的健康与环境风险以及经济和社会成本与惠益方面的信息；以及

（四）接触汞和汞化合物的健康影响方面的流行病学信息，可酌情与世界卫生组织和其他相关组织密切合作。

《关于汞的水俣公约》中的（第十八条公共信息、认识和教育）要求：

各缔约方均应在其能力范围内推动和促进：

（一）向公众提供以下方面的现有信息：

1. 汞和汞化合物对健康和环境的影响；

2. 汞和汞化合物的替代品；

3. 第十七条第一款所确定的各项主题；

4. 第十九条所要求的研究、开发和监测活动的结果；以及

5. 为履行本公约各项义务而开展的活动；

（二）酌情与相关政府间组织和非政府组织以及脆弱群体协作，针对接触汞和汞化合物对人体健康和环境的影响问题所开展的教育、培训以及提高公众认识的活动。

1.2.2　有色冶金行业履约差距分析

1. 信息方面差距

《关于汞的水俣公约》要求开展技术和经济上排放或释放汞或汞化合物的活动和工艺方面信息交流。汞伴生在铜铅锌精矿中，且根据地区不同差别较大，陕西、甘肃等锌精矿汞含量较高。当前我国汞污染物取样方法没有统一规定，有相当一部分企业废气中汞的排放仍以滤筒收集粉尘进行分析，这样造成实际监测结果存在一定程度偏小现象，因此通过历史数据和典型监测平衡计算得出产排污系数进行测算，数据偏小。清华大学等单位开展典型调查，平衡计算铜铅锌冶炼行业汞的排放情况，未考虑大气污染控制措施去除汞的协同效应。因此对汞的流向不能准确掌握，基础信息不完善。

《关于汞的水俣公约》对其生效后 5 年内，缔约方应建立大气汞排放清单，缔约方应建立汞的释放清单。当前，我国仅对典型铜铅锌企业排放和向水体、土壤释放情况进行调查，尚未形成铜铅锌冶炼行业排放和释放清单方法学，未建立排放（大气）和释放（水体和土壤）清单。

2. 技术方面差距

对于新排放源，公约要求对其生效后5年内，各缔约方应使用最佳可得技术（best available technology，BAT）和最佳环境实践（best environmental practices，BEP），控制并减少汞的大气排放；采用释放限值，采用各种BAT/BEP，制定协同污染控制战略及其他削减措施，控制减少土和水中汞污染。

废气方面：铜铅锌冶炼企业主要采取协同除汞方式（如布袋除尘，SO_2制酸、活性焦脱硫、氧化锌法脱硫等）减少汞的排放，仅有少数企业采用玻利登除汞工艺，捕集烟气中的气态汞。总体而言，铜铅锌冶炼企业使用脱汞技术，包括协同除汞和专门脱汞技术均能保证废气稳定达标排放，基本符合汞公约履约要求。但烟气中的汞会转入废气、废渣及硫酸中，导致二次污染的风险。

废水方面：目前我国铜铅锌冶炼企业处理含汞酸性废水主要是采用硫化沉淀法、石灰中和法及生物制剂络合净化法。前两种方法通过化学沉淀机制沉淀液体中的汞，但由于存在胶体汞，这两种方法处理的废水尚难达标排放。生物制剂络合净化法是近年来发展起来的一种水处理技术，通过嫁接不同基团来针对性地处理各类含重金属废水，特别是含汞废水，能实现废水的深度净化乃至回用。全国一百多家大中型铜铅锌企业已采用生物制剂法处理含汞废水，并已达到国家排放标准要求的限值。但尚有几百家中小型的铜铅锌企业仍采用硫化沉淀法和石灰中和法，处理水质较难达到国家排放标准的要求。

固体废物方面：含汞固体废物是在处理含汞酸性废水过程中形成的。该固体废物含有大量的重金属及酸性物质难以处理。目前工业化处理含汞固体废物的技术主要有固化技术、冶炼渣搭配冶炼技术、蒸馏法、固相电还原和堆存技术。目前我国铜铅锌冶炼企业大范围使用的还是堆存技术，大量的含汞废渣尚处于未处理或半处理的状态，存在重大环境隐患。

3. 政策方面差距

《关于汞的水俣公约》要求对新来源5年内使用最佳可得技术和最佳环境实践。铜铅锌冶炼行业的法律法规体系已形成，建立了比较完善的发展规划、重金属污染防治规划、规范条件、污染物排放标准、污染防治技术政策、最佳可得技术指南、清洁生产评价指标体系、清洁生产标准等法律法规体系。我国已颁布系列铜铅锌冶炼过程汞污染技术政策体系，可以替代BAT/BEP技术体系。如《铜冶炼污染防治可行技术指南（试行）》《铅冶炼污染防治最佳可行技术指南（试行）》《铅锌冶炼工业污染防治技术政策》，基本满足公约要求。企业通过合理选择和采用我国已颁布的铜铅锌冶炼过程汞污染技术政策体系中的汞污染防治技术，处理后的烟气基本都能稳定达标排放，目前这些体系可以替代专门的汞污染防治BAT/BEP技术体系。只是这些技术政策不具有强制性，国家还须制定相关强制性法规政策来保证技术政策体系的执行率。

《关于汞的水俣公约》要求4年内采取措施，控制汞的排放、释放并制订一项国家计划。目前尚未制订有关铜铅锌冶炼行业相关的控制汞排放的国家计划。

4. 环境管理方面差距

目前国内针对铜铅锌冶炼行业的政策法规、标准与技术指南相对而言比较完善，大中型铜铅锌冶炼企业环境管理方面人员配备较为齐全，建立了集团、分公司、分厂的环境管理模式，定期开展大气常规污染物和水污染物监测，通过了环境质量管理体系认证。但是，同时存在一些不符合国家产业政策的落后产能，环境管理部门难以监管到，环境风险大。

对于特征污染汞及汞化合物的监测能力，中小企业尚不具备，甚至部分地方监测部门都不具备废气中汞及汞化合物的监测能力。因此，应该加强地方环保部门、企业的自身能力建设，同时加强相关培训，了解铜铅锌冶炼企业不同工艺路径的汞排放节点、不同控制设施的运行效果等，以便控制减少汞及汞化合物的排放。

5. 公众意识差距

《关于汞的水俣公约》要求要针对接触汞和汞化合物对人体健康和环境的影响问题开展教育、培训等，来提高公众意识。大中型铜铅锌冶炼企业，按照信息公开有关规定，定期在各自网站公开企业环境保护、污染防治方面信息（可查询企业网址）。同时，我国还存在众多的小规模铜铅锌冶炼企业，企业员工文化素质不高，对汞的认识不足，不了解汞的危害，仅做普通防护措施。个别企业员工基本防护措施不到位，工作环境较差。总之，整个行业缺乏系统性培训，与履约存在一定差距。

1.2.3　有色冶金行业履约行动技术

1. 采用 BAT/BEP 控制冶炼汞排放

1）目标

铜铅锌冶炼企业实现全部使用最佳可行技术和最佳环境实践（BAT/BEP）。

2）《关于汞的水俣公约》要求及履约差距

对新排放源，《关于汞的水俣公约》要求对其生效后 5 年内，各缔约方应使用最佳可行技术和最佳环境实践（BAT/BEP），控制并减少汞的大气排放。采用释放限值，采用各种最佳可行技术和最佳环境实践（BAT/BEP），制订协同污染控制战略和其他削减措施，控制减少土和水中汞污染。

通过对行业现状和《关于汞的水俣公约》条款的分析发现，我国目前没有针对铜铅锌冶炼工业烟气脱汞的 BAT/BEP 导则。目前我国铜铅锌冶炼企业烟气汞治理主要采取协同除汞方式（如布袋除尘，SO_2 制酸、活性焦脱硫、氧化锌法脱硫等）减少汞的排放，仅有少数企业采用玻利登除汞工艺，捕集排放汞生成甘汞外售，其他铜铅锌冶炼企业基本上无专门的除汞措施和设备。虽然，铜铅锌冶炼企业废气汞污染防治技术基本符合《关于汞的水俣公约》履约要求，但是没有行业 BAT/BEP 导则制约汞污染控制。

行动 1：确定现有源汞排放量 75%原则，明确铜铅锌行业管控源

I——行动目标

为了实现有色金属行业内烟气汞污染物的成功减排和控制，必须坚持预防为主和综合治理的方针，对汞污染的现有排放源和可能新增的排放源采取分而治之的原则，建立并推广应用 BAT/BEP 导则，降低烟气汞的排放，保障履约工作顺利进行。

II——行动措施

汞污染预防方面，冶炼中无汞回收装置的冶炼厂，不应使用汞含量高于 0.01%的原料。含汞的废渣作为冶炼配料使用时，应先回收汞，再进行铅锌冶炼。含汞废气应采用布袋除尘、电袋复合除尘和湿法脱硫技术协同脱除烟气中的汞。针对协同脱汞不能达到履约要求的情况，应该添加单独的脱汞技术，如玻利登脱汞技术、碘化法脱汞技术、硫脲法脱汞技术等，以实现铜铅锌冶炼烟气汞的达标排放。

a. 行动措施依据

铜铅锌有色冶金行业属于《关于汞的水俣公约》附录 D 中的大气汞排放重点管控源。铜铅锌有色冶金行业需建立并采用 BAT/BEP 控制技术，减少大气汞排放，因此需参考目前活跃在有色冶金行业含汞废气的主流处理技术和 UNEP 推荐技术。目前铜铅锌冶炼烟气控制措施主要包括颗粒物控制技术、烟气洗涤净化技术、烟气脱硫技术、SO_2 制酸技术、强化协同控制技术（汞氧化添加剂、湿法脱硫系统汞再排放控制添加剂及选择性汞氧化剂）、玻利登脱汞工艺、碘化法脱汞工艺、硫酸法脱汞工艺等。UNEP 主要将以下技术作为有色冶金行业汞排放控制推荐技术：①传统冶炼污染控制设施，如除尘、洗涤和制酸技术等；②强化协同技术的应用，如卤素添加剂的应用；③专门脱汞技术，如玻利登等技术。

b. 行动措施技术可行性

从铜铅锌冶炼技术角度分析，有色冶金矿物中矿物主要由硫伴生组成，因此烟气除尘、脱硫技术已经成为企业常规的烟气处理装备。通过现有的烟气除尘、洗涤、脱硫、制酸等过程，传统冶炼污染控制设施可以实现绝大部分汞的协同去除，汞去除效率在 90%以上，因此实现传统冶炼污染控制协同脱汞技术具有可行性。

针对传统污染控制设备协同脱汞不能达到《关于汞的水俣公约》排放标准的情况，应该使用强化协同技术或专门脱汞技术。强化协同脱汞技术或专门脱汞技术共同使用可以实现汞的高效脱除，汞去除效率在 98%以上，因此强化协同脱汞技术或专门脱汞技术具有可行性。

c. 行动措施政策支持

从冶炼污染防治角度分析，《铜冶炼污染防治可行技术指南（试行）》《铅冶炼污染防治可行技术指南（试行）》《铅锌冶炼工业污染防治技术政策》等相关政策提出针对冶炼污染物排放控制的技术指南。同时《铅、锌工业污染物排放标准》和《铜、镍、钴工业污染物排放标准》也规定了现有企业和新建企业冶炼烟气汞排放的限值不超过

0.05 mg/m^3 和 0.03 mg/m^3。

d. 行动措施履约成本

从经济可行性上分析，采用传统污染控制设备协同脱汞技术成本最低，专门脱汞技术成本较高，以玻利登脱汞为例，年脱汞运行成本为 50 万元/t，因此需要根据实际需要采用不同工艺，以实现脱汞成本的降低。

行动 2：含汞固体废弃物的污染控制措施

I——行动目标

实现铜铅锌行业含汞废弃物的安全处置。

II——行动措施

在处理含汞酸性废水处理过程中会形成含汞固体废弃物，目前我国铜铅锌冶炼企业大范围使用的还是堆存技术，大量的含汞废渣尚处于未处理或半处理的状态，存在重大环境隐患。因此含汞废弃物应采用水泥固化、玻璃固化、固相电还原等技术进行处理，处理后的固体废弃物安全化。

a. 行动措施依据

根据《关于汞的水俣公约》第九条条款“释放”中对铜铅锌等有色冶金的要求，生产过程中产生的废水需采用各种最佳可得技术和最佳环境实践，以控制来自各类相关来源的释放及订立一项同时对多种污染物实行控制的战略，以期在控制释放方面取得协同效益。鉴于有色冶金行业没有相应的汞排放控制的 BAT/BEP 导则，因此需参考目前活跃在有色冶金行业含汞废弃物的主流处理技术。

b. 行动措施技术可行性

从技术层面上，目前固化技术、固相电还原、蒸馏法、硫化法固化等技术或以上方法组合都可以保证含汞废弃物的毒性浸出低于《铅锌工业污染物排放标准》和《铜、镍、钴工业污染物排放标准》的限值，可以实现安全处置。因此，上述方法都具有技术上的可行性。其中，固化技术具有稳定性高、易存储、工艺操作简单、成本低等特点，易在工业实际过程中应用推广，具有较高的可行性。

c. 行动措施政策支持

《国家危险废物名录》中冶炼过程中产生的含汞废弃物列为危险废弃物。《危险废弃物鉴别标准、浸出毒性标准》明确规定利用等离子原子放射光谱法检测含汞废弃物中汞的浸出毒性不超过 0.1 mg/L，这些意味着国家对含汞废弃物的重视，并且对含汞废弃物处置提出了明确要求。

d. 行动措施履约成本

传统的蒸馏法、固相电还原法处理含汞固体废弃物成本较高，处理每吨废弃物成本约在 2 000 元左右。而固化技术成本较低。其中，水泥+汞稳定剂联合处理技术，处理每吨汞废弃物的成本仅在 700 元左右，其成本远低于其他技术。因此，汞稳定剂加水泥固化技术有利于含汞废弃物处理成本的进一步降低。

行动 3：含汞废水中汞的污染控制措施

I——行动目标

建立并使用最佳可行技术和最佳环境实践（BAT/BEP），控制并减少含汞废水的排放。

II——行动措施

铜铅锌冶炼过程产生的含汞酸性废水宜采用生物制剂深度脱汞法、硫化法、中和沉淀法等技术进行处理，处理后的废水应优先循环利用，减少废水外排量。

a. 行动措施依据

根据《关于汞的水俣公约》第九条条款“释放”中，铜铅锌有色冶金行业产生的废水需采用各种最佳可得技术和最佳环境实践，以控制来自各类相关来源的释放及订立一项同时对多种污染物实行控制的战略，以期在控制释放方面取得协同效益。鉴于有色冶金行业没有相应的汞排放控制的 BAT/BEP 导则，因此需参考目前活跃在有色冶金行业含汞废水的主流处理技术。

b. 行动措施技术可行性

从技术层面及技术的应用经验分析，目前生物制剂处理法、硫化沉淀法及活性炭吸附法或者以上方法的组合可以保证含汞废水脱汞效率在98%以上，处理后废水可低于《污水综合排放标准》《铅锌工业污染物排放标准》规定的释放限值。因此，采用生物制剂处理法、硫化沉淀法及活性炭吸附法或者以上方法的组合技术具有可行性。其中，生物制剂处理法具有工艺操作简便、成套设备易于产业化、抗汞的冲击负荷强、净化高效、无二次污染等特点，在工业化应用与推广上具有较好的可行性。

c. 行动措施政策支持

《污水综合排放标准》和《铅锌工业污染物排放标准》明确规定水污染物总汞最高允许排放浓度为 0.05 mg/L，在生态敏感区汞最高允许排放浓度为 0.01 mg/L，由此可见，国家对于含汞废水控制措施政策提出了明确要求。

d. 行动措施履约成本

用生物制剂法对含汞污酸进行处理，可以同时处理废水中包括汞在内的多种重金属（锌、镉、砷[①]、铅、铜及氟化物），可有效降低整体运行成本；生物制剂法可使用电石泥为中和剂，极大地降低污酸处理成本，亦达到“以废治废”的目的。综合来讲，每处理 1 m^3 含汞约 20 mg/L 的废水的处理成本约为 0.7～1.8 元，因此每克汞的处理成本仅为 0.035～0.090 元，成本远低于其他同类技术。因此，采用生物技术有利于进一步降低

① 砷为类金属，但其毒性与重金属相近，因此本书将其归为重金属

履约的成本。

行动 4：硫酸中汞的污染控制措施

I——行动目标

降低硫酸中汞的含量，使硫酸中汞含量降低至一等品或优等品等级，同时建立并应用硫酸脱汞 BAT/BEP 技术。

II——行动措施

从硫酸中除汞可采用硫化物除汞、锌粉除汞、硫代硫酸钠沉淀等方法，降低硫酸产品中汞含量。

a. 行动措施依据

《工业硫酸执行标准》中明确提出一等品硫酸中汞的浓度不超过 0.01 mg/L，而优等品中汞的浓度不超过 0.001 mg/L。

b. 行动措施技术可行性

从技术角度分析，目前常用的硫化物除汞、硫代硫酸钠沉淀、铁粉置换等方法都可以实现含汞硫酸产品中汞脱除目的。其中硫代硫酸钠沉淀法效果最好，先将硫酸稀释到 75%后，加入硫代硫酸钠，使硫酸中汞以硫化汞的形式沉淀，从而实现汞的高效去除，该方法在工业化应用与推广上具有较好的可行性。

c. 行动措施政策支持

《国家标准目录大全》中明确规定硫酸中汞含量应使用双硫腙分光光度计法测定硫酸中汞含量。《工业硫酸执行标准》中明确将汞含量作为硫酸产品等级的重要指标之一。

d. 行动措施履约成本

采用硫氰化钠方法对含汞硫酸进行处理，可以有效地降低硫酸产品中汞含量，提高硫酸产品等级，并且降低汞污染的风险。与其他技术相比，该技术处理每吨硫酸的成本在 10～50 元，成本相对较低。

III——行动时间表

（1）《关于汞的水俣公约》生效 5 年内，重点大型铜铅锌有色冶金行业含汞烟气治理、废水治理和固废治理必须完成 BAT/BEP 技术的全部应用；小型铜铅锌有色冶金行业鼓励使用 BAT/BEP 技术。

（2）《关于汞的水俣公约》生效 5 年内，重点铜铅锌有色冶金行业硫酸脱汞手段必须完成 BAT/BEP 技术，小型铜铅锌有色冶金行业鼓励使用 BAT/BEP 技术或交由其他处理。

（3）《关于汞的水俣公约》生效 5 年内，鼓励铜铅锌有色冶金行业使用强化协同脱汞技术或专门脱汞技术。

2. 建立铜铅锌冶炼行业汞排放和释放清单

1）目标

全方位建立对典型铜铅锌企业排放（大气）和释放（水体和土地）清单。

2）《关于汞的水俣公约》要求及履约差距

《关于汞的水俣公约》第八条条款“排放”和第九条条款“释放”中对汞排放和释放清单提出如下要求：公约对其生效后4年内，缔约方应制订国家计划，并提交缔约方大会；公约对其生效后5年内，缔约方应建立大气汞排放和释放清单。

基于清华大学等研究机构开展典型调查报告，平衡计算铜铅锌冶炼行业汞的排放情况，未考虑大气污染控制措施去除汞的协同效应。因此对汞的流向不能准确掌握，基础信息不完善。我国仅仅对典型铜铅锌企业排放和向水体、土地释放情况进行调查，尚未制订铜铅锌冶炼行业排放和释放清单方法学，未建立排放（大气）和释放（水体和土地）清单。

行动1：掌握铜铅锌行业汞的物质流走向

I——行动目标

通过铜铅锌行业汞的物质流分析，识别冶炼过程中汞污染严重的关键节点及重点污染物，分析控制和缓解相应环境问题（气、水、渣）的可能途径，为冶炼行业进一步实现汞减排提供理论依据。

II——行动措施

a. 铜铅锌行业生产工艺及排污节点研究

利用现场调研、历史数据整理等方式，调查我国主要铜铅锌企业的生产工艺及参数、污染物产生及排放数据，重点针对典型工艺类型的工艺流程中汞污染进行源识别，识别和分析冶炼工艺流程图、含汞污染物的产污缓解、污染物种类及产生和排放特征规律。

b. 铜铅锌冶炼生产工序、生产流程汞元素流核算与分析方法研究

根据工艺特点及排污节点特征，确定重点铜铅锌冶炼生产工艺的主要参数对汞元素流影响，构建铜铅锌冶炼生产过程中汞元素流分析模型。同时，对含汞物质的理化性质进行分析，确定汞元素含量在不同节点的分析方法。

行动2：建立铜铅锌行业汞的排放清单

Ⅰ——行动目标

在铜铅锌行业，含汞矿石通过高温焙烧-湿法浸出等冶炼工艺后分别进入大气、水、固废等。基于铜铅锌行业中汞的物质流向，建立汞排放清单。

II——行动措施

a. 中国铜铅锌精矿汞浓度研究

通过样品采集与分析，结合文献调研建立中国铜铅锌精矿汞浓度数据库。结合精矿进口和跨省传输矩阵，分析中国铜铅锌行业消耗冶炼精矿的汞浓度。

b. 估算铜铅锌行业汞污染源的排放量

基于全国不同地区的铜铅锌行业的不同冶炼工艺类型，不同冶炼产物原料含汞量、各省份汞污染控制设备的安装比例及脱汞效率等，结合铜铅锌行业汞的物质流向，采用排放系数法，估算不同冶炼工艺中各主要汞污染物的排放量，从而得到铜铅锌行业的汞排放和释放清单。

III——行动时间表

（1）公约生效 3 年内，完成中国铜铅锌行业不同冶炼工艺中汞的物质流向分析。

（2）公约生效 3 年内，建立中国铜铅锌行业汞的排放清单。

3. 完善有色行业环境管理制度，淘汰落后产能

1）目标

完善并实施汞排放环境管制制度。

2）《关于汞的水俣公约》要求及履约差距

《关于汞的水俣公约》要求建立行业环境管理制度。目前国内针对铜铅锌冶炼行业政策法规、标准与技术指南相对而言比较完善，大中型铜铅锌冶炼企业环境管理方面人员配备较为齐全，建立了集团、分公司、分厂的环境管理模式，定期开展大气常规污染物和水污染物监测，通过了环境质量管理体系认证，但是同时存在一些不符合国家产业政策的落后产能，环境管理部门难以监管到，环境风险大。

对于特征污染汞及汞化合物的监测能力，中小企业还尚不具备，甚至部分地方监测部门都不具备废气中汞及汞化合物的监测能力。因此，应该加强地方环保部门、企业的自身能力建设，同时加强相关培训，了解铜铅锌冶炼企业不同工艺路径的汞排放节点、控制设施及不同控制设施的运行效果等，以便控制减少汞及汞化合物的排放。

行动 1：建立行业汞污染监测平台

I——行动目标

建立有色金属行业生产过程汞监测的标准方法、管理规范等。明确监测的物质种类、点位布设、采样时的运行工况、采样器材、分析方法、质量保证和质量控制、数据处理、结果表达和监测报告等，以及监测过程实施的管理机制等。

II——行动措施

根据行业不同工艺特点，建立完整的铜铅锌行业汞监测体系，同时成立行业汞污染

监测平台。

行动 2：淘汰难以环境监测的落后产能

I——行动目标

淘汰环境管理部门监管难度大、环境风险大、不符合国家产业政策的落后产能。

II——行动措施

严格把关，对环境风险大，汞污染控制设施缺乏的落后企业进行强制关闭。对于没有达到环保要求、污染控制设施缺乏的企业严格停业整顿。

III——行动时间表

（1）公约生效 3 年内，建立铜铅锌行业汞污染监测平台。

（2）公约生效 3 年内，准确了解行业汞排放情况。

（3）公约生效 5 年内，淘汰难以环境监测的落后产能。

4. 制订有关铜铅锌冶炼行业相关的控制汞排放的国家计划

1）目标

制订有关铜铅锌冶炼行业相关的控制汞排放的国家计划。

2）《关于汞的水俣公约》要求及履约差距

《关于汞的水俣公约》要求对新排放源 5 年内使用最佳可得技术和最佳环境实践，同时要求 4 年内采取措施，控制汞的排放、释放并制订一项国家计划。

目前，我国铜铅锌冶炼行业的法律法规体系已形成，建立了发展规划、重金属污染防治规划、规范条件、污染物排放标准、污染防治技术政策、最佳可行性技术指南、清洁生产评价指标体系、清洁生产标准等比较完善的法律法规体系。我国已颁布系列铜铅锌冶炼过程汞污染技术政策体系，如《铜冶炼污染防治可行技术指南（试行）》《铅冶炼污染防治最佳可行技术指南（试行）》《铅锌冶炼工业污染防治技术政策》，基本满足《关于汞的水俣公约》要求。但是我国目前还没有制订关于控制汞排放、释放的国家计划。

行动 1：铜铅锌有色行业汞检测方法及监测机制

I——行动目标

建立有色金属行业生产过程汞监测的标准方法、管理规范等。明确监测的物质种类、点位布设、采样时的运行工况、采样器材、分析方法、质量保证和质量控制、数据处理、结果表达和监测报告等，以及监测过程实施的管理机制等。

II——行动措施

（1）根据不同冶炼工艺特点，制订不同工艺条件下汞的标准检测方法，同时明确点位布设、采样器材、数据处理方法的标准化，以建立和完善行业汞的检测体系。

（2）根据工艺特点和汞排放点，建立汞排放监测体系，同时明确汞排放监测责任制。

行动 2：铜铅锌有色行业控制汞排放的国家计划

I——行动目标

根据有色冶金行业特点和冶炼工艺特点，建立有色金属行业生产过程控制汞排放的国家计划。

II——行动措施

根据铜铅锌行业相关政策法规，结合《关于汞的水俣公约》相关要求，从抑制汞排放和铜铅锌行业发展的角度，制定相关政策。行业部门结合自身特点，配合国家制定控制汞排放的国家计划。

III——行动时间表

（1）《关于汞的水俣公约》生效 3 年内，建立有色金属行业生产过程汞检测的标准方法和监测体系。

（2）《关于汞的水俣公约》生效 3 年内，建立铜铅锌有色冶金行业的控制汞排放国家计划。

5. 开展汞危害教育培训，提高公众意识

1）目标

完成针对接触汞和汞化合物对人体健康和环境的影响问题对公众的教育和培训，全方面提高公众意识。

2）《关于汞的水俣公约》要求及履约差距

我国大中型铜铅锌冶炼企业，按照信息公开有关规定，定期在各自网站公开企业环境保护、污染防治方面信息（可查询企业网址）。但是，我国还存在众多的小规模铜铅锌冶炼企业，企业员工文化素质不高，对汞的认识不足，不了解汞的危害，仅做普通防护措施。个别企业员工基本防护措施不到位，工作环境差。整个行业缺乏系统性培训，与履约存在差距。

行动 1：提高铜铅锌冶炼企业员工对汞危害及防护措施的认知

I——行动目标

强化铜铅锌冶炼企业员工对汞危害认知，提高员工自我保护意识。

II——行动措施

（1）定期开展汞危害人体健康教育、培训等，同时大力宣传汞污染防护保护措施，提高员工对汞危害认知。

（2）公开企业各工艺节点汞排放清单，建立员工监测体系，提高员工自我保护意识。

行动 2：重点铜铅锌冶炼企业定期在各自网站公开企业汞排放和污染治理相关信息

I——行动目标

实现铜铅锌行业汞排放信息公开化。

II——行动措施

（1）重点铅锌铜冶炼企业必须定期在自己网站上及时更新关于汞排放及治理相关信息。

（2）相关部门应及时核实企业公布信息的准确性和及时性。

（3）定期组织企业之间交流，强化信息沟通。

行动 3：开展汞危害健康风险知识普及全民行动计划

I——行动目标

为贯彻落实《关于汞的水俣公约》要求，开展汞危害健康风险知识普及全民行动计划，提高全民对汞危害的意识。

II——行动措施

（1）经常在学校、社区、政府机构、企业园区等进行汞危害健康知识普及行动。

（2）每年开展多次关于汞履约进展的主题会议。

III——行动时间表

（1）《关于汞的水俣公约》生效 2 年内，大幅度提高企业员工对汞危害的认知。

（2）《关于汞的水俣公约》生效 2 年内，建立企业汞排放和污染治理等相关信息的公开化制度。

（3）《关于汞的水俣公约》生效 2 年内，大幅度提高公众对汞危害的认识。

1.3　有色冶金烟气汞污染控制技术及发展趋势

1.3.1　冶炼烟气协同脱汞技术

冶炼烟气协同脱汞技术主要通过烟气除尘、烟气洗涤、烟气制酸等污染物控制环节实现汞的协同脱除。烟气除尘技术包括电除尘、布袋除尘等，烟气除尘过程中可以协同脱除烟气中占总汞 10%～25%的颗粒态汞。湿法洗涤是冶炼烟气脱汞的主要过程，目前主要的湿法洗涤技术包括动力波湍冲洗涤、填料塔喷淋洗涤、双涡流烟气洗涤等，可以脱除烟气中 70%～97%的 Hg_p（p 代表颗粒态）和 Hg^{2+}。烟气制酸也是冶炼过程中烟气单质汞的重要去除环节，常用的技术有两转两吸、单转单吸、LUREC^{TM} 再循环等，对汞的脱除效率可达 90%以上。但大量汞进入硫酸会导致硫酸品质下降，同时造成汞的二次污染，因此烟气制酸脱汞不应成为冶炼行业汞控制的主要环节，需要强化前端烟气净化装置的协同脱汞性能。清华大学研究表明，经过除尘+湿法洗涤+电除雾+制酸+干法脱硫组合烟气净化过程可以实现烟气中汞的脱除效率在 98%以上（Wu et al.，2016）。表 1.7 中列出了锌冶炼过程不同污染控制设施对汞去除效率。

表 1.7 不同大气污染控制设施的汞去除效率

污染控制设施	汞去除效率/%			
	平均值	最小值	最大值	标准差
DC+FDS+ESD+DCDA+DFGD	98.5	98.0	98.7	0.4
DC+FDS+ESD+DCDA	97.4	87.0	99.9	2.4
DC+FDS+ESD+SCSA	86.5	86.5	86.5	2.7
DC+FDS	41.0	27.0	55.0	20.0
FGS+ESD	82.5	72.5	99.5	10.9
DC	12.0	2.0	20.0	7.0
FGS	33.0	17.0	49.0	23.0
FF	38.3	3.8	56.1	23.4
WFGD	52.0	52.0	52.0	3.4

注：DC 代表除尘器（dust collector）；FGS 代表烟气洗涤器（flue gas scrubber）；ESD 代表静电除雾器（electrostatic precipitator）；DCDA 代表两转两吸制酸吸收塔（double conversion and double absorption）；DFGD 代表干法脱硫塔（dry flue gas desulfuration）；SCSA 代表单转单吸制酸吸收塔（single conversion and single absorption）；FF 代表布袋除尘器（fiber filter）；WFGD 代表湿法脱硫塔（wet flue gas desulfuration）

1.3.2 湿法脱汞技术

1. 玻利登-诺津克法

玻利登-诺津克除汞工艺又叫甘汞法（许波，2000；张玉宙，1987）。在汞吸收塔中，烟气中的 Hg^0 与酸性的氯化汞配合物（$HgCl_n^{n-2}$，通常 $2\leqslant n\leqslant 4$）溶液快速反应，生成难溶的 Hg_2Cl_2 沉淀；Hg_2Cl_2 可用 Cl_2 氧化生成 $HgCl_n^{n-2}$，实现汞吸收液的循环使用；电解汞吸收液可以得到金属汞和 Cl_2，实现烟气中汞的资源化。上述过程可以用以下方程式表示。

洗涤净化反应：

$$Hg^0 + HgCl_n^{n-2} \longrightarrow Hg_2Cl_2\downarrow + (n-2)Cl^- \quad (1.1)$$

$$SO_2 + 2HgCl_n^{n-2} + 2H_2O \longrightarrow Hg_2Cl_2\downarrow + SO_4^{2-} + (n-2)Cl^- \quad (1.2)$$

制取吸收液反应：

$$Hg_2Cl_2 + Cl_2 \longrightarrow 2HgCl_2 \quad (1.3)$$

$$HgCl_2 + (n-2)Cl^- \longrightarrow HgCl_n^{n-2} \quad (1.4)$$

电解反应：

$$HgCl_n^{n-2} \longrightarrow HgCl_2 + (n-2)Cl^- \quad (1.5)$$

$$HgCl_2 \longrightarrow Hg + Cl_2\uparrow \quad (1.6)$$

从吸收反应可知，烟气中 SO_2 可以与 $HgCl_n^{n-2}$ 反应，所以必须控制吸收液中 $HgCl_n^{n-2}$ 的浓度，若 $HgCl_n^{n-2}$ 浓度较高，会造成 SO_2 和有效成分 $HgCl_n^{n-2}$ 的损失；若 $HgCl_n^{n-2}$ 浓度较低，$HgCl_n^{n-2}$ 浓度较低会导致 Hg^0 的吸收转化率大幅度下降。在实际生产中，通常将 $HgCl_n^{n-2}$ 的浓度控制在 1～3 g/L。该工艺的优点主要有：可在极低的压降下运转；脱汞性能稳定，出口处烟气中汞浓度低（<0.2 mg/m^3）；金属汞产品的纯度高（99.99%），可实现汞的资源化。目前全球已经有四十几套玻利登-诺津克除汞工艺得到使用。

2. 碘化钾法

碘化钾法又称碘络合-电解法，是将含汞冶炼烟气在汞吸收塔中与碘化钾吸收液逆流接触，烟气中 Hg^0 在 SO_2 的参与下与溶液中的碘离子生成稳定的 HgI_4^{2-}。吸收后的母液脱除 SO_2 后送至电解工序，阴极表面汞被电解还原为金属汞，阳极表面碘被氧化成单质碘；最后 I_2 使用 SO_2 还原得到 I^-，返回到吸收工序（唐冠华，2010；侯鸿斌，2001）。上述过程主要化学反应方程式如下所示。

吸收反应：

$$SO_2 + Hg^0 + 4H^+ + 8I^- \longrightarrow 2HgI_4^{2-} + S + 2H_2O \quad (1.7)$$

电解反应：

$$HgI_4^{2-} \longrightarrow Hg + I_2 + 2I^- \quad (1.8)$$

还原反应：

$$I_2 + SO_2 + 2H_2O \longrightarrow 2I^- + SO_4^{2-} + 4H^+ \quad (1.9)$$

碘化钾法除汞过程中，吸收液中碘离子浓度和酸度的增加有利于提高汞的脱除效率，当碘离子和硫酸浓度达到 0.2 mol/L 和 120 g/L 时，除汞效率可达到 99%以上。吸收液中汞浓度越高则除汞效率越低，当吸收液中汞浓度达到 8 g/L 以上时，除汞效率明显下降，此时需要更换新的吸收液。在电解前，需要控制电解液中 SO_2 的浓度在 0.28 g/L，以降低溶液中 I_2 的浓度，提高电解效率。碘化钾技术曾在韶关冶炼厂、西北冶炼厂等得到了工业化应用，但由于碘化钾价格昂贵、损耗大、脱汞效率波动大等缺点，目前该技术已经停止使用。

3. 硫氰酸钠洗涤法

硫氰酸钠洗涤法首次应用是在西班牙的 Almadh 冶炼厂，该方法使汞蒸气在 SO_2 的参与下与含硫氰酸钠的溶液在接触塔内接触并进行配合反应，汞以硫氰酸根配合物和硫化汞的形式从烟气中去除（Dyvik et al.，1987）。该反应可以用以下方程表示。

$$3Hg^0 + 8SCN^- + SO_2 + 4H^+ \longrightarrow 2Hg(SCN)_4^{2-} + HgS\downarrow + 2H_2O \quad (1.10)$$

洗涤后，可以向溶液中添加 Na_2S 形成 HgS 沉淀和 NaSCN 溶液，实现汞的脱除和硫氰酸钠的循环利用。

$$Hg(SCN)_4^{2-} + S^{2-} \longrightarrow HgS\downarrow + 4SCN^- \quad (1.11)$$

4. 硫酸法

硫酸法主要利用浓硫酸的氧化性，将烟气中的 Hg^0 氧化为 $HgSO_4$，再用硫代硫酸钠将硫酸中的汞转化为硫化汞沉淀过滤除去，过滤后的硫酸重新回用（Dyvik et al., 1987）。硫酸法通常采用两级吸收设备，一级吸收过程中浓硫酸在 50 ℃与汞反应生成硫酸汞；二级吸收使用含 $HgSO_4$ 的硫酸溶液在室温下吸收烟气中的 Hg^0，反应首先生成 Hg_2SO_4，Hg_2SO_4 再被硫酸氧化成 $HgSO_4$，具体过程如下式所示。

$$2H_2SO_4 + Hg^0 \longrightarrow HgSO_4 + 2H_2O + SO_2 \quad (1.12)$$

$$HgSO_4 + Hg^0 \longrightarrow Hg_2SO_4 \quad (1.13)$$

$$Hg_2SO_4 + 2H_2SO_4 \longrightarrow 2HgSO_4 + 2H_2O + SO_2 \quad (1.14)$$

在循环吸收过程中，为避免硫酸中汞的浓度过高，需要将部分硫酸稀释成 80%，同时向其中添加硫代硫酸钠使汞以 HgS 沉淀形式存在。硫酸中的 HgS 被过滤后，硫酸重新返回吸收塔中。

$$HgSO_4 + Na_2S_2O_3 + H_2O = HgS + Na_2SO_4 + H_2SO_4 \quad (1.15)$$

从上述方程式中可以看出，理论上整个过程中硫酸没有消耗，只在除汞过程中内部循环。该方法适用于所有冶炼厂的废气，特别是制酸烟气。该方法对烟气汞的浓度没有要求，且可将烟气中的汞浓度降低至 0.02 mg/m^3 以下。但由于浓硫酸的强腐蚀性，对设备要求高，限制了该方法的推广应用。

5. 奥托昆普法

奥托昆普法是芬兰的 Outokumpu 公司开发的脱汞技术，将经高温电除尘器除尘后的烟气通过装有填料的洗涤塔，用温度约为 190℃的 90%浓硫酸进行逆向洗涤，烟气中 Hg^{2+} 和 Hg^0 都会进入溶液并生成沉淀沉降于槽中，脱汞后的烟气进入洗涤净化工序（Svens, 1985）。烟气中的 SO 气体在洗涤过程中以硫酸的形式进入溶液。通常冶炼烟气中含有部分硒和大量的氯离子，在洗涤过程中汞会以硒化汞或氯硒汞化合物的形式沉淀，其反应方程式为

$$Hg^0 + Se \longrightarrow HgSe\downarrow \quad (1.16)$$

$$2HgSe + Hg^{2+} + 2Cl^- \longrightarrow Hg_3Se_2Cl_2\downarrow \quad (1.17)$$

得到的沉淀物经过洗涤过滤后进行蒸馏，可回收沉淀物中 96%～99%的汞，再经过滤除去固体杂质后纯度可达 99.99%。该方法可回收烟气中 99%的汞和 90%的硒，还可以生产 40%～50%的稀硫酸。

6. 活性 MnO_2 硫酸酸化法

活性 MnO_2 硫酸酸化法适用于处理汞浓度高的烟气，该方法利用强氧化性的活性 MnO_2 将烟气中的 Hg^0 氧化，在硫酸溶液中转化为 $HgSO_4$。生成的 $HgSO_4$ 可以进一步吸收 Hg^0，有利于提高汞的脱除效率。经过多级净化后，汞的去除效率可达 96%以上（唐

德保，1981）。汞脱除过程中的反应为

$$2Hg^0 + MnO_2 \longrightarrow Hg_2MnO_2 \tag{1.18}$$

$$Hg_2MnO_2 + 4H_2SO_4 + MnO_2 \longrightarrow 2HgSO_4 + 2MnSO_4 + 4H_2O \tag{1.19}$$

7. 漂白粉净化法

漂白粉主要成分为次氯酸钙（$Ca(ClO)_2$），其净化原理是利用 $Ca(ClO)_2$ 的氧化性将烟气中的 Hg^0 氧化成可溶性的 Hg^{2+}，并最终转化为 Hg_2Cl_2，实现对烟气中汞的净化，其净化过程中的反应如下所示（张晓玲，1992）。

$$Ca(ClO)_2 + SO_2 \longrightarrow CaSO_4 + Cl_2 \tag{1.20}$$

$$Ca(ClO)_2 + 3Hg^0 + H_2O \longrightarrow Hg_2Cl_2 + HgO + Ca(OH)_2 \tag{1.21}$$

$$Cl_2 + Hg^0 \longrightarrow HgCl_2 \tag{1.22}$$

$$HgCl_2 + Hg^0 \longrightarrow Hg_2Cl_2 \tag{1.23}$$

表 1.8 为漂白粉净化法脱汞效果。在淋洗过程中，汞的去除效率均在 90%以上，70%以上的汞富集在固体沉泥中，漂白粉的消耗量在 0.5 g/m^3 以下。漂白粉净化法具有操作简单、成本低、脱汞效率高等优点。但由于漂白粉具有强氧化性，很容易与烟气中 SO_2 反应，不适合含高浓度 SO_2 有色冶金烟气的处理，目前该方法仅在部分原生汞冶炼行业和工业化小试中应用。

表 1.8　漂白粉净化法的脱汞效果

烟气量/（m^3/h）	净化液喷洒量/[m^3/（m^2·h）]	烟气中 Hg 浓度/（mg/m^3）		汞去除效率/%
		净化前	净化后	
2 500	0.985	42	1.68	96.0
2 800	1.002	86	4.13	95.2
2 700	1.001	97	4.85	94.8
2 750	1.005	105	5.26	95.0
3 000	1.100	123	8.61	93.0
2 800	2.100	103	5.67	94.5

1.3.3　吸附脱汞技术

吸附法通过物理吸附与化学吸附的方式将单质汞捕集在吸附剂表面，实现烟气中汞的脱除。目前常用的吸附剂有碳基吸附剂、钙基吸附剂、金属硫化物吸附剂等。

1. 碳基吸附剂

碳基吸附剂是目前应用最为广泛的吸附剂之一，具有比表面积大、易改性和解吸等优点。常规炭材料对汞的吸附效率不高，因此需要通过浸渍、负载卤素或硫磺等物质对其改性以提升脱汞性能。

卤素浸渍处理后的活性炭可以达到 80%～90%的脱汞效率，相比未改性活性炭脱汞性能显著提高（Ghorishi et al.，2002）。Hsi 等（2001）将活性炭纤维（Activated carbon fiber，ACF）用硫磺进行浸渍处理用于汞的吸附性能研究。硫浸渍处理使材料比表面积减小但提高了 Hg^0 的吸附能力。浸渍在 ACF 上的硫以元素态和有机态形式存在。随着浸渍温度升高，元素硫的比例降低，而有机硫的比例升高。400 ℃条件下用硫磺浸渍 ACF 中总硫质量分数为44%，比表面积为 81 m^2/g，对 Hg^0 的吸附容量最大，可达 11 343 μg/g。但是活性炭材料受烟气组分的影响大，当烟气中 SO_2 与 Hg^0 同时存在时，SO_2 会先于 Hg^0 占据活性炭表面的吸附活性位点，极大地抑制对汞的吸附性能（Zeng et al.，2004），导致 Hg^0 脱除效率的下降。

2. 钙基吸附剂

钙基吸附剂主要是以氧化钙（CaO）、碳酸钙、氢氧化钙（$Ca(OH)_2$）等含钙物质为基底的吸附剂。研究表明 $Ca(OH)_2$ 和 CaO 等在 Hg^0 浓度较高的烟气中脱汞效率较低。用 $KMnO_4$ 改性的 $Ca(OH)_2$ 吸附剂在含 SO_2 或 HCl 的烟气中，对 Hg^0 的脱除效率能达到 50%以上。Ghorishi 等（1998）将 $Ca(OH)_2$ 和粉煤灰按 3∶1（质量比）混合浆化制备获得 Advacate 吸附剂并用碱土材料进行改性，研究了吸附剂对单质汞和氯化汞的脱除性能。烟气中 SO_2 的存在使 Hg^0 的去除率从 10%上升到 40%，表明 SO_2 和吸附剂的反应产生了吸附 Hg^0 的活性位点，可能在反应过程中形成了 Hg—S。但是 SO_2 抑制了吸附剂脱除氯化汞的能力，脱汞效率下降约 10%～25%，升高温度也会导致 $HgCl_2$ 捕获量减少。总体而言，钙基吸附剂的脱汞性能低于碳基吸附剂。

3. 金属硫化物吸附剂

金属硫化物吸附剂是一种新型的脱汞吸附剂，吸附剂上的活性硫（如 S_2^{2-} 、S 等）位点对烟气中的 Hg^0 具有较高的亲和力，且受到烟气中 SO_2 的影响小，可以实现 SO_2 气氛下 Hg^0 的选择性脱除。Liu 等（2019a）开发了一种高效选择性吸附 Hg^0 且耐硫性良好的锌硒硫复合材料 $ZnSe_{1-x}S_x$，在 2 000 μL/L SO_2 气氛下 Hg^0 的去除率高于 99%。Liu 等（2019b）采用沉淀法合成了一系列的金属硫化物，通过对比实验发现，CuS 的脱汞效率最佳，其在 5 000 μL/L SO_2 时对 Hg^0 的吸附量为 50.17 mg/g。Kong 等（2018）利用 H_2S 改性 Cu/TiO_2 后吸附剂表面生成丰富的 CuS 活性位，使其在 1% SO_2 和 8% H_2O 的冶炼烟气中 Hg^0 的饱和吸附量仍能高达 12.7 mg/g 以上。

4. 硒吸附剂

硒吸附剂是将多孔惰性材料在含 Na_2SeO_3 的溶液中浸泡，再经过 SO_2 气体还原和干燥后制备而成的。硒吸附剂的制备原理可用式（1.24）表示。

$$Na_2SeO_3 + 2SO_2 + H_2O \longrightarrow Se + Na_2SO_4 + H_2SO_4 \tag{1.24}$$

当含汞烟气通过过滤器时，烟气中的汞可以与过滤器中的单质 Se 反应形成 HgSe，从而达到脱除烟气中 Hg^0 的目的。吸附饱和的吸附剂中汞质量分数可达 10%～15%，可作为回收汞和硒的原料。在实际生产中，烟气 SO_2 浓度为 4%～5%时，入口 Hg^0 的浓度为 0.85 mg/m^3，出口汞的浓度可降低为 0.08 mg/m^3，脱汞的效率可达到 90%（Khan et al.，2009）。这种过滤器的缺点是对水分十分敏感，当水分在过滤器中凝结时，活性非晶体态硒会逐渐失活，导致脱汞效率降低。当烟气中含有水分，需采取措施降低烟气的相对湿度。

1.3.4　催化氧化脱汞技术

催化氧化技术通过催化剂降低氧化反应过程的能垒，实现 Hg^0 的高效脱除，具有效率高、运行稳定等优点。常见的催化剂主要有贵金属催化剂、SCR（selective catalytic reduction，选择性催化还原）催化剂及过渡金属催化剂等，如表 1.9 所示。尽管以上催化剂在一定条件下均能达到不错的脱汞效率，但工业上仍缺乏高性能的抗硫性催化剂，难以应用于含有高浓度 SO_2 的冶炼烟气中。

表 1.9　不同催化剂类型

类型		主要催化剂
贵金属催化剂		Pd、Au、Ag、Ru、Ir
SCR 催化剂		VO_x/TiO_2、V_2O_5-WO_3/TiO_2、SiO_2-TiO_2-V_2O_5
过渡金属催化剂	锰基催化剂	MnO_2、MnO_x/TiO_2、MnO_x/Al_2O_3、Mo-MnO_x/Al_2O_3
	铈基催化剂	CeO_2、CeO_2-TiO_2、CuO-CeO_2/TiO_2
	铜基催化剂	CuO、Cu_2O、CuO/TiO_2、$CuCl_2/Al_2O_3$

1. 贵金属催化剂

贵金属（如铂族金属、金和银等）由于其 d 电子轨道未被填满，有利于形成中间态的“活性化合物”，具有很高的催化活性。独特的电子结构还使贵金属具有耐高温、抗氧化及耐腐蚀等优异的性质。近年来，Pd、Au、Ag、Ru 和 Ir 等催化剂已被用于汞的催化氧化研究。为提高活性组分的分散度和催化效率，一般将贵金属负载在 Al_2O_3、SiO_2、ZrO_2、TiO_2 和活性炭等各种多孔材料表面。研究表明 Au/TiO_2 和 Pd/Al_2O_3 等负载型催化剂具有反应活性高、稳定性强及易于再生等优点（Presto et al.，2008），其在 150 ℃时催化剂对汞的氧化效率约为 40%～80%，对 SO_2 和 H_2O 也具有一定的抗性。然而，贵金属资源的稀缺和昂贵价格限制了其在工业上的大规模应用。

2. SCR 催化剂

SCR 催化剂通常用于烟气脱硝处理。目前，商业的 SCR 催化剂多为钒基催化剂，一般由 TiO_2、活性组分 V_2O_5 和助剂 WO_3 等组成，具有良好的催化活性、高选择性和经济可行性。研究证实，钒基 SCR 催化剂对汞的氧化也起到了促进作用（Kamata et al.，2008）。

V_2O_5是实现催化脱汞的主要活性物质，SCR 催化剂对汞的氧化能力随着 V_2O_5 的负载量增加而加强。SCR 催化剂在 HCl 和 O_2 存在时，其催化氧化机理遵循 Eley-Rideal 机制（Lee et al.，2006），即 HCl 在催化剂表面吸附形成活性氯中间产物，随后与气相或者弱吸附的 Hg^0 反应生成 $HgCl_2$，反应过程为

$$HCl(g) \longrightarrow HCl_{(ads)} \tag{1.25}$$

$$HCl_{(ads)} \longrightarrow H_{(ads)} + Cl^{*}_{(ads)} \tag{1.26}$$

$$Hg^{0}_{(g)} + 2Cl^{*}_{(ads)} \longrightarrow HgCl_{2(ads)} \tag{1.27}$$

$$HgCl_{2(ads)} \longrightarrow HgCl_{2(g)} \tag{1.28}$$

此外，密度泛函理论计算表明钒钛 SCR 催化剂上汞氧化机制还存在 Langmuir-Hinshelwood 机理（Suarez Negreira et al.，2013），氧化产物 $HgCl_2$ 形成的步骤为

HCl 吸附与解离 ⟶ HgCl 吸附 ⟶ $HgCl_2$ 形成 ⟶ $HgCl_2$ 在表面解吸。

SCR 催化剂对 Hg^0 的氧化效率对烟气中的 Cl 浓度依赖大。当 HCl 浓度大于 100 μL/L 时，商用 SCR 催化剂上的 Hg^0 氧化效率高于 90%，当 HCl 浓度低于 10 μL/L 时 Hg^0 氧化效率降至 20%。烟气组分如 SO_2 和 NH_3 也会抑制商用 SCR 催化剂对汞的氧化。此外，商用 SCR 催化剂脱汞的反应温度窗口较窄，一般高于 300 ℃。

3. 锰基催化剂

氧化锰（MnO_x）是一种多功能异相氧化催化剂，能处理多种大气污染物，具有成本低、环境友好及催化氧化能力强等优点。MnO_x 对汞的去除机制主要是 Mars-Maessen 机理，即利用 Mn 元素电子对的变价将吸附在表面的 Hg^0 催化氧化为 Hg^{2+}，随后 Hg^{2+}再与表面吸附氧反应生成氧化汞，如式（1.29）～式（1.32）所示。

$$Hg^{0}_{(g)} \longrightarrow Hg^{0}_{(ads)} \tag{1.29}$$

$$Hg^{0}_{(ads)} + Mn^{4+} \longrightarrow Hg^{2+}_{(ads)} + Mn^{3+} \tag{1.30}$$

$$Hg^{2+}_{(ads)} + O_{(ads)} \longrightarrow HgO_{(ads)} \tag{1.31}$$

$$Mn^{3+} + O_{(ads)} \longrightarrow Mn^{4+} \tag{1.32}$$

不同晶型的一维 MnO_2 催化剂（α-MnO_2，β-MnO_2，γ-MnO_2）脱汞研究（Xu et al.，2015）发现，温度和晶体结构对 Hg^0 的催化氧化影响显著，150 ℃时，Hg^0 脱除效率的强弱顺序为 α-MnO_2＞γ-MnO_2＞β-MnO_2；低温段（100～150 ℃）的脱汞活性最高，进一步升高温度不利于氧化锰对汞的氧化。此外，SO_2 对 MnO_2 氧化汞的抑制作用与反应温度密切相关，温度越高，表面硫酸盐聚集越多，反应的抑制作用越明显。

4. 铈基催化剂

铈基催化剂中的氧化铈（CeO_2）具有强大的储氧能力，在氧化和还原的条件下能产生在 CeO_2 与 Ce_2O_3 之间相互转化的 Ce^{3+}/Ce^{4+}电子对。这些 Ce^{3+}/Ce^{4+}电子对在氧化还原转化中会产生一些不稳定且高反应活性的体相氧或氧空位，有利于汞的催化氧化。Li 等（2011）采用溶胶凝胶法合成了 CeO_2-TiO_2 催化剂，Hg^0 在 CeO_2-TiO_2 催化剂表面的氧化过程主要遵循 Langmuir-Hinshelwood 机理，即吸附烟气组分中的活性物质与相邻吸附的

Hg^0发生反应，生成Hg^{2+}。具体反应历程为

$$Hg^0_{(g)} \longrightarrow Hg^0_{(ads)} \tag{1.33}$$

$$HCl_{(g)} \longrightarrow HCl_{(ads)} \tag{1.34}$$

$$HCl_{(ads)} + CeO_2 \longrightarrow 2Cl^*_{(ads)} + Ce_2O_3 + H_2O \tag{1.35}$$

$$Hg^0_{(ads)} + 2Cl^*_{(ads)} \longrightarrow HgCl_{2(ads)} \longrightarrow HgCl_{2(g)} \tag{1.36}$$

$$Ce_2O_3 + O_2 \longrightarrow CeO_2 \tag{1.37}$$

然而，铈基催化剂对SO_2较为敏感，SO_2与CeO_2容易反应生成硫酸铈（$Ce_2(SO_4)_3$或$Ce(SO_4)_2$）。在不同的烟气气氛下，SO_2对Hg^0氧化的影响差异显著（Li et al.，2013a）。在纯N_2气氛中，SO_2抑制Hg^0氧化。在N_2+O_2的烟气中，低浓度的SO_2促进Hg^0氧化，高浓度的SO_2则使Hg^0氧化效率急剧降低。SO_2对Hg^0氧化的促进作用可能是因为SO_2氧化产生了SO_3，而SO_2对Hg^0氧化的抑制作用是因为SO_2和Hg^0的竞争吸附。

5. 铜基催化剂

1）铜基氧化物

除了上述提到的Langmuir-Hinshelwood机理、Eley-Rideal机理和Mars-Maessen机理，Deacon反应也是重要的汞催化氧化机制之一。Deacon反应为HCl被O_2氧化生成Cl_2，Cl_2将Hg^0转化为$HgCl_2$，如式（1.38）和式（1.39）所示。

$$4HCl + O_2 \longrightarrow 2Cl_2 + 2H_2O \tag{1.38}$$

$$Hg^0 + Cl_2 \longrightarrow HgCl_2 \tag{1.39}$$

铜基催化剂（如CuO等）被认为是一类能在Deacon反应过程中氧化HCl的高活性组分。此外，多数过渡金属氧化物和钒基SCR催化剂在低浓度HCl气氛中很难实现Hg^0的高效去除。Kamata等（2007）通过研究多种过渡金属催化材料对汞形态的影响，发现了CuO纳米颗粒是实现低HCl浓度下将Hg^0氧化为Hg^{2+}的最有效催化剂。在温度150 ℃和HCl浓度2 μL/L时能达到80%以上的脱汞效率。CuO催化剂的主要缺点是对高浓度SO_2耐受能力较差。

2）铜基氯化物

$CuCl_2$催化剂由于它本身含有Cl，能在低Cl或者无Cl的烟气中实现汞的氧化。研究发现300 ℃时，$CuCl_2/TiO_2$催化剂在无HCl的气氛下也具有很高的汞氧化性能，且活性明显高于商业SCR催化剂（Kim et al.，2010）。当$CuCl_2$作为催化剂活性组分时，脱汞的反应机制为Mars-Maessen机理，即吸附或弱结合的Hg^0与$CuCl_2$中的Cl发生氧化反应，而HCl和O_2能够重新恢复$CuCl_2$中的活性物质Cl。同时，$CuCl_2$催化剂可以在2 000 μL/L SO_2条件下连续140 h的脱汞效率保持在90%以上（Liu et al.，2015；Li et al.，2013b）。$CuCl_2$催化剂抗硫性能可能是因为在SO_2气氛下，催化剂表面形成的硫酸盐酸性位点可以促进Hg^0的吸附和氧化。

目前，汞的催化氧化技术的研究仅仅局限在燃煤行业，其SO_2的浓度较低（＜350 mg/m^3）。而针对高浓度SO_2（＞1 750 mg/m^3）的有色金属冶炼烟气，却鲜有报道。高浓度SO_2

会使催化剂中毒失活，因此开发高活性、易循环再生、高抗硫性及低成本的催化剂是目前研究的热点。

1.3.5　汞污染控制技术发展趋势

有色冶金行业高质量发展的要求日益凸显了有色冶金汞污染治理的迫切需求，如何降低有色冶金行业的汞排放成为限制行业发展的挑战。铜铅锌精矿中的伴生汞在火法冶炼过程中挥发进入气相。由于铜铅锌精矿中汞含量的不同，冶炼烟气中汞的浓度差别较大，其中锌铅冶炼烟气中汞浓度最高，可达 10～100 mg/m^3，而铜冶炼烟气中汞浓度在 0.5～10 mg/m^3。目前我国锌、铅、铜冶炼行业主要采用协同脱汞技术，在烟气处理过程中汞会全流程分散，给后续处理带来极大的困难。因此，根据烟气中的汞浓度需要采取不同的脱汞工艺。我国铜冶炼工艺相对先进，且气体污染控制设施相对完善，结合其烟气汞浓度较低的特点，采用常规的烟气协同技术可以实现汞的控制。铅锌冶炼工艺种类多、汞含量高的特点使得常规的污染控制设施不能保证汞的高效脱除与达标排放，这也是导致我国有色金属冶炼行业高浓度大气汞排放的原因。因此亟须开发新型高效的有色金属冶炼烟气专门脱汞技术以降低冶炼行业汞排放。

另外，汞是一种重要的战略资源，广泛应用于聚氯乙烯生产、医疗器械制造、核能开发等领域，我国目前金属汞年消费量超 1 000 t。原生汞曾是金属汞的主要来源，但《关于汞的水俣公约》要求缔约方在公约生效 15 年内关停所有原生汞生产企业，并且禁止金属汞的国际贸易。2017 年 8 月 16 日，《关于汞的水俣公约》对我国正式生效，环境保护部、外交部、国家发展和改革委员会等十余部门联合发布公告，从公约生效日起禁止开采新的原生汞矿，各地国土资源主管部门停止颁发新的汞矿勘查许可证和采矿许可证；2032 年 8 月 16 日起，将全面禁止原生汞矿开采。随着公约的履行，金属汞将成为一种紧缺的资源。有色冶金烟气中汞浓度较高，是一种宝贵的二次汞资源，汞资源的紧缺对有色冶金行业伴生汞的资源化提出了客观需求。

现有的协同脱汞技术存在烟气汞全流程分散、难以资源化的严重问题。冶炼过程中，近 95%的伴生汞进入烟气，在除尘环节仅能去除占比 10%～25%的颗粒态汞。离子态汞与单质态汞的主要去除环节分别为湿法洗涤与烟气制酸，湿法洗涤过程中 70%～97%的颗粒态汞和离子态汞被捕集，最终总汞的 36%～60%会进入污酸或酸泥。由于 Hg^0 不溶于水，洗涤过程对 Hg^0 的去除十分有限。烟气中剩余的绝大部分单质态汞和离子态汞会被捕集进入硫酸，造成硫酸品质的降低，且含汞硫酸的使用会造成汞的再次扩散与二次污染。另外，污酸中汞的形态复杂，反应行为多样，如 Hg^{2+} 会被 SO_2 还原再释放至大气环境中，造成二次污染。由于烟气汞在流程中分散，处置过程中形成的污酸渣、酸泥等含汞固废属于典型危险废物，处置不当会对环境和生态造成严重的危害；有色冶金行业目前仅有 6%的汞得到回收，大量汞资源被浪费。因此，开发适应高硫冶炼烟气全流程控汞技术实现汞的资源化治理，不仅能推动有色冶金行业的绿色变革，同时可缓解我国汞资源紧缺问题，将成为有色冶金行业汞控制技术的发展趋势。

第 2 章　有色冶金过程中汞赋存形态与转化行为

有色冶金行业是我国大气汞排放的主要来源之一。在传统烟气处理过程中，汞全流程分散在气液固介质中，导致含汞废物后续处置困难，易产生汞二次污染。烟气除尘和湿法洗涤净化是有色冶金烟气主要的脱汞环节，掌握冶炼过程中汞在烟气、洗涤液中的赋存形态和转化规律对冶炼行业汞的减排和治理具有重要意义。本章将以冶炼烟气为对象，研究冶炼烟尘中汞的赋存形态，洗涤过程中汞的形态转化、分配规律、再释放行为，建立分布模型，揭示冶炼过程中汞的迁移转化规律。

2.1　冶炼烟尘中汞的分布、性质和形态

2.1.1　烟尘采样点分布

以湖南某大型锌冶炼厂的烟尘为例，该厂以锌精矿（ZnS）为原料，采用传统湿法炼锌工艺，经过高温焙烧，酸液浸出，电解制锌。焙烧烟气冷却和收尘阶段是汞形态变化的重点环节，采用集尘器从沸腾焙烧炉出口（900～950 ℃）、余热锅炉出口（300～450 ℃）、旋风除尘器前后出口（200～300 ℃）、电收尘器的储灰仓中（230 ℃以下）分别采集烟尘样品，采样点如图 2.1 所示。按照采样点顺序将样品依次命名为 S1～S5。

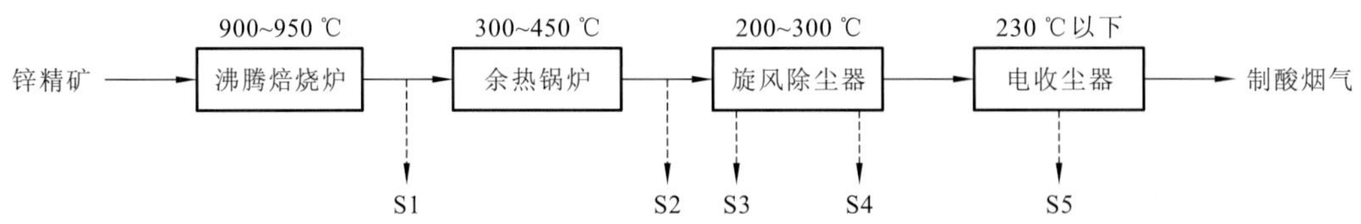

图 2.1　锌冶炼沸腾炉烟气走向及采样点

2.1.2　烟尘的基本性质

1. 元素成分分析

采用电感耦合等离子体光谱发生仪（inductive coupled plasma emission spectrometer，ICP）分析烟尘的元素含量，结果如表 2.1 所示。

表 2.1　锌冶炼厂沸腾-焙烧工序烟尘全元素分析结果　（单位：μg/g，除%外）

元素	S1	S2	S3	S4	S5
Zn	46.0%	48.2%	46.4%	42.9%	32.1%
Fe	9.5%	9.8%	11.1%	10.9%	7.3%
Ca	8 598	9 643	6 674	6 486	4 634
Cd	4 524	3 894	5 953	5 578	6 672
S	4.3%	3.0%	4.5%	5.6%	10.0%
Pb	2.8%	2.4%	3.0%	3.3%	9.2%
As	1 182	1 291	1 593	2 247	2 314
Mg	1 469	1 515	2 271	2 153	1 346
Al	1 632	1 841	2 129	2 463	1 805
K	1 083	1 039	1 297	1 650	2 376
Ag	186.4	135.1	338.3	400.2	478.2
Hg	4.8	8.7	41.3	45.5	109.1
P	69.6	64.8	181.2	178.6	223.3

由表 2.1 可知，锌冶炼烟尘成分非常复杂，Zn、Fe、Ca、Cd、S、Pb 等主要元素的含量约占烟尘总量的 69.90%～77.62%；As、Mg、Al、Ag 等次要元素的质量分数为 4 780～8 910 μg/g；微量元素汞的质量分数为 4.8～109.1 μg/g。

采用激光粒度分析仪对样品的烟尘粒径累积分布率进行分析，结果如图 2.2 所示。

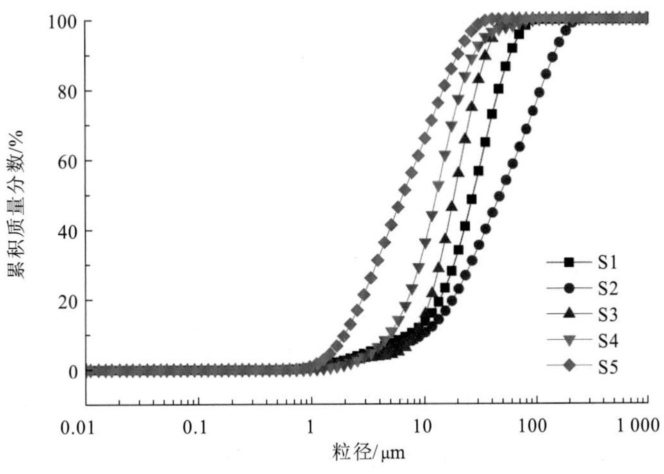

图 2.2　锌冶炼沸腾-焙烧工序烟尘粒径累积分布率

随着烟气温度的降低（从 900 ℃左右降到 230 ℃以下），烟尘的累积粒径呈现先增大后减小的趋势。烟尘经过余热锅炉，中位径从 28 μm 增至 36 μm，其原因是烟气经过余热锅炉降温后，温度从 900 ℃左右降至 400 ℃左右，大部分物质达到露点沉降下来，造成烟尘凝结和颗粒长大。由于大颗粒烟尘能被旋风除尘器捕集，小颗粒烟尘能被电收尘器捕集，烟尘经旋风除尘器、电收尘器处理后，粒径逐渐减小，样品 S3～S5 中位径分别为 18 μm、13.5 μm 和 5.6 μm。

激光粒度分析采用“酒精＋超声”的预处理方法，将样品颗粒充分分散，消除了物理团聚对粒度分布的影响。但工业实际中不具备这样的分散条件，激光粒度分析结果与工业实际存在偏差。为进一步获取样品准确的粒径分布，采用振动筛分机分析烟尘颗粒的表观粒度分布，如图 2.3 所示。

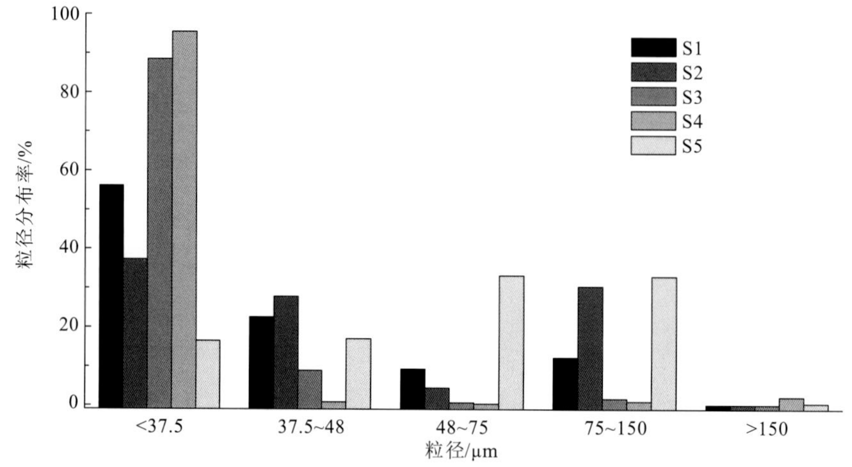

图 2.3　烟尘样 S1～S5 的粒径分布图

S1 烟尘的粒径分布在<37.5 μm（1 区）、37.5～48 μm（2 区）、48～75 μm（3 区）、75～150 μm（4 区）、＞150 μm（5 区）的 5 个区域内，分布率分别为 56.04%、22.49%、9.23%、12.2%、0.04%。S1 粒径主要分布在 1 区和 2 区；S2 粒径主要分布在 1 区、2 区和 4 区；S3 和 S4 的粒径主要分布在 1 区；S5 粒径主要分布在 1～4 区。沸腾焙烧炉排出的烟尘 S1 及余热锅炉排出的烟尘 S2 粒径分布规律大致相同，主要分布在 48 μm 以下；旋风除尘器进口和出口的烟尘 S3、S4 粒径分布规律相同，主要分布在 37.5 μm 以下；电收尘器储灰仓中烟尘 S5 表观粒度分布向大粒径范围偏移，与 S3、S4 相比，S5 的表观粒径有增大的趋势，这与激光粒度分析的结果（图 2.2）不一致。原因是电收尘器捕集的烟尘颗粒粒度细、表面能大，在外加电场的作用下，颗粒荷电并相互吸附凝聚，从而导致烟尘颗粒增大。

2.1.3　烟尘中汞分布及形态

1. 汞在烟尘中的分布

烟尘中汞含量变化规律，如图 2.4 所示。随着温度的降低，烟尘 S1～S5 中富集的汞含量呈升高的趋势，汞质量分数从 4.8 μg/g 升至 109.1 μg/g。烟气中的汞饱和蒸气压随温度的降低而减小，当温度降低时，高温下以气态形式存在的汞组分在烟尘颗粒表面吸附冷凝，随烟尘颗粒被沉降捕集。温度越低，对汞的沉降捕集率越高，因此烟尘中汞含量随采集点的温度降低而逐渐升高。

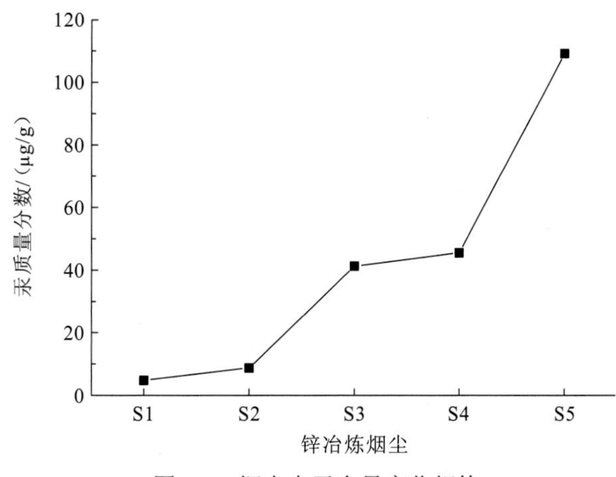

图 2.4　烟尘中汞含量变化规律

2. 汞赋存形态

通过 X 射线光电子能谱（X-ray photoelectron spectroscopy，XPS）全谱分析对烟尘 S1～S5 的元素成分进行分析，如图 2.5 所示。样品具有较高的锌、硫含量，Hg 的含量较低。

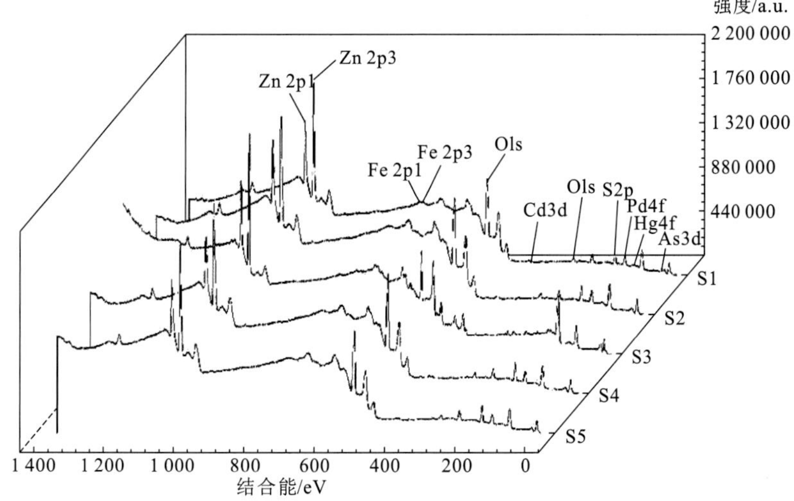

图 2.5　锌冶炼沸腾–焙烧工序烟尘 XPS 全谱

为探明烟尘 S1 表面 Hg 的价态及存在形式，采用 XPS 精细扫描对烟尘 S1 的 Hg 进行分析，结果如图 2.6 所示。样品 S1 中 Hg 主要存在形式为 HgS 和 $HgSO_4$。其中，HgS 源于部分含汞物料未完全分解，$HgSO_4$ 则源于如式（2.1）所示的化学反应。

$$Hg+SO_2+O_2 = HgSO_4 \tag{2.1}$$

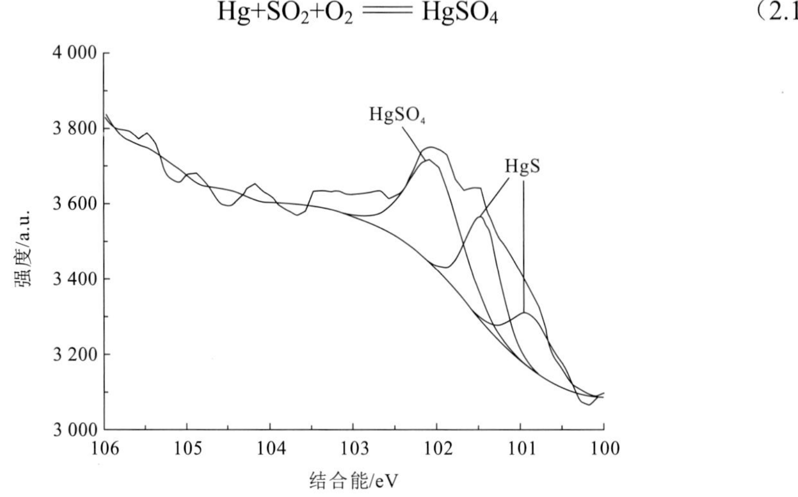

图 2.6　锌冶炼沸腾-焙烧工序烟尘 Hg 精细扫描拟合图谱

2.2　冶炼烟气洗涤过程中汞的分布及形态转变

湿法洗涤是有色冶金烟气制酸前的重要环节，可净化烟气中的烟尘颗粒物和可溶性气态污染物，该过程伴随着汞形态的变化与相间的迁移转化。本节将阐述有色冶金烟气在洗涤过程中烟气组分、洗涤液组分、温度等对烟气中 Hg^0、Hg^{2+}形态变化的影响，解析汞在洗涤过程中的分布规律。

2.2.1　烟气洗涤过程中 Hg^0 的形态转变规律

1. 烟气成分对单质汞分布的影响

通过调节烟气组分，考察烟气中 Hg^0 浓度和 O_2 浓度对汞分布的影响，结果如图 2.7 所示。由图 2.7（a）可知，当烟气中 Hg^0 浓度为 0.5 mg/m^3 时，Hg^0 在气、液、固三相中的分配比例分别为 82.78%、9.56%和 7.48%；烟气中 Hg^0 浓度为 1.5 mg/m^3 时，烟气中汞的分配比例下降至 75.65%，液相中汞的分配比例上升至 17.87%，固相中汞的比例为 7.57%。表明洗涤过程中烟气中 Hg^0 主要分布在气相中，比例约占 80%左右，随着烟气中 Hg^0 浓度的升高，汞在气相中的比例逐渐下降，在液相中汞的比例升高，固相中汞的比例变化不大。图 2.7（b）为 O_2 浓度对汞分布的影响。当 O_2 浓度介于 4%～8%时，Hg^0

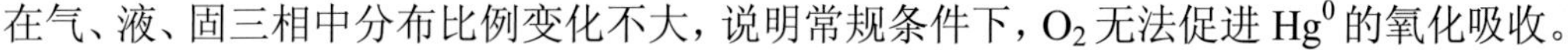

在气、液、固三相中分布比例变化不大，说明常规条件下，O_2 无法促进 Hg^0 的氧化吸收。

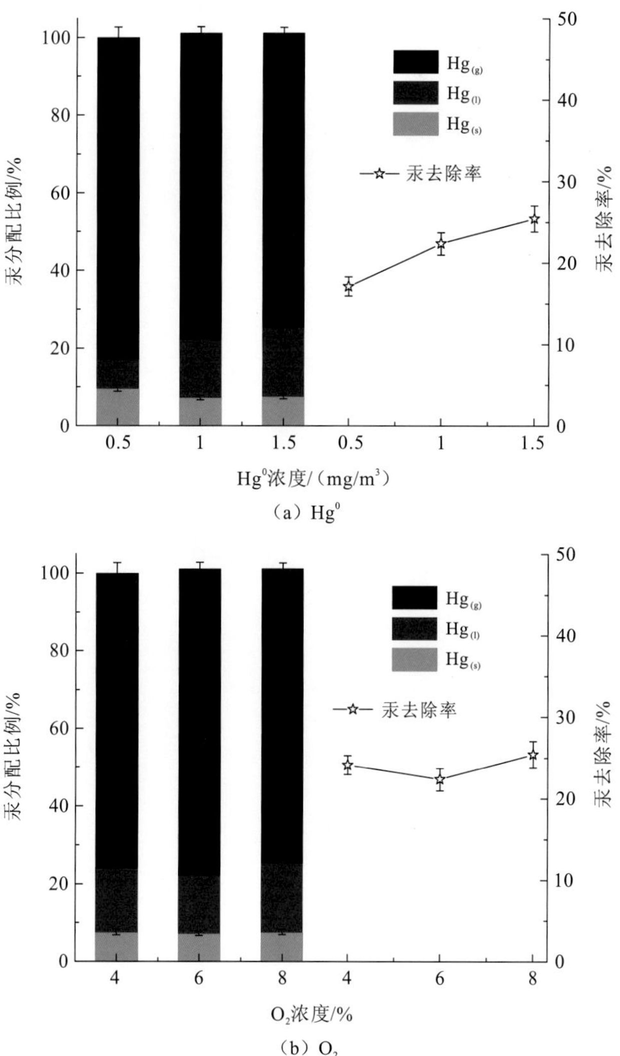

图 2.7　烟气中不同 Hg^0 浓度和 O_2 浓度对洗涤过程中单质汞分布的影响

洗涤液流速为 0.2 L/min，烟气流速为 1.0 L/min，洗涤液温度为 40 ℃

2. 洗涤液成分对单质汞分布的影响

通常湿法洗涤过程的洗涤液需要循环使用以降低污酸的生成量，实际洗涤过程中洗涤液的成分十分复杂，通常呈酸性并含有大量的氟、氯等其他离子。为研究洗涤液成分对 Hg^0 分布的影响，考察洗涤液温度、pH、氟离子和氯离子含量等因素对 Hg^0 在各相中的分布和汞脱除效率的影响，结果如图 2.8 所示。

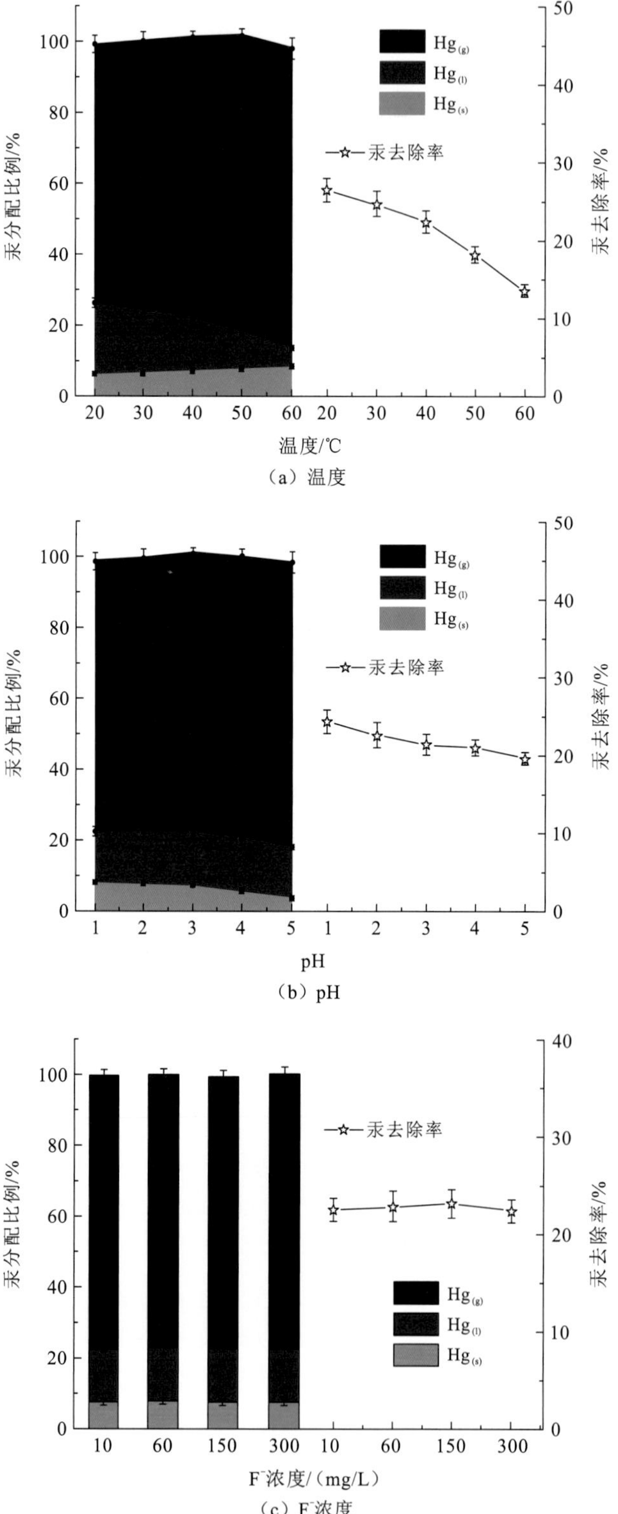

（a）温度

（b）pH

（c）F⁻浓度

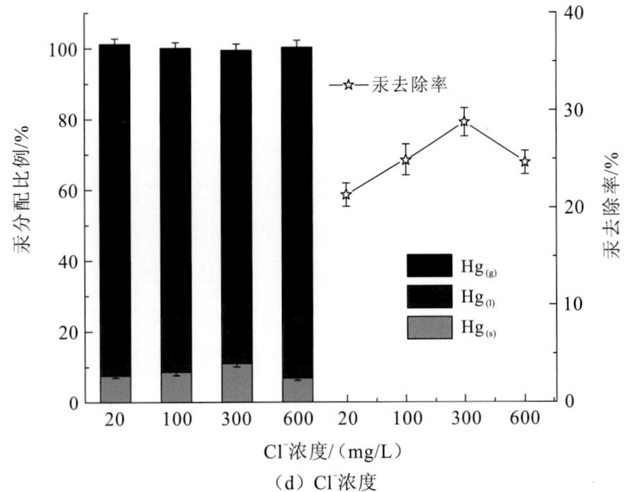

（d）Cl⁻浓度

图 2.8　不同洗涤液温度、pH、F⁻浓度和 Cl⁻浓度对洗涤过程中单质汞分布的影响

洗涤液流速为 0.2 L/min，烟气流速为 1.0 L/min

由图 2.8（a）可知，当洗涤液温度从 20℃升高到 60 ℃时，汞在烟气中的分配比例升高到 84.45%；在洗涤液中的分配比例从 20.26%快速下降到 5.21%；在固相中的分配比例变化不大；同时，Hg^0的脱除效率从 26.34%下降到 13.55%。汞的脱除效率和汞在液相中分配比例的变化趋势呈正相关性，表明温度主要影响洗涤过程中 Hg^0在液相中的分配比例。

由图 2.8（b）可知，当溶液 pH 上升时，烟气和溶液中汞的分布变化不大；固相中汞的比例下降，且 Hg^0的脱除效率呈下降趋势。表明溶液 pH 的变化主要影响汞在固相中的分布。烟气中汞进入固相主要源于烟气中 Hg^0和溶液中 $HgCl_2$发生反应生成不易溶解的 Hg_2Cl_2沉淀[式（2.2）]。$HgCl_2$是共价化合物，在水溶液中的电离度仅有 0.5%，电离过程如式（2.3）和式（2.4）所示。同时，$HgCl_2$会发生微弱的水解反应[式（2.5）和式（2.6）]，形成 HgOHCl 和 $Hg(OH)_2$。电离产物 $HgCl^+$或 Hg^{2+}均比等量的 $HgCl_2$更易与 Hg^0反应[式（2.7）和式（2.8）]。当溶液 pH 升高时，反应式（2.3）和式（2.4）受到抑制，溶液中 $HgCl^+$浓度降低，导致汞在固相中的比例下降。

$$Hg^0 + HgCl_2 = Hg_2Cl_2 \tag{2.2}$$

$$HgCl_2 = HgCl^+ + Cl^- \tag{2.3}$$

$$HgCl^+ = Hg^{2+} + Cl^- \tag{2.4}$$

$$HgCl^+ + H_2O = HgOHCl + H^+ \tag{2.5}$$

$$HgOHCl + H_2O = Hg(OH)_2 + H^+ + Cl^- \tag{2.6}$$

$$HgCl^+ + Hg^0 + Cl^- = Hg_2Cl_2 \tag{2.7}$$

$$Hg^{2+} + Hg^0 + 2Cl^- = Hg_2Cl_2 \tag{2.8}$$

图 2.8（c）和图 2.8（d）的结果分别为溶液中氟离子和氯离子浓度对洗涤过程中 Hg^0

分布的影响。溶液中氟离子的浓度对 Hg^0 的分布影响不大，主要原因是 HgF_2 在溶液中易发生水解，且溶液中 F^- 与 Hg^{2+} 难以形成其他化合物或配合物。相比之下，溶液中氯离子浓度对 Hg^0 的分布影响较大，当洗涤液中 Cl^- 浓度从 20 mg/L 升高至 300 mg/L 时，汞在液相中的比例变化不大，固相中分配比例上升，最高可达 10.72%；当 Cl^- 浓度为 600 mg/L 时，固相中汞的分配比例又下降至 6.54%，表面溶液中 Cl^- 浓度主要影响汞向固相的转变。

为进一步探究洗涤液中 Cl^- 浓度对汞转化的影响，对不同 Cl^-/Hg^{2+} 比例下汞的存在形态进行研究，结果如图 2.9 所示。在 Cl^- 和 Hg^{2+} 混合的溶液体系中 Hg^{2+} 主要以 $HgCl^+$、$HgCl_2$、$HgCl_3^-$ 和 $HgCl_4^{2-}$ 四种形态存在。当溶液中氯离子浓度较低时（$Cl^-/Hg^{2+}<2$），溶液中汞主要以 $HgCl^+$ 和 $HgCl_2$ 两种形态存在；当溶液中 Cl^-/Hg^{2+} 比值介于 2～5 时，随着氯离子浓度的升高，溶液中 $HgCl_2$ 的比例逐渐下降，而 $HgCl_3^-$ 和 $HgCl_4^{2-}$ 的比例逐渐升高；当 Cl^-/Hg^{2+} 比值大于 5 时，溶液中汞主要以 $HgCl_4^{2-}$ 形态存在。因此，溶液中 Cl^- 浓度主要影响汞的存在形态，进而影响洗涤过程中汞的分布。

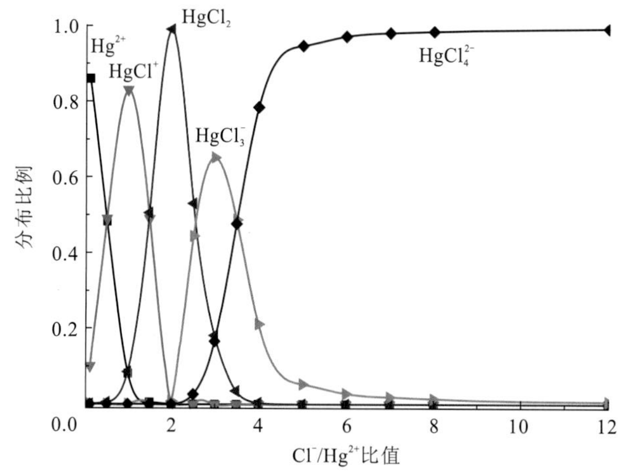

图 2.9　不同 Cl^-/Hg^{2+} 比值条件下 Hg-Cl 配合物的形态分布

3. 洗涤过程中单质汞形态转化

在洗涤过程中，烟气中的单质汞会发生复杂的物相转变，并且物相转变对汞的分布影响很大。针对不同的含汞物相，需采用不同的汞分析方法。对净化后的烟气，采用安大略分析方法分析烟气中汞的存在形态，即 Hg^0 和 Hg^{2+}；对固相中的样品，采用汞程序升温脱附（Hg-TPD，temperature-programmed desorption）进行分析，得到不同形态汞的分解峰，从而获得固相中汞的存在形态；对液相和酸雾中汞的形态，采用分级过滤和 Hg-TPD 综合的方法进行分析。

对洗涤净化后的烟气进行分析，发现烟气中的汞仍以单质汞的形态存在。通过 Hg-TPD 技术对固相酸泥中汞的形态进行分析，结果如图 2.10 所示。固体样品中存在 4 个汞的热解峰，峰的位置分别在 118.23 ℃、143.23 ℃、282.34 ℃和 452.64 ℃。比对标准汞化合物的解吸曲线可知，其分别对应 Hg_2Cl_2、$HgCl_2$ 和 HgO 的特征峰。Hg_2Cl_2 为酸泥中 Hg 的主要存在形态，其产生于洗涤液中含有的 $HgCl_2$ 与溶液中 Hg^0 的反应；HgO 来源于部分汞的水解。

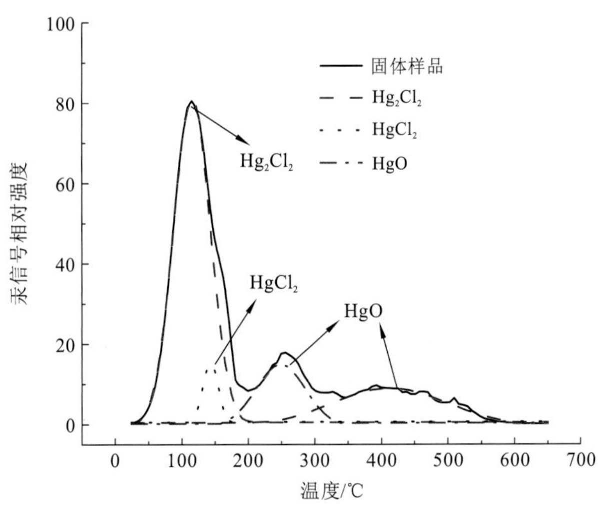

图 2.10　固相样品中汞的程序升温变化曲线

冶炼洗涤液中的汞以胶体汞和离子态汞两种形式组成。结合图 2.9 可知，当洗涤净化液中氯离子远远高于 Hg^{2+}浓度时，溶液中离子态汞以 $HgCl_3^-$和 $HgCl_4^{2-}$ 形式存在。使用超过滤方法分离洗涤液中的胶体汞样品，并进行 Hg-TPD 分析，其结果如图 2.11 所示。从图中可以看出，胶体样品在程序升温过程中出现两个汞解吸峰，主峰在 143.23 ℃，另外一个峰在 101.31 ℃。通过比对标准解吸曲线可知，143.23 ℃对应 $HgCl_2$ 的特征峰，而 101.31 ℃的峰并没有相应的汞化合物对应。结合单质汞的易挥发特性，101.31 ℃的峰应为单质汞的特征峰，这一结果与文献（Wang et al.，2014；王庆伟，2011）中报道的污酸体系胶体汞的模型相似。综上可知，胶体汞由 $HgCl_2$ 和 Hg^0 组成，其中 $HgCl_2$ 为主要存在形式。

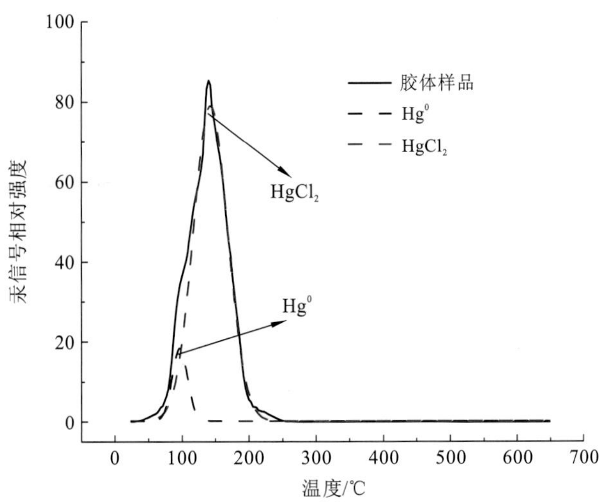

图 2.11　胶体样品中汞的程序升温变化曲线

分析洗涤过程中单质汞在气相、固相和液相的流向及形态转化有助于了解 Hg^0 在洗涤过程中的迁移转化规律。结合 Hg-TPD 检测手段，对 Hg^0 的形态和分布进行详细研究，结果如图 2.12 所示。净化前后烟气中的汞都主要以 Hg^0 形式存在，其比例为 77.64%；液相中汞的比例为 15.14%，主要以胶体汞的形式存在；固相酸泥中汞的形态比较复杂，以 $HgCl_2$、HgO 和 Hg_2Cl_2 形态存在，其比例为 7.22%。

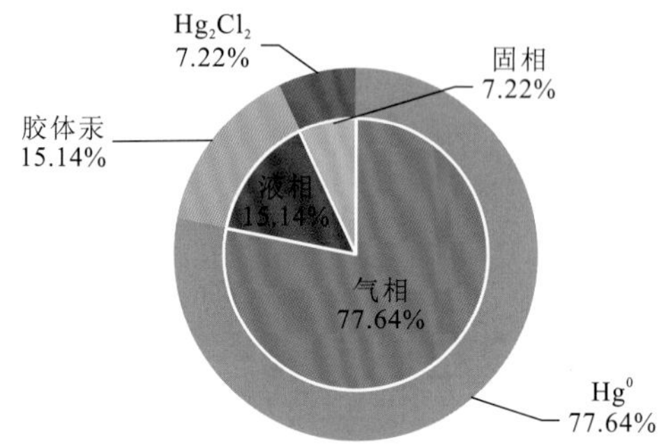

图 2.12　Hg^0 烟气洗涤过程中汞的形态和含量分布

洗涤液流速为 0.2 L/min；气体流速为 1.0 L/min；Hg^0 浓度为 1.0 mg/m^3；溶液温度为 40 ℃；pH 为 2；F^- 浓度为 150 mg/L；Cl^- 浓度为 300 mg/L

2.2.2　烟气洗涤过程中 Hg^{2+} 的形态转变规律

冶炼烟气中的 Hg^0 可被金属氧化物和氯元素氧化成 Hg^{2+}，其比例占总汞的 10%～70%。烟气洗涤过程是去除烟气中 Hg^{2+} 的最重要环节，绝大部分 Hg^{2+} 可在洗涤净化过程中去除。冶炼烟气中含有大量的 SO_2，在洗涤过程中以 SO_3^{2-} 或 HSO_3^- 形式进入液相，可还原 Hg^{2+} 生成易挥发的 Hg^0，造成汞的再释放；同时洗涤过程中烟气中会形成大量的酸雾，可吸附烟气中 Hg^{2+}，因此洗涤过程中烟气中 Hg^{2+} 会在烟气、洗涤液、酸泥和酸雾中发生复杂的变化。

1. 烟气成分对氧化态汞分布的影响

烟气中 SO_2 浓度对洗涤过程中 Hg^{2+} 分布的影响，结果如图 2.13 所示。在 0.4%SO_2 条件下，烟气中 Hg^{2+} 在洗涤液、烟气、酸泥和酸雾中的比例分别为 82.01%、8.52%、8.23% 和 2.24%；当 SO_2 浓度增加到 2%时，洗涤液中汞的比例则下降至 70.68%，烟气中汞的比例从 8.52%下降至 5.34%，酸泥中汞的比例由 8.23%上升至 14.35%，酸雾中汞的比例由 2.24%上升至 9.63%。酸泥和酸雾中汞的比例增加归因于 SO_2 促进了金属硫酸盐和硫酸酸雾的形成。无论烟气中 SO_2 浓度多大，Hg^{2+} 的去除率均大于 90%，证明烟气中 Hg^{2+} 很容易通过洗涤过程得以去除。大量的文献表明，烟气中的汞部分来源于溶液中的 Hg^{2+} 的还原（Liu et al.，2014；Ochoa-González et al.，2013）。汞的还原再释放与溶液中 SO_3^{2-} 浓度关系很大，当溶液中 SO_3^{2-} 量较少时会与 Hg^{2+} 形成极不稳定的 $HgSO_3$，然后还原分解成 Hg^0，随着 SO_3^{2-} 浓度增加，$HgSO_3$ 会与 SO_3^{2-} 形成 $Hg(SO_3)_2^{2-}$ 配合物，其稳定性较高，从而抑制了 Hg^{2+}的还原，具体反应过程如式（2.9）～（2.11）所示。

$$Hg^{2+} + SO_3^{2-} = HgSO_3 \tag{2.9}$$

$$HgSO_3 + H_2O = Hg^0\uparrow + SO_4^{2-} + H^+ \tag{2.10}$$

$$HgSO_3 + SO_3^{2-} = Hg(SO_3)_2^{2-} \tag{2.11}$$

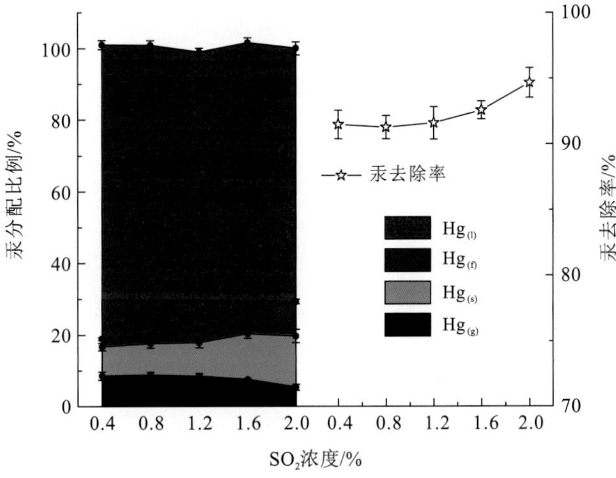

图 2.13　不同 SO_2 浓度对洗涤过程中 Hg^{2+}分布的影响

洗涤液流速为 0.2 L/min；烟气流速为 1.0 L/min；Hg^{2+}浓度为 2 mg/m³；O_2 浓度为 5%（体积分数）；洗涤液温度为 35 ℃

为研究 Hg^{2+}浓度对汞分布的影响，分析汞在特定烟气条件下的分布规律，结果如图 2.14 所示。当烟气中 Hg^{2+}浓度在 0.8～2.0 mg/m³ 时，洗涤过程中对 Hg^{2+}的去除率均

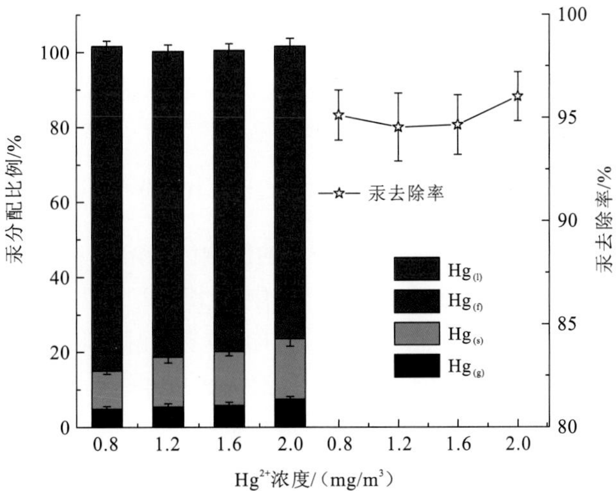

图 2.14　Hg^{2+}浓度对洗涤过程中 Hg^{2+}分布的影响

洗涤液流速为 0.2 L/min；烟气流速为 1.0 L/min；SO_2 浓度为 2%（体积分数）；

O_2 浓度为 5%（体积分数）；洗涤液温度为 35 ℃

大于 94%。当 Hg^{2+}浓度由 0.8 mg/m³ 升高到 2.0 mg/m³ 时，洗涤液是烟气中 Hg^{2+}的主要流向，但其分配比例由 81.34%下降至 67.45%；酸雾中汞的比例上升，最高可达 9.63%；酸泥中汞的比例从 8.23%增加到 14.35%，这是因为 Hg^{2+}浓度的升高促进难溶解的硫酸汞盐等物质的形成，从而增加了汞在酸泥中的比例。

2. 洗涤液温度和 pH 对氧化态汞分布的影响

实际冶炼烟气洗涤过程中洗涤液的温度通常在 20～65 ℃范围变化，图 2.15 为不同温度下 Hg^{2+}的分布。随着洗涤液温度升高，固相酸泥和气相烟气中汞的分配比例上升，而洗涤液中汞的比例下降，酸雾中汞的分布比例变化不大；洗涤过程对 Hg^{2+}的脱除效率呈现下降的趋势，但都保持在 90%以上。当洗涤液温度为 50 ℃时，烟气中汞的比例达 7.85%，明显高于 20 ℃时的 6.56%，酸泥中汞的比例也上升至 15.42%。洗涤液温度越高，洗涤过程中气液反应越快，气相中 Hg^{2+}被还原成 Hg^0 与生成 Hg_2Cl_2 和 $HgSO_4$ 等沉淀的反应速率加快，导致了烟气和酸泥中汞的比例上升。

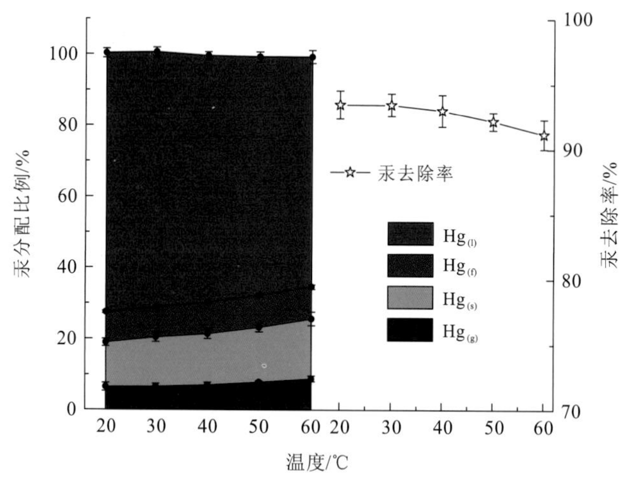

图 2.15　不同洗涤温度对洗涤过程中 Hg^{2+}分布的影响

图 2.16 为溶液 pH 对洗涤过程中 Hg^{2+}分布的影响。当溶液 pH 从 1 上升到 5 时，汞在固相中的比例从 12.43%上升到 17.14%；气相中的比例从 5.42%上升到 7.89%；汞在酸雾中的比例变化不大。在弱酸或中性条件下，$HgSO_4$ 容易水解成低溶解度的 $HgSO_4·H_2O$、$HgSO_4·2HgO$ 和 $2HgSO_4·HgO·2H_2O$。随着溶液 pH 的降低，部分 $HgSO_4·2HgO$ 和 $2HgSO_4·HgO·2H_2O$ 转化成溶解态的 $HgSO_4$，导致固相中汞的比例下降。当 pH 为 2 时，SO_2 在洗涤液中主要以 H_2SO_3 和 HSO_3^- 存在；当 pH 为 5 时，SO_3^{2-} 成为主要存在形式。相比于 H_2SO_3 和 HSO_3^-，SO_3^{2-} 还原 Hg^{2+}的活性更高，导致烟气中汞的比例随洗涤液 pH 上升而升高。

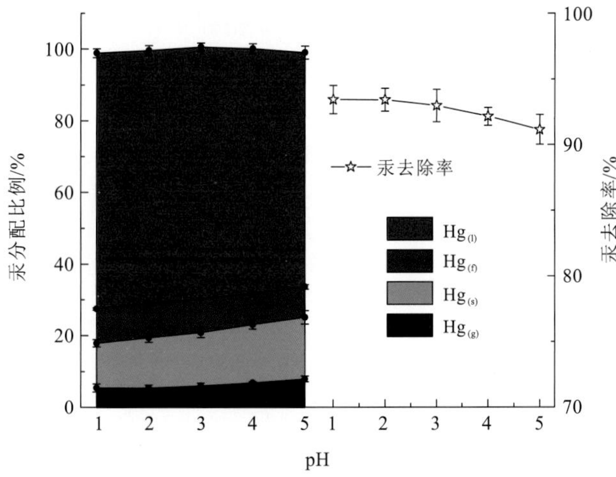

图 2.16　不同 pH 对洗涤过程中 Hg^{2+}分布的影响

3. 洗涤过程中氧化态汞的形态转化

通过研究发现，Hg^{2+}烟气洗涤后烟气中的汞主要以 Hg^0 的形态存在，其比例可达 98%以上，而 Hg^{2+}仅占不到 2%，说明洗涤净化对烟气中 Hg^{2+}具有极高脱除效率。洗涤过程中，烟气中 Hg^{2+}会被气相中 SO_2 或溶液中 SO_3^{2-} 还原成 Hg^0，从而再释放进入气相中。溶液中并没有发现胶体汞的存在，其主要以离子汞形式存在，说明洗涤过程中 Hg^{2+}还原得到的 Hg^0 并不能形成胶体汞。酸雾中的汞主要来源于酸雾小液滴对气相中 Hg^{2+}的吸收，同样以可溶的离子汞形式存在。

不同的汞化合物对应不同的汞分解峰，表 2.2 展示了标准汞化合物的分解峰及开始分解温度（Liu et al.，2017b；Rumayor et al.，2015a）。从表中可以看出，$HgCl_2$ 和 Hg_2Cl_2 的分解峰较低，在 120～140 ℃；HgS 和 HgO 的分解峰较高，在 300 ℃左右；$HgSO_4$ 的分解峰最高，在 580 ℃左右。

表 2.2　不同汞化合物的解吸变化曲线对应的分解峰

汞化合物	峰值 T/℃	分解起始温度～结束温度/℃
Hg_2Cl_2	119±9	60～250
$HgCl_2$	138±4	90～350
Hg-OM（OM 代表有机质）	220±5	150～300
黑色 HgS	190±11	150～280
红色 HgS	305±12	210～340
红色 HgO	308±1；471±5	200～360；370～530
黄色 HgO	284±7；469±6	190～380；320～530
Hg_2SO_4	295±4；514±4	200～400；410～600
$HgSO_4$	583±8	500～600

洗涤过程产生的酸泥中汞的形态极其复杂，使用程序升温技术鉴定酸泥中汞的形态，结果如图 2.17 所示。酸泥样品的程序升温处理过程中形成 4 个汞释放峰，分别位于 118.5 ℃、200.1℃、305.2 ℃和 558.1 ℃，结合表 2.2 中纯物质的分解温度，证实 4 个峰分别对应 Hg_2Cl_2、黑色 HgS、红色 HgS 和 $HgSO_4$ 4 种形态的汞。其中，HgS 是酸泥中汞的主要存在形态，约占总汞的 65%以上。

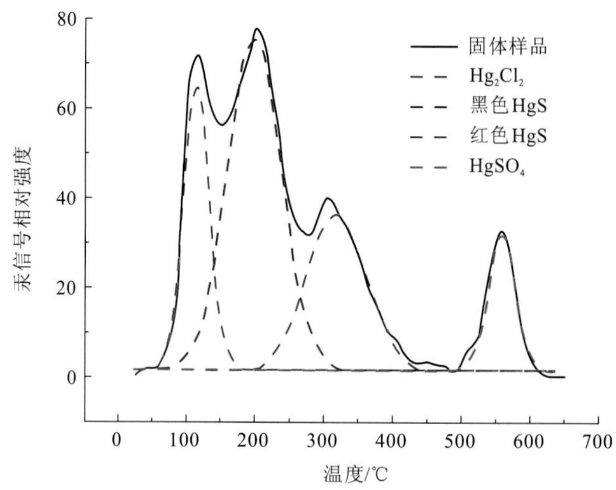

图 2.17　固相样品中 Hg-TPD 变化曲线

酸泥中的 Hg_2Cl_2 来源于烟气中 Hg^{2+}的还原反应，Hg^{2+}先被溶液中的 SO_3^{2-} 还原成 Hg_2^{2+}，然后再与 Cl^-形成不溶解的 Hg_2Cl_2；洗涤液中通常含有大量的 SO_4^{2-}，随着洗涤的进行，溶液中汞离子不断增加，$HgSO_4$ 会伴随着 $PbSO_4$ 等沉淀进入酸泥中；此外溶液中 Hg^{2+}会催化溶液中 SO_3^{2-} 发生歧化反应生成 S^{2-}和 SO_4^{2-}，而 S^{2-}极易与 Hg^{2+}形成十分稳定的 HgS，这也是酸泥中汞以 HgS 存在的原因。上述反应如式（2.12）～（2.16）所示。

$$2Hg^{2+} + SO_3^{2-} + H_2O = Hg_2^{2+} + SO_4^{2-} + 2H^+ \tag{2.12}$$

$$Hg_2^{2+} + 2Cl^- = Hg_2Cl_2 \tag{2.13}$$

$$Hg^{2+} + SO_4^{2-} = HgSO_4 \tag{2.14}$$

$$4SO_3^{2-} = S^{2-} + 3SO_4^{2-} \tag{2.15}$$

$$Hg^{2+} + S^{2-} = HgS\downarrow \tag{2.16}$$

为揭示 Hg^{2+}在烟气洗涤过程中汞的形态分布，对烟气、洗涤液、酸雾和酸泥中不同形态汞的含量进行分析，结果如图 2.18 所示。烟气中 Hg^{2+}主要以离子汞的形态进入洗涤液中，其比例为 73.27%；酸雾中汞也以离子汞的形态存在，其比例为 6.34%；洗涤净化后烟气中汞以 Hg^0 形态存在，其比例占总汞的 7.28%，Hg^{2+}的比例仅占 0.15%；酸泥中汞的形态比较复杂，以 Hg_2Cl_2、HgS 和 $HgSO_4$ 形态存在，其比例分别为 2.69%、8.61%和 1.65%(其中 HgS 分为黑色 HgS 和红色 HgS 两种形式，其比例分别为 5.45%和 3.16%)。

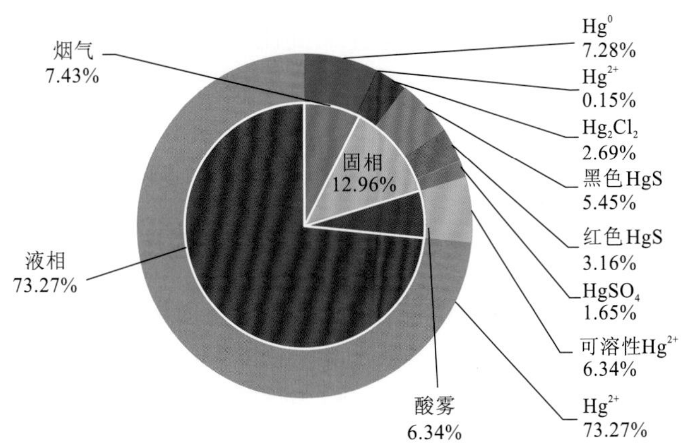

图 2.18　Hg^{2+}烟气洗涤过程中汞的形态和含量分布

洗涤液流速为 0.2 L/min；气体流速为 1.0 L/min；Hg^{2+}浓度为 2.0 mg/m^3；SO_2浓度为 2%（体积分数）；溶液温度为 40 ℃；pH 为 2

2.2.3　烟气洗涤过程汞的分布规律

1. 烟气成分对汞分布的影响

表 2.3 为烟气中不同 Hg^{2+}比例和不同烟气流速对洗涤过程中汞分布的影响。烟气中汞由 Hg^{2+}和 Hg^0 组成，总浓度为 2.0 mg/m^3。当烟气中 Hg^{2+}的比例从 45%上升到 75%时，汞在洗涤液中比例由 49.18%上升到 63.89%，汞在酸泥和酸雾中的分配比例变化不大，保持在 12%～14%和 2%～3%，同时汞的去除率介于 65%～80%。总的来说，在烟气中 Hg^{2+}所占比例为 45%～75%，汞在洗涤液、烟气、酸泥和酸雾的比例分别为 49.18%～65.54%、20.34%～35.42%、11.89%～14.23%和 1.92%～3.45%。

表 2.3　不同实验参数下汞的分布

实验参数	烟气中 Hg^{2+}比例/%				烟气流量/（L/min）			
	45	55	65	75	0.1	0.2	0.4	0.6
$\eta_{Hg(l)}$	49.18±3.01	52.44±2.74	57.74±2.53	63.89±2.45	65.54±1.96	65.05±2.67	63.05±2.45	60.11±1.72
$\eta_{Hg(g)}$	35.42±2.03	32.89±1.97	28.15±1.67	20.34±1.34	18.34±1.41	18.42±1.53	20.34±1.34	24.47±1.04
$\eta_{Hg(s)}$	11.89±1.49	12.35±1.76	12.84±1.48	14.23±1.02	14.41±1.57	14.47±1.33	14.23±1.02	13.06±1.13
$\eta_{Hg(f)}$	1.92±0.66	2.58±0.74	3.25±0.85	3.45±0.62	1.74±0.58	2.57±0.62	3.45±0.62	3.54±1.02

注：洗涤液流速为 0.2 L/min；洗涤液温度为 40 ℃；pH 为 2

洗涤过程中液气比也是一个非常重要的参数。通过调节烟气流量控制反应的液气比，在总汞浓度为 2.0 mg/m^3 和 Hg^{2+}所占总汞比例为 50%条件下，考察不同烟气流量对汞分布的影响。从表 2.3 可以看出，随着烟气流量的增加，洗涤液中汞的比例（η）呈下降趋势，从 65.54%下降到 60.11%；烟气和酸雾中汞的比例增加；酸泥中汞的比例变化不大。烟气流量越大，洗涤过程中液气比越小，烟气中汞的比例越大，洗涤净化效率越低。当烟气流量介于 0.1～0.6 L/min 时，汞在洗涤液、烟气、酸泥和酸雾的比例分别为 60.11%～65.54%、18.34%～24.47%、13.06%～14.47%和 1.74%～3.54%。

2. 典型湿法洗涤过程中汞的物质流分析和迁移转化

为掌握洗涤过程中汞的分布，分析模拟条件下不同物相中汞的含量和形态，建立汞的物质流，具体如图 2.19 所示。典型湿法洗涤过程中汞的主要流向为洗涤液，其形态为胶体态和离子态，分别占总汞比例的 7.34%和 56.56%；烟气中汞主要以 Hg^0 形态存在，占总汞的 20.34%；酸泥中汞的形态比较复杂，以 Hg_2Cl_2、HgS、$HgCl_2$、$HgSO_4$ 和 HgO 五种形态存在，其比例分别为 3.21%、7.26%、2.45%、1.07%和 0.24%；酸雾中汞以离子态存在，约占总汞含量的 3.45%。

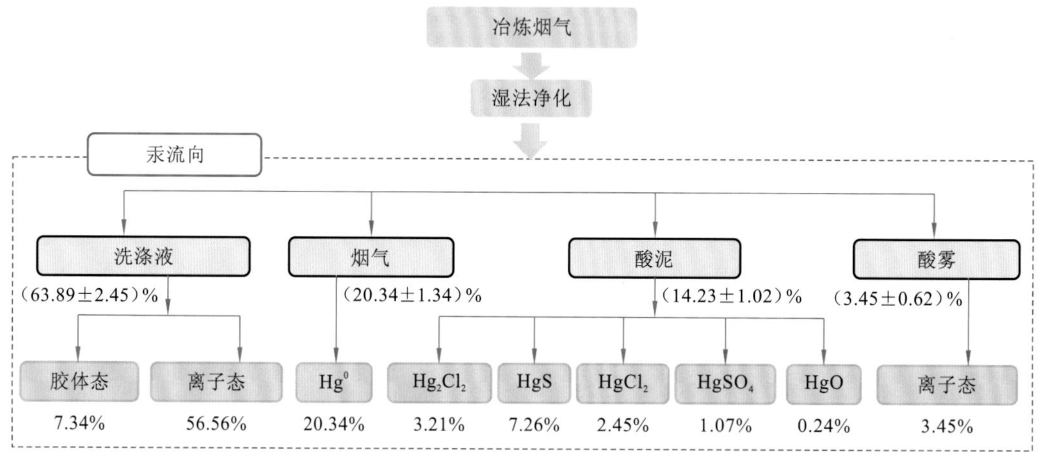

图 2.19　典型湿法洗涤过程中汞的物质流

烟气 Hg^{2+}浓度为 1.5 mg/m^3；Hg^0 浓度为 0.5 mg/m^3；SO_2 浓度为 2.0 %(体积分数)；烟气流速为 0.4 L/min；洗涤液流速为 0.2 L/min

图 2.20 总结了洗涤过程中汞的迁移转化规律。洗涤净化前，烟气中含有 Hg^0 和 Hg^{2+} 两种形态。在洗涤过中，当烟气温度降低，烟气中的 Hg^0 大部分保留在烟气中；部分 Hg^0 会冷凝成小液滴，与洗涤液中 $HgCl_4^{2-}$ 等结合形成稳定的胶体态汞；剩余的 Hg^0 会在洗涤过程中与溶液中 $HgCl_2$ 等形成 Hg_2Cl_2 沉淀，进入酸泥中。烟气中氧化态汞的溶解度大，大部分进入液相，少部分被酸雾携带随烟气进入电除雾器中。溶解在洗涤液中的 Hg^{2+}会被溶液中还原性离子如 SO_3^{2-} 还原成 Hg^0，进入烟气及环境空气中，造成汞的二次污染。此外，洗涤液中 Hg^{2+}也会与溶液中 Cl^-、SO_4^{2-} 等形成 Hg_2Cl_2、$HgSO_4$ 沉淀进入酸泥中。

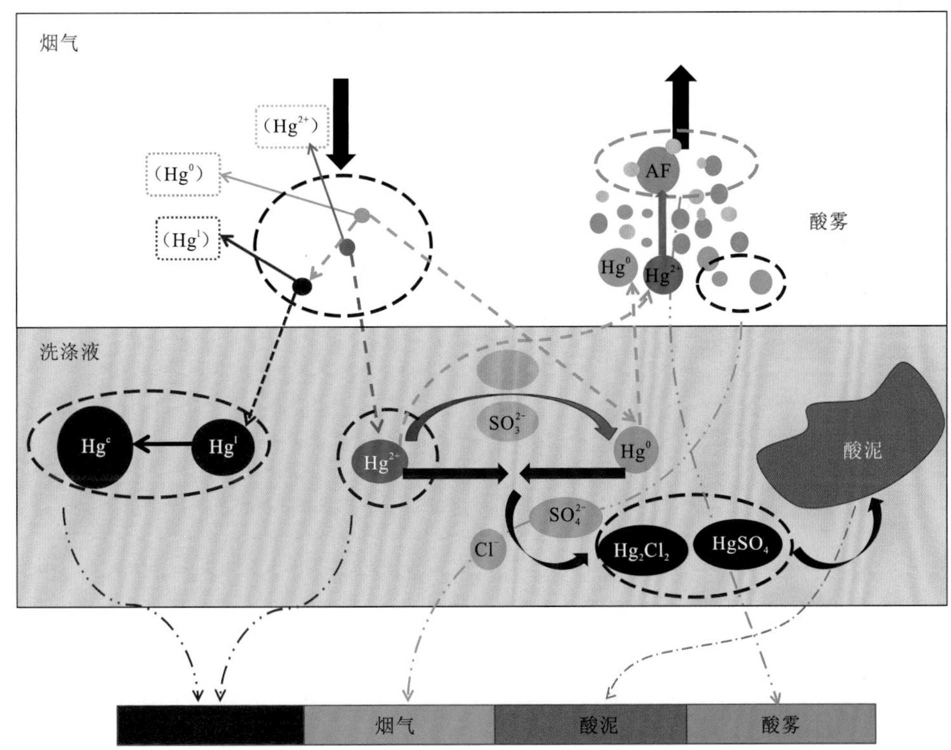

图 2.20　冶炼烟气洗涤过程中汞的迁移转化示意图

2.2.4　湿法洗涤净化过程汞污染控制

烟气酸洗净化过程是冶炼烟气脱汞的主要环节。烟气中的汞在酸洗过程中会发生复杂的物理化学变化，通过研究汞的分布和形态转化可以为实际生产中汞的脱除或稳定化提供理论指导。本小节将从烟气、洗涤液、酸泥和酸雾四种含汞介质处置的角度分析，为冶炼行业脱汞技术的选择提供依据。

图 2.21 为冶炼烟气湿法洗涤系统示意图。冶炼烟气经过湿法洗涤系统处理后，会在烟气、洗涤液、酸泥和酸雾四相中分布。当冶炼烟气中总汞浓度为 1.5 mg/m^3 时，洗涤净化后的烟气 Hg^0 浓度仍高达 0.4～0.7 mg/m^3，远高于我国《铅、锌工业污染物排放标准》所规定的 0.05 mg/m^3 排放标准。该部分 Hg^0 会进入后续的制酸过程，造成硫酸的汞污染。当使用被汞污染的硫酸时，汞会再次进入环境，导致污染。因此，对高汞冶炼烟气在烟气酸洗净化后应该增加专门的 Hg^0 脱除工艺流程，以减少含汞烟气的排放和对硫酸产品的污染。

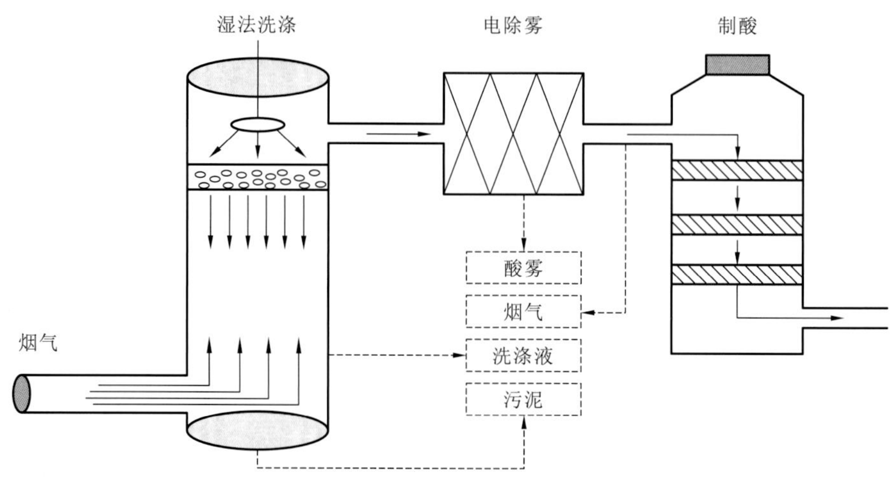

图 2.21　典型有色金属冶炼处理湿法洗涤系统示意图

烟气中绝大部分汞在酸洗过程进入洗涤液，并最终得到含高浓度汞的酸性废水（汞浓度可高达 20 mg/L 以上）。目前常采用化学沉淀法去除废液中的 Hg^{2+}，如石灰中和+铁盐沉淀法或石灰中和+硫化沉淀法等，经处理后废液中汞的浓度可降低至 0.05～0.10 mg/L，但仍难以达到《铅、锌工业污染物排放标准》所规定的 0.03 mg/L 排放标准。通过分析洗涤液中汞的赋存形态发现溶液中的胶体态汞约占总汞的 7.34%，其难以被常规的化学沉淀法去除，导致了废水难以达标排放。因此冶炼酸性废水脱汞的难点在于如何实现溶液中胶体态汞的去除。同时胶体态汞极易挥发出 Hg^0，在脱除胶体态汞的过程中应该避免 Hg^0 的二次释放。

按照《关于汞的水俣公约》要求，未来 15 年我国将停止原生汞开采活动，因此从冶炼含汞废物中资源化回收汞将成为今后我国汞的主要来源之一。研究发现收集的酸雾中汞浓度高达 435 mg/L（远高于废液中的 82 mg/L），可以作为回收汞的原料。目前酸雾经过电除雾器收集后与洗涤废液混合，并一起进入污酸处理系统。将两种液体混合处理的方法不仅会造成后续汞处理困难，还会造成汞资源的浪费。因此，应对酸雾进行汞回收处理，以实现汞的资源化，同时减少汞的二次污染。酸泥中含有大量的铜、铅等有价金属，通常将其作为原料返回金属回收流程中，但这也导致汞在冶炼系统中的再次分散。因此在回收有价金属之前，应先对酸泥进行汞脱除或回收处理。

2.3　冶炼烟气洗涤过程中汞的再释放

研究表明，溶液中可溶的 Hg^{2+}被还原成气态 Hg^0 并进入烟气中，造成汞的再释放。这不仅会降低洗涤过程汞的脱除效率，还会造成汞的二次污染。深入研究冶炼烟气洗涤过程汞再释放对冶炼行业烟气脱汞及二次污染的防治具有重要意义。本节将以冶炼酸洗液为研究对象，通过模拟实验考察溶液中杂质离子对汞再释放的影响，研究复杂体系中汞再释放的变化规律，揭示汞再释放的机理及影响机制。

2.3.1　亚硫酸根对汞再释放的影响

冶炼烟气通常含有高浓度的 SO_2，经过洗涤净化后，洗涤液中含有大量的亚硫酸根（SO_3^{2-}）。本小节考察了不同浓度的 SO_3^{2-} 对汞再释放的影响（图 2.22）。

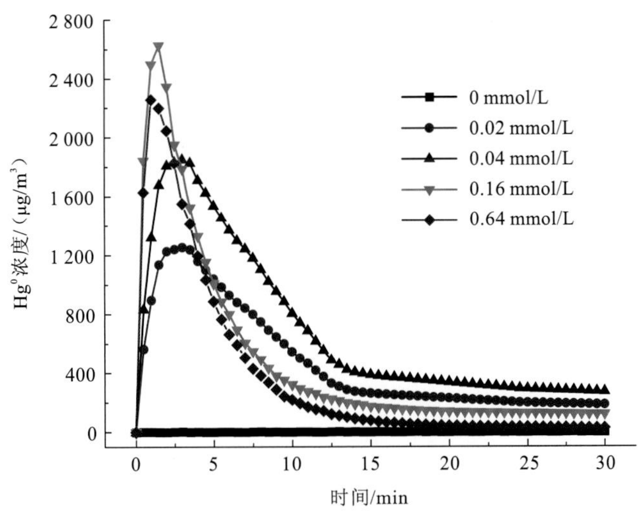

图 2.22　SO_3^{2-} 浓度对汞再释放的影响

Hg^{2+}浓度为 0.04 mmol/L；溶液 pH 为 2.0；载气流速为 0.6 L/min

如图 2.22 所示，当溶液中没有 SO_3^{2-} 存在时，烟气中无 Hg^0；当溶液中 SO_3^{2-} 浓度为 0.02 mmol/L 时，烟气中 Hg^0 浓度明显增加，30 min 后烟气中 Hg^0 浓度可达 185.7 μg/m³。随着 SO_3^{2-} 加入量的增加，30 min 后烟气中 Hg^0 的浓度呈现先上升后下降的趋势。当 SO_3^{2-}/Hg^{2+} 浓度比值为 1 时，此时 Hg^0 释放浓度最大，30 min 后烟气中 Hg^0 浓度为 273.4 μg/m³；当 SO_3^{2-}/Hg^{2+}浓度比值达到 16 时，汞再释放的速率明显下降，30 min 后烟气中 Hg^0 的浓度仅为 27.5 μg/m³。Hg^{2+}可与 SO_3^{2-} 结合形成化合物，具体反应如式（2.17）～式（2.18）所示。

$$Hg^{2+} + SO_3^{2-} \longrightarrow HgSO_3 \tag{2.17}$$

$$HgSO_3 + SO_3^{2-} \longrightarrow Hg(SO_3)_2^{2-} \tag{2.18}$$

式（2.17）和式（2.18）的配合系数 K_1 和 K_2 分别为 2.1×10^{13} 和 1.0×10^{10}，其水溶液中配合系数如下所示。

$$K_1 = [HgSO_3]/\{[Hg^{2+}]\cdot[SO_3^{2-}]\} \tag{2.19}$$

$$K_2 = [Hg(SO_3)_2^{2-}]/\{[HgSO_3]\cdot[SO_3^{2-}]\} \tag{2.20}$$

根据上述公式可得不同 SO_3^{2-} 浓度下 Hg^{2+}-SO_3^{2-} 配合物的形态分布，如图 2.23 所示。

当 SO_3^{2-} 含量较低时，汞主要以 $HgSO_3$ 形态为主；当 SO_3^{2-}/Hg^{2+}浓度比值大于 4 时，汞主要以 $Hg(SO_3)_2^{2-}$ 形态为主。

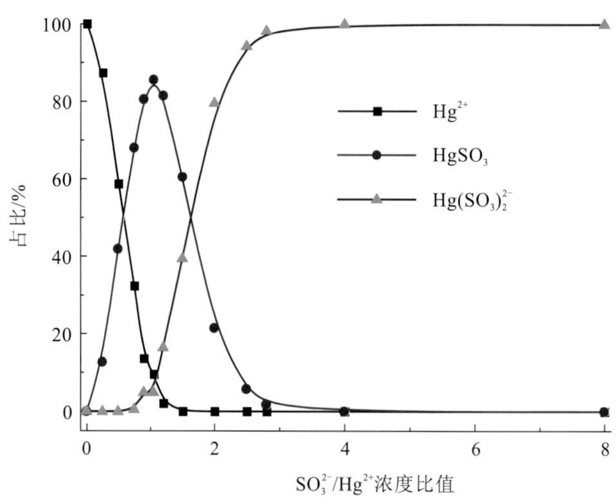

图 2.23　Hg^{2+}-SO_3^{2-} 体系汞的形态分布

为研究 SO_3^{2-} 对 $HgSO_3$ 的分解速率的影响，对 Hg^{2+}-SO_3^{2-} 溶液体系进行紫外可见光谱表征，结果如图 2.24 所示。图 2.24（a）为在 25 ℃下 Hg^{2+}-SO_3^{2-} 体系在 200～280 nm 波长范围吸光度的曲线，235 nm 左右为该体系 $HgSO_3$ 的特征吸收峰，其吸光度随着时间的延长而下降，表明 $HgSO_3$ 发生分解反应生成 Hg^0。图 2.24（b）为不同 SO_3^{2-} 浓度对 Hg-SO_3^{2-} 体系在 235 nm 吸光度变化的影响。随着 Hg^{2+}/SO_3^{2-} 的减少，在 235 nm 处的吸光度衰退速率明显减弱，表明 $Hg(SO_3)_2^{2-}$ 的分解速率比 $HgSO_3$ 慢。

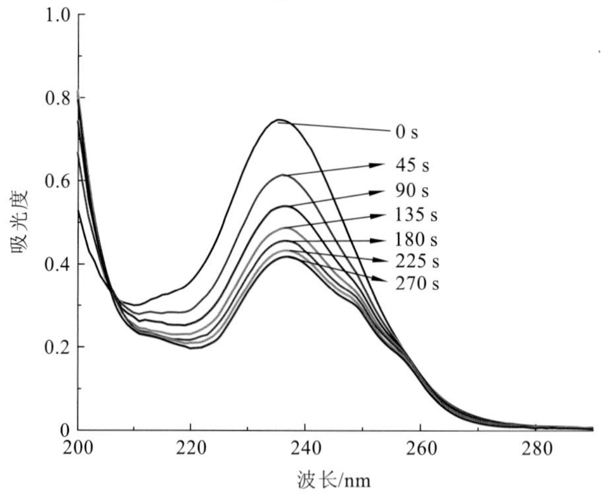

（a）$HgSO_3$ 紫外吸收光谱随时间的变化

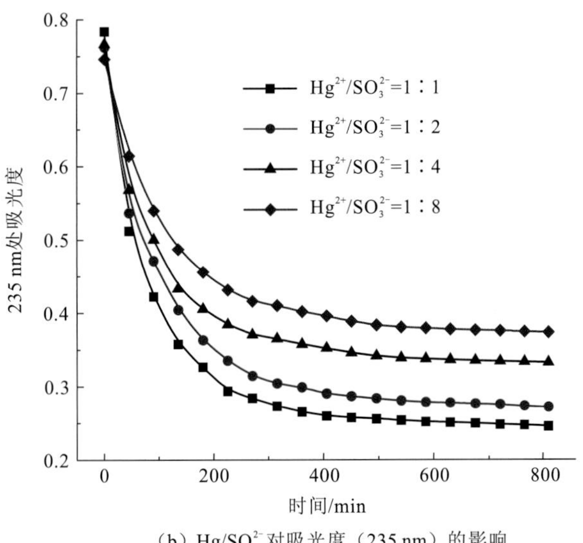

（b）Hg/SO_3^{2-}对吸光度（235 nm）的影响

图 2.24　$HgSO_3$紫外吸收光谱随时间的变化和Hg/SO_3^{2-}对吸光度（235 nm）的影响

拟用一级反应动力学模型研究$HgSO_3$分解反应，设定初始时在 235 nm 处$HgSO_3$紫外吸光度为A_0，反应最终的吸光度A_f，中间t时刻的吸光度为A_t，则$HgSO_3$分解的反应速率常数计算式为

$$A_t = A_0 + (A_f - A_0)(1 - e^{kt}) \qquad (2.21)$$

根据SO_3^{2-}对Hg^{2+}-SO_3^{2-}体系吸光度的影响计算不同SO_3^{2-}浓度下的反应速率常数，结果如表 2.4 所示，拟合度均大于 0.98，表明$HgSO_3$分解反应符合一级反应动力学模型。当Hg^{2+}/SO_3^{2-}浓度比值为 1∶1 时，溶液中$HgSO_3$的表观分解速率常数k为$1.12\times10^{-4}\ s^{-1}$；当$Hg^{2+}/SO_3^{2-}$浓度比值为 1∶8 时，$HgSO_3$的表观分解速率常数$k$为$5.35\times10^{-5}\ s^{-1}$。

表 2.4　Hg^{2+}-SO_3^{2-}体系的分解速率常数（25 ℃）

$C(SO_3^{2-})$/（mmol/L）	$C(Hg^{2+})$/（mmol/L）	$C(SO_3^{2-})/C(Hg^{2+})$	R^2	$k\times10^4/s^{-1}$
0.020	0.035	0.57	0.987	1.210
0.035	0.035	1.00	0.993	1.120
0.070	0.035	2.00	0.995	0.940
0.140	0.035	4.00	0.989	0.730
0.280	0.035	8.00	0.996	0.535

$HgSO_3$的表观分解反应动力学拟合曲线，如图 2.25 所示。k^{-1}和SO_3^{2-}浓度呈正比，其斜率和截距分别为0.76×10^4 s 和4.31×10^4 s/mmol。在SO_3^{2-}浓度 0.02～0.64 mmol/L 内，25 ℃下$HgSO_3$表观分解速率常数与SO_3^{2-}浓度的关系可以用式（2.22）表示。

$$k^{-1} = 0.76\times10^4 + 4.31\times10^4\cdot C(SO_3^{2-}) \qquad (2.22)$$

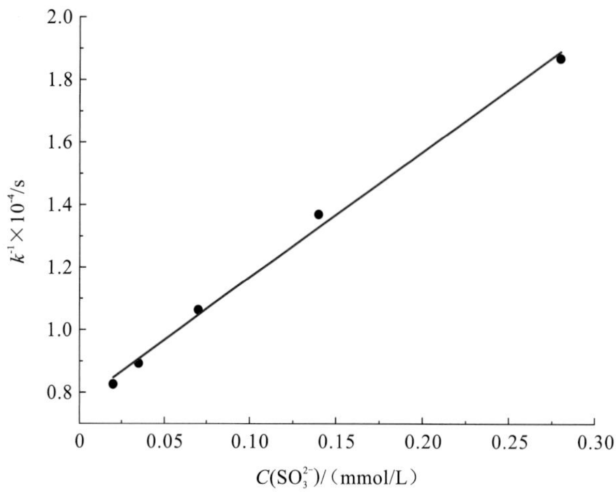

图 2.25　SO_3^{2-}浓度与 $HgSO_3$ 表观速率常数之间的关系

2.3.2　铜离子对汞再释放的影响

铜广泛存在于冶炼洗涤液中，由于亚硫酸根的存在，实际洗涤液中铜主要以 $CuCl_2^-$ 和 $CuCl_3^{2-}$ 等低价配合离子形式存在。因此本小节将考察亚铜离子（Cu^+）对汞再释放的影响。

1. Cu^+-Hg^{2+}体系汞的再释放

为提高 Cu^+在水溶液中的稳定性，需添加一定量的 Cl^-从而保证铜以稳定配合离子形式存在。Cu(I)-Cl 和 Hg(II)-Cl 两种配合物的理论稳定常数，如表 2.5 所示。当溶液中含有过量的 Cl^-时，$CuCl_3^{2-}$ 和 $HgCl_4^{2-}$ 为主要存在形式，且 $HgCl_4^{2-}$ 是一种很稳定的配合离子。不同浓度 $CuCl_3^{2-}$ 对汞再释放的影响，如图 2.26 所示。当溶液中 $CuCl_3^{2-}$ 浓度从 0 mmol/L 升高到 0.12 mmol/L 时，烟气中 Hg^0 的浓度也逐渐升高，最高可达 2478 μg/m^3，表明 $CuCl_3^{2-}$ 可以还原 $HgCl_4^{2-}$ 为 Hg^0，促进洗涤过程中汞的再释放。

表 2.5　Cu(I)-Cl 和 Hg(II)-Cl 配合物的稳定常数

化合物	溶解常数 lg β	温度/℃	介质	不确定度
$CuCl^0$	4.17	25	NaCl	±1.5%
$CuCl_2^-$	5.46	25	NaCl	±1%
$CuCl_3^{2-}$	5.71	25	NaCl	±1%
$HgCl^+$	6.74	25	NaCl	—
$HgCl_2$	13.22	25	NaCl	—
$HgCl_3^-$	14.07	25	NaCl	—
$HgCl_4^{2-}$	15.07	25	NaCl	—

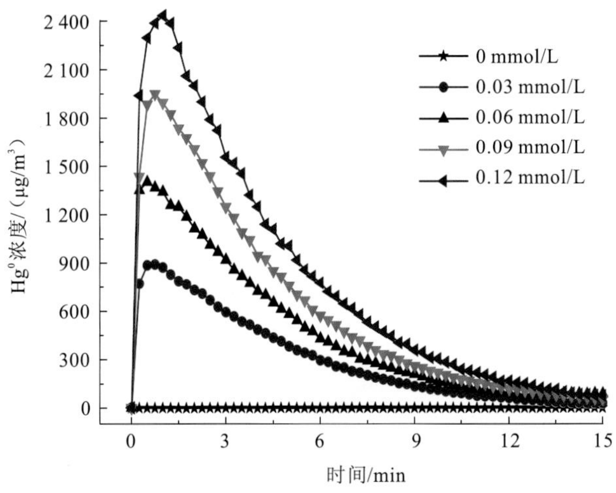

图 2.26　$CuCl_3^{2-}$ 对 $HgCl_4^{2-}$ 还原的影响

烟气流量为 1 mL/min；洗涤液体积为 300 mL；Hg^{2+}浓度为 0.15 mmol/L；Cl^-浓度为 5 mmol/L

反应过程中溶液氧化还原电位的变化，如图 2.27 所示。随着反应的进行，溶液的氧化还原电势（Eh）随 Hg^0 的释放而提高，这表明溶液中部分亚铜被氧化成 Cu^{2+}。当溶液中 $CuCl_3^{2-}$ 浓度为 0.06 mmol/L 时，反应后溶液中可以检测到 Cu^{2+}的存在，其浓度为 0.049 μmol/L。溶液中 Cu^{2+}和烟气中 Hg^0 总体浓度比值约为 2，推测溶液中汞再释放的反应为

$$2CuCl_3^{2-} + HgCl_4^{2-} = 2Cu^{2+} + Hg^0 + 10Cl^- \tag{2.23}$$

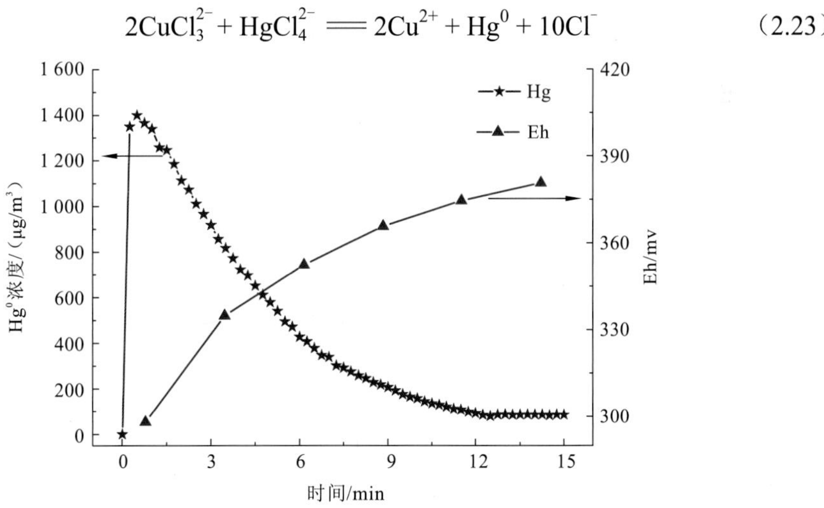

图 2.27　汞再释放过程溶液氧化还原电势的变化

2. Cu^+对 $Hg(SO_3)_2^{2-}$ 分解的影响

实验中 Cu^+以 CuCl 的形式加入，但存在 Cl^-影响反应的可能性，为此考察了不添加 Cu^+时 Cl^-浓度对汞再释放的影响，如图 2.28 所示。溶液中 Cl^-浓度小于 1.5 mmol/L 时，

$Hg(SO_3)_2^{2-}$ 分解随时间变化不大，这说明此浓度范围内 Cl^-不会影响 $Hg(SO_3)_2^{2-}$ 分解。

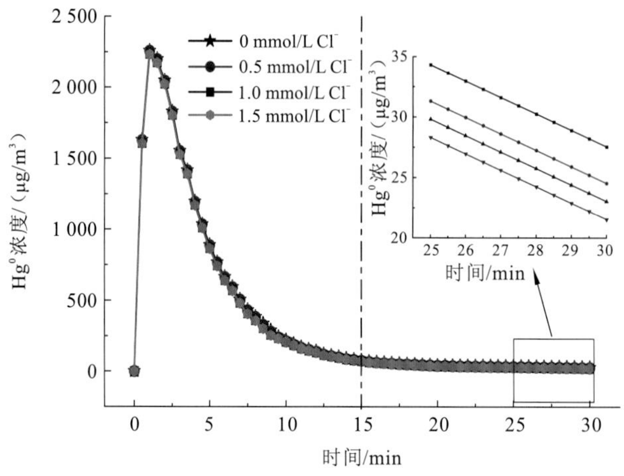

图 2.28　过量 SO_3^{2-} 条件下 Cl^-浓度对汞再释放的影响

Cl^-浓度为 1.5 mmol/L 时，不同 $CuCl_3^{2-}$ 浓度对汞再释放的影响，如图 2.29 所示。当不含 $CuCl_3^{2-}$ 时，再释放 Hg^0 的总量为 0.062 μmol；当 $CuCl_3^{2-}$ 浓度为 0.03 mmol/L 时，再释放 Hg^0 的总量增加至 0.217 μmol，说明加入 $CuCl_3^{2-}$ 可显著促进汞的再释放，推测 $CuCl_3^{2-}$ 对 $Hg(SO_3)_2^{2-}$ 的分解可能起到催化作用。

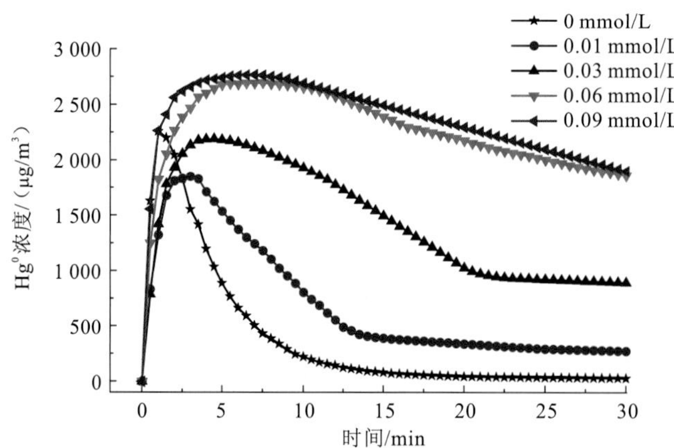

图 2.29　$CuCl_3^{2-}$ 浓度对 $Hg(SO_3)_2^{2-}$ 分解的影响

SO_3^{2-}浓度为 50 mmol/L；Hg^{2+}浓度为 0.15 mmol/L；pH 为 2.0

为进一步验证 $CuCl_3^{2-}$ 的催化作用，研究 Cu^+浓度分别为 0 mmol/L、0.01 mmol/L、0.03 mmol/L 和 0.06 mmol/L 时，0.06 mmol/L $Hg(SO_3)_2^{2-}$ 在 200～300 nm 吸光度随时间的变化，结果如图 2.30 所示。当溶液中没有 $CuCl_3^{2-}$ 时，$Hg(SO_3)_2^{2-}$ 吸收峰的衰减速率为 $2.68\times10^{-4}\ s^{-1}$；当 $CuCl_3^{2-}$ 含量达到 0.01 mmol/L 时，$Hg(SO_3)_2^{2-}$ 吸收峰的衰减速率为 $5.61\times10^{-4}\ s^{-1}$。随着 Cu^+浓度的增加，$Hg(SO_3)_2^{2-}$ 特征吸收峰的衰减速率不断提高，表明

$CuCl_3^{2-}$ 可促进 $Hg(SO_3)_2^{2-}$ 的分解。由于 300～800 nm 没有发现 Cu^{2+}的吸收峰，可以确定没有生成 Cu^{2+}，这也证明了 $CuCl_3^{2-}$ 对 $Hg(SO_3)_2^{2-}$ 的分解起到催化作用，而不是氧化作用。结合上述结果，可将 $CuCl_3^{2-}$ 催化 $Hg(SO_3)_2^{2-}$ 的分解过程分为两步：①$CuCl_3^{2-}$ 直接还原 $Hg(SO_3)_2^{2-}$ 形成 Hg^0，并且其本身被氧化成 Cu^{2+}中间体；②Cu^{2+}不稳定，被 H_2SO_3 还原成 $CuCl_3^{2-}$。上述过程可表示为

$$2CuCl_3^{2-} + Hg(SO_3)_2^{2-} + 4H^+ = 2Cu^{2+} + 2H_2SO_3 + Hg^0 + 6Cl^- \quad (2.24)$$

$$2Cu^{2+} + H_2SO_3 + H_2O + 6Cl^- = 2CuCl_3^{2-} + SO_4^{2-} + 4H^+ \quad (2.25)$$

$$Hg(SO_3)_2^{2-} + H_2O \xrightarrow{CuCl_3^{2-}} Hg^0 + SO_4^{2-} + H_2SO_3 \quad (2.26)$$

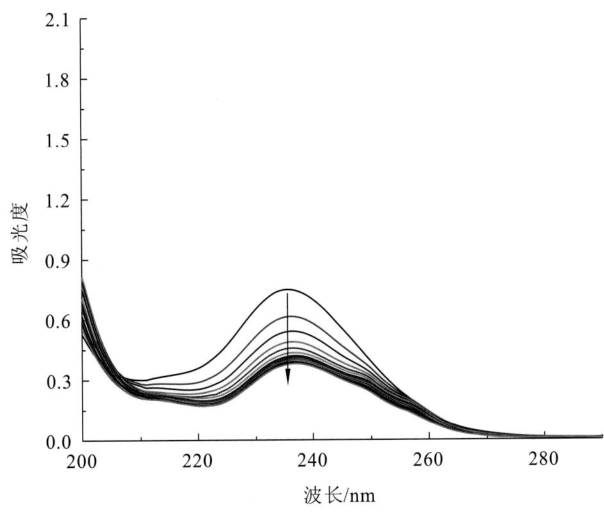

（a）0 mmol/L $CuCl_3^{2-}$

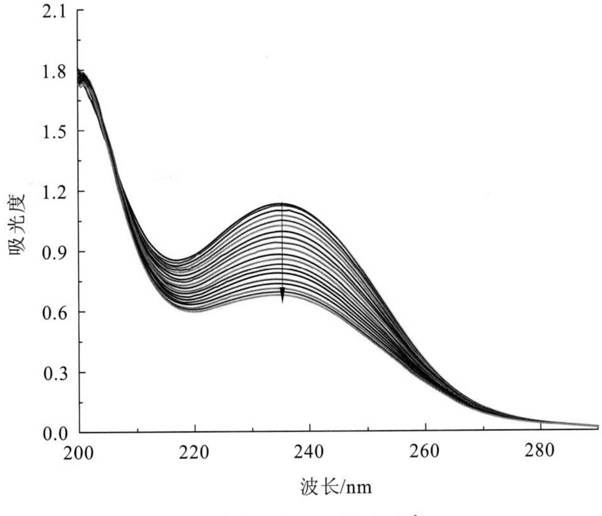

（b）0.01 mmol/L $CuCl_3^{2-}$

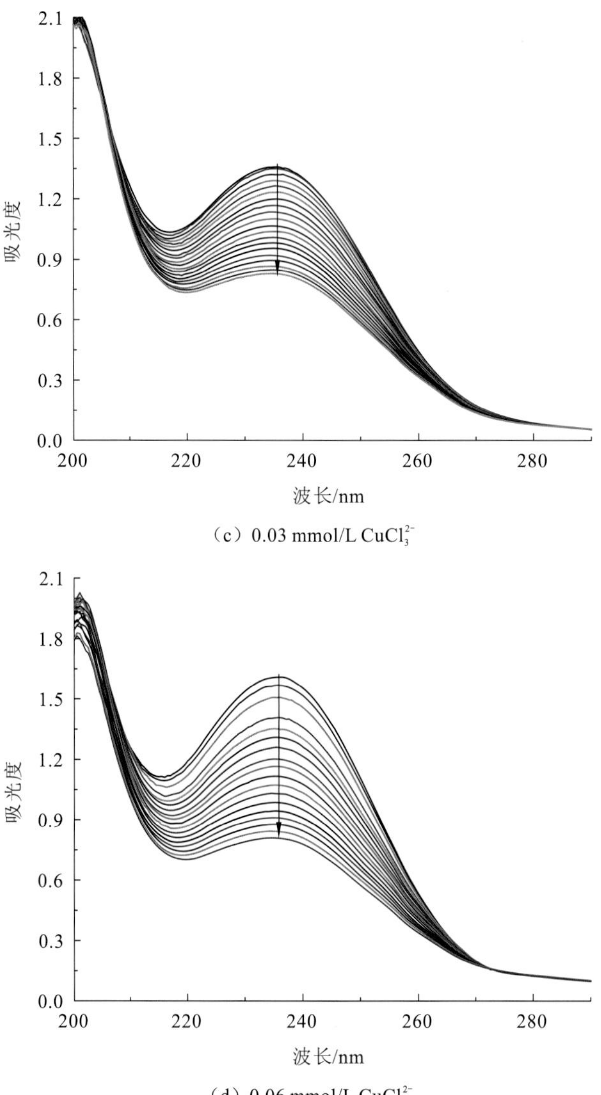

（c）0.03 mmol/L $CuCl_3^{2-}$

（d）0.06 mmol/L $CuCl_3^{2-}$

图 2.30　pH 为 2.5（$HClO_4$）条件下不同 $CuCl_3^{2-}$ 浓度对 0.06 mmol/L $Hg(SO_3)_2^{2-}$ 紫外吸收光谱的影响

3. Cu^{2+}-Hg^{2+}-SO_3^{2-} 体系汞的再释放

图 2.31 为 Cu^{2+}浓度对 Hg^{2+}-SO_3^{2-} 体系汞再释放的影响。从图中可以看出，当 Cu^{2+}浓度为 0～0.03 mmol/L 时，汞再释放速率随着 Cu^{2+}浓度的升高而升高；当 Cu^{2+}浓度为 0.3 mmol/L 时，汞的再释放速率明显下降，甚至低于不添加 Cu^{2+}的情况，表明高浓度的 Cu^{2+}会抑制汞的再释放。

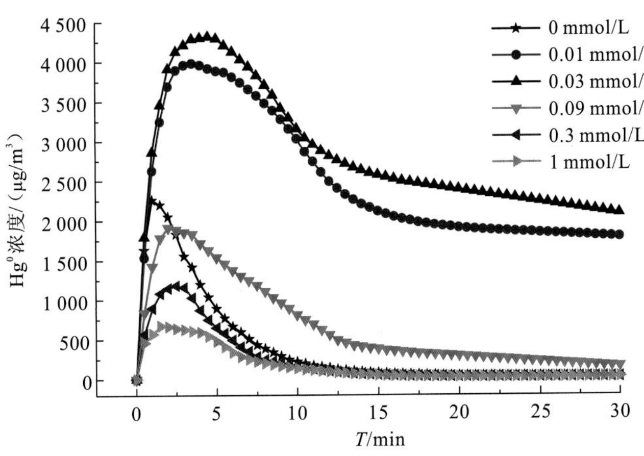

图 2.31　Cu^{2+}浓度对 Hg^{2+}-SO_3^{2-} 体系汞再释放的影响

当 Cu^{2+}浓度较低时，Cu^+是 Cu^{2+}被 SO_3^{2-} 还原的产物。因此，在较低 Cu^{2+}浓度下，还原产物 Cu^+可能起到与 $CuCl_3^{2-}$ 相似的作用。为证实 Cu^+浓度变化与 $Hg(SO_3)_2^{2-}$ 分解速率的关系，研究了 Cu^{2+}-SO_3^{2-} 体系中 Cu^+浓度变化对 $Hg(SO_3)_2^{2-}$ 分解速率的影响。Cu^+与硫脲有很强的亲和力，可形成稳定性极高的 $Cu(Tu)_3^+$或 $Cu(Tu)_4^+$配合物，其稳定常数 lgβ 分别为 13.0 和 15.4，因此可采用添加硫脲稳定剂的方法检测溶液中 Cu^+的浓度。

图 2.32 为含 Cu^{2+}溶液在不同组分下的紫外吸收光谱。从图 2.32（a）可以看出，单独的 SO_3^{2-}、Tu、Cu^{2+}溶液及 Cu^{2+}和 Tu 的混合溶液在 311 nm 波长附近并没有吸收峰。当溶液中添加 SO_3^{2-} 和 Tu 后，在 311 nm 处存在新的吸收峰，表明溶液中有新的物质生成。在 $CuCl_3^{2-}$ 和 Tu 混合溶液中，发现在 311 nm 处也存在吸收峰，这表明 311 nm 处为 Cu(I)-Tu 配合物的特征吸收峰。溶液体系中 Tu 的含量相对于 Cu^+远远过量，形成的产物为 $Cu(Tu)_4^+$。图 2.32（b）为不同含量 Cu^{2+}对 311 nm 波长紫外光的吸收强度。随着溶液中 Cu^{2+}浓度的升高，311 nm 处的吸光度从 0.04 上升到 0.065，表明溶液中 Cu^{2+}浓度和 Cu^+的浓度呈正相关性。对比相同浓度 Cu^+和 $CuCl_3^{2-}$ 条件下，Cu^+催化 $Hg(SO_3)_2^{2-}$ 分

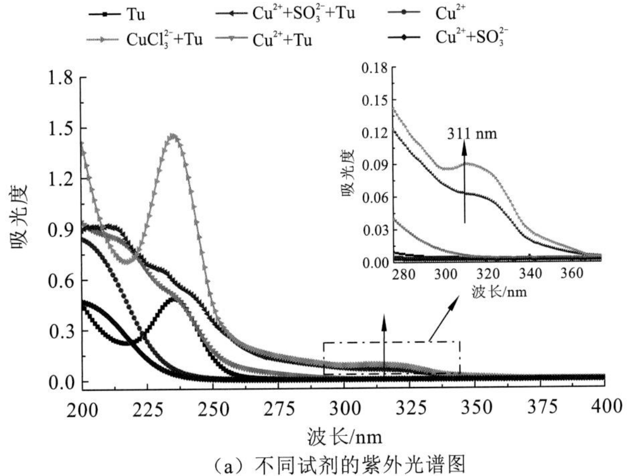

（a）不同试剂的紫外光谱图

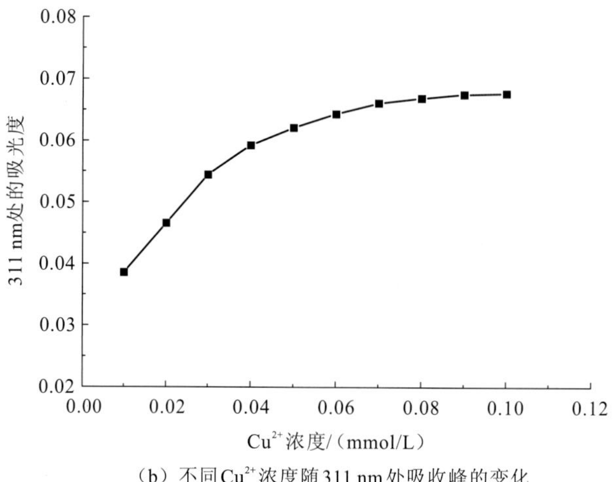

（b）不同 Cu^{2+} 浓度随311 nm处吸收峰的变化

图 2.32　不同试剂的紫外光谱图和不同 Cu^{2+}浓度随 311 nm 处吸收峰的变化

解效果更好，表明 Cu^+的催化活性更高。在酸性溶液中 Cu^+和 Cu^{2+}之间易发生电子转移，这是 Cu^+促进 $Hg(SO_3)_2^{2-}$ 分解的原因。上述反应的化学方程式为

$$Hg(SO_3)_2^{2-} + 2Cu^+ + 4H^+ \Longrightarrow 2Cu^{2+} + Hg^0 + 2H_2SO_3 \tag{2.27}$$

$$H_2SO_3 + 2Cu^{2+} + H_2O \Longrightarrow 2Cu^+ + 4H^+ + SO_4^{2-} \tag{2.28}$$

$$Hg(SO_3)_2^{2-} + H_2O \xrightarrow{Cu^+} Hg^0 + SO_4^{2-} + H_2SO_3 \tag{2.29}$$

图 2.33 为 Cu^{2+}浓度分别为 0.06 mmol/L 和 0.12 mmol/L 时 $Hg(SO_3)_2^{2-}$ 的紫外吸收峰变化情况。当溶液中 Cu^{2+}含量增加后，$Hg(SO_3)_2^{2-}$ 的分解速率不会发生明显变化，这表明高浓度的 Cu^{2+}并不会抑制 $Hg(SO_3)_2^{2-}$ 的分解，与高浓度 Cu^{2+}下汞再释放速率下降的实验结果不相符。在 Cu^{2+}-SO_3^{2-} 体系中，Cu^{2+}易被还原为 Cu^+，进而在酸性条件下会发生歧化反应生成单质铜[Cu^0]，与溶液中的 Hg^0 形成稳定的汞齐合金，从而抑制了汞的再释放。高浓度 Cu^{2+}抑制汞再释放的反应为

$$2Cu^+ \Longrightarrow Cu^{2+} + [Cu^0] \tag{2.30}$$

$$[Cu^0] + mHg^0 \Longrightarrow [Cu^0]\cdot Hg_m^0 \tag{2.31}$$

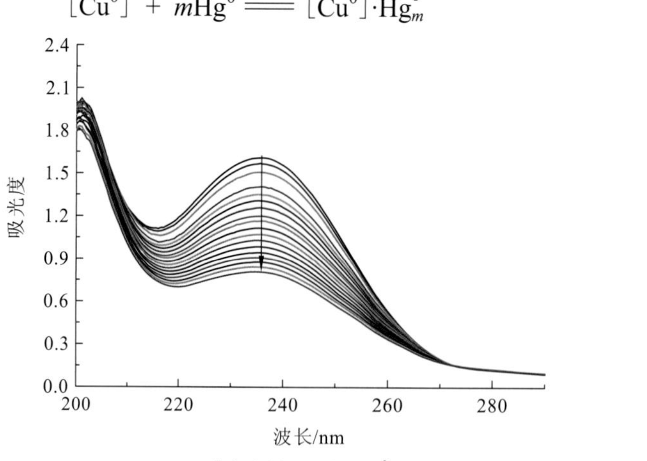

（a）0.06 mmol/L Cu^{2+}

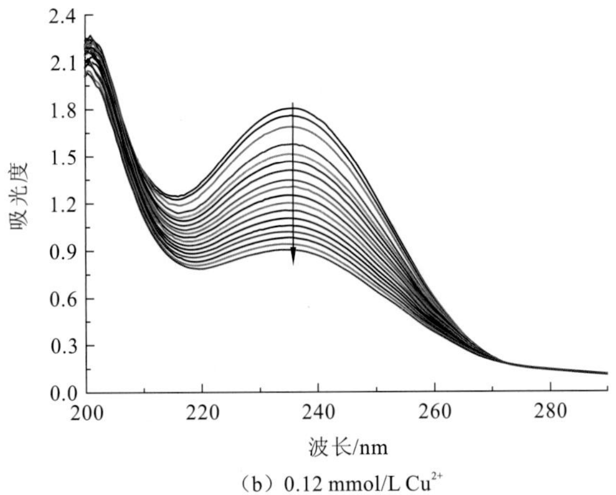

（b）0.12 mmol/L Cu^{2+}

图 2.33　过量 SO_3^{2-} 溶液中不同 Cu^{2+}浓度下的 $Hg(SO_3)_2^{2-}$ 的紫外吸收光谱

$Hg(SO_3)_2^{2-}$ 浓度为 0.09 mmol/L；SO_3^{2-} 浓度为 0.5 mmol/L；溶液温度为 25 ℃；pH 为 2.5($HClO_4$)；扫描间隔为 1 min

4. 铜离子催化 $Hg(SO_3)_2^{2-}$ 分解动力学

上述研究表明，溶液中的 Cu^{2+}和 $CuCl_3^{2-}$ 可以催化 Hg^{2+}-SO_3^{2-} 体系的汞的快速还原再释放。表 2.6 为不同温度和铜离子种类条件下 $Hg(SO_3)_2^{2-}$ 分解的动力学数据。对上述数据进行拟合，发现溶液中 $Hg(SO_3)_2^{2-}$ 浓度的对数值与时间呈线性关系。从图 2.34（a）可以看出，两者的线性度 R^2 都在 0.98 以上，这说明 $Hg(SO_3)_2^{2-}$ 的分解满足一级动力学方程。一级反应动力学方程和阿伦尼乌斯方程为

$$\ln C_{Hg(SO_3)_2^{2-},t} = \ln C_{Hg(SO_3)_2^{2-},0} - kt \tag{2.32}$$

$$\ln k = -\frac{E_a}{RT} + \ln A \tag{2.33}$$

式中：$C_{Hg(SO_3)_2^{2-},t}$ 和 $C_{Hg(SO_3)_2^{2-},0}$ 分别为实验中任何时刻和开始时刻$Hg(SO_3)_2^{2-}$ 的浓度，mmol/L；t为反应时间，s；k为一级动力学常数，/s；E_a和T分别为活化能和反应温度，kJ/mol和℃；A为指前因子。

表 2.6　不同温度和铜离子种类条件下催化 $Hg(SO_3)_2^{2-}$ 分解的动力学数据

温度/℃	时间/s	空白		$CuCl_2^-$		Cu^{2+}	
		$m(Hg^0)$	$C[Hg(SO_3)_2^{2-}]$	$m(Hg^0)$	$C[Hg(SO_3)_2^{2-}]$	$m(Hg^0)$	$C[Hg(SO_3)_2^{2-}]$
25	0	0	0.100 0	0	0.100	0	0.100 0
	120	8.95	0.099 81	39.94	0.099 32	68.42	0.098 86
	240	17.88	0.099 72	79.62	0.098 67	136.07	0.097 73
	360	26.81	0.099 55	119.03	0.098 02	202.94	0.096 62

续表

温度/℃	时间/s	空白		$CuCl_2^-$		Cu^{2+}	
		$m(Hg^0)$	$C[Hg(SO_3)_2^{2-}]$	$m(Hg^0)$	$C[Hg(SO_3)_2^{2-}]$	$m(Hg^0)$	$C[Hg(SO_3)_2^{2-}]$
25	480	35.71	0.099 41	158.18	0.097 37	269.06	0.095 52
	600	44.61	0.099 26	197.05	0.096 72	334.43	0.094 44
	720	53.48	0.099 11	235.71	0.096 08	399.05	0.093 36
	960	71.21	0.098 81	312.21	0.094 81	526.10	0.091 25
	1 200	88.88	0.098 52	387.69	0.093 55	650.27	0.089 19
35	0	0	0.100 0	0	0.100 0	0	0.100 0
	120	23.74	0.099 61	92.51	0.098 46	173.34	0.097 11
	240	47.38	0.099 21	183.59	0.096 95	341.70	0.094 32
	360	70.93	0.098 82	273.27	0.095 45	505.20	0.091 60
	480	94.39	0.098 44	361.58	0.093 99	664.01	0.088 96
	600	117.76	0.098 04	448.54	0.092 54	818.23	0.086 40
	720	141.04	0.097 65	534.15	0.091 12	968.01	0.083 91
	960	187.31	0.096 88	701.44	0.088 34	1 254.7	0.079 15
	1 200	233.22	0.096 12	863.64	0.085 64	1 525.2	0.074 65
45	0	0	0.100 0	0	0.100 0	0	0.100 0
	120	59.59	0.099 01	202.34	0.096 63	311.88	0.094 81
	240	118.61	0.098 03	397.89	0.093 38	607.60	0.089 90
	360	177.02	0.097 05	586.86	0.090 24	887.99	0.085 24
	480	234.87	0.096 09	769.47	0.087 21	1 153.8	0.080 82
	600	292.14	0.095 14	945.95	0.084 28	1 405.9	0.076 63
	720	348.84	0.094 21	1 116.4	0.081 44	1 644.9	0.072 66
	960	460.57	0.092 34	1 440.5	0.076 06	2 086.5	0.065 32
	1 200	570.12	0.090 52	1 743.2	0.071 03	2 483.4	0.058 73

根据一级反应动力学方程可得，当溶液中不添加铜离子时，$Hg(SO_3)_2^{2-}$ 分解的一级动力学常数 k_1 为 1.25×10^{-5}/s。通常 $Hg(SO_3)_2^{2-}$ 的分解分为两个过程，即 SO_3^{2-} 解离形成 $HgSO_3$ 的过程和 $HgSO_3$ 自氧化还原形成 Hg^0 和 SO_4^{2-} 的过程。当溶液中添加 0.03 mmol/L $CuCl_3^{2-}$ 和 Cu^{2+}后，$Hg(SO_3)_2^{2-}$ 分解的反应速率常数分别提高到 3.30×10^{-5}/s 和 8.21×10^{-5}/s。根据阿伦

尼乌斯方程计算出三种条件下相应反应的表观活化能 E_a 分别为 74.55 kJ/mol、64.43 kJ/mol 和 48.78 kJ/mol，结果如图 2.34（b）所示。当溶液中加入 Cu^{2+} 后，溶液中 $Hg(SO_3)_2^{2-}$ 分解反应的活化能大幅度降低。从图 2.32 中可知，对于 Cu^{2+}-Hg^{2+}-SO_3^{2-} 溶液体系，催化 $Hg(SO_3)_2^{2-}$ 分解的本质为溶液中的 Cu^+。上述结果也表明 Cu^+ 的催化能力强于 $CuCl_3^{2-}$。

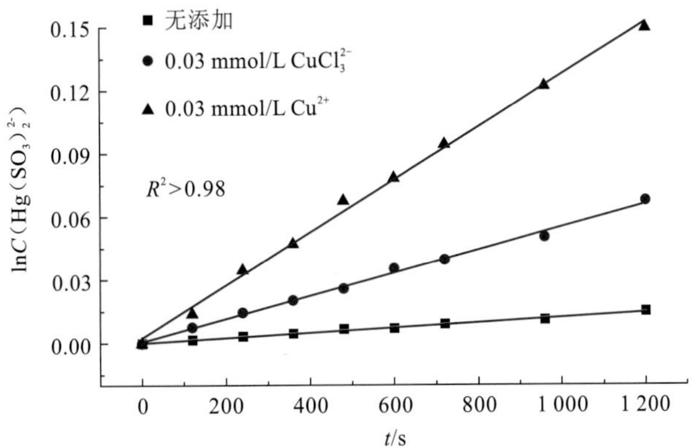

（a）25 ℃下不同铜离子形态对 $Hg(SO_3)_2^{2-}$ 分解反应的准一级动力学曲线

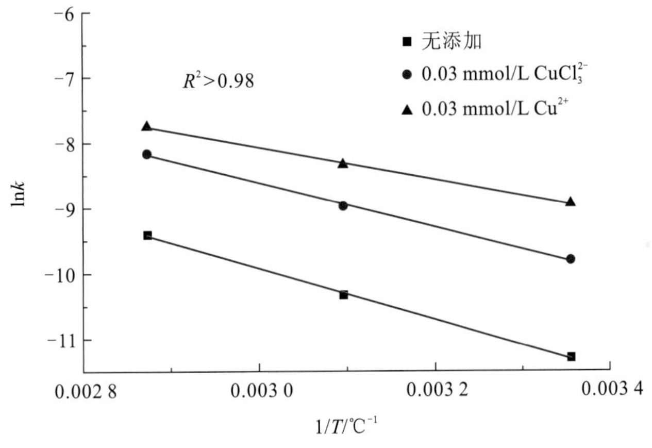

（b）不同铜离子形态下 $1/T$ 和 $\ln k$ 的动力学曲线

图 2.34　25 ℃下不同铜离子形态对 $Hg(SO_3)_2^{2-}$ 分解反应的准一级动力学曲线和不同铜离子形态下 $1/T$ 和 $\ln k$ 的动力学曲线

$Hg(SO_3)_2^{2-}$ 和 SO_3^{2-} 的浓度分别为 0.1 mmol/L 和 50 mmol/L；载气流速为 1 L/min；

pH 为 2.5($HClO_4$)；溶液体积为 300 mL

图 2.35 为 Cu^{2+} 对 Hg^{2+}-SO_3^{2-} 再释放影响的示意图。复杂溶液体系中汞会发生复杂的物理化学反应，溶液中的铜离子会将 Hg^{2+} 还原成 Hg^0，促进汞的再释放，其中 Cu^+ 的促进效果最佳。在 Cu^{2+}-SO_3^{2-} 体系中 Cu^{2+} 浓度较高时，Cu^{2+} 易被还原为 Cu^+，进而在酸性条件下会发生歧化反应生成单质铜[Cu^0]，可以吸收被还原的 Hg^0 形成铜汞合金，抑制了 Hg^0 的再释放。

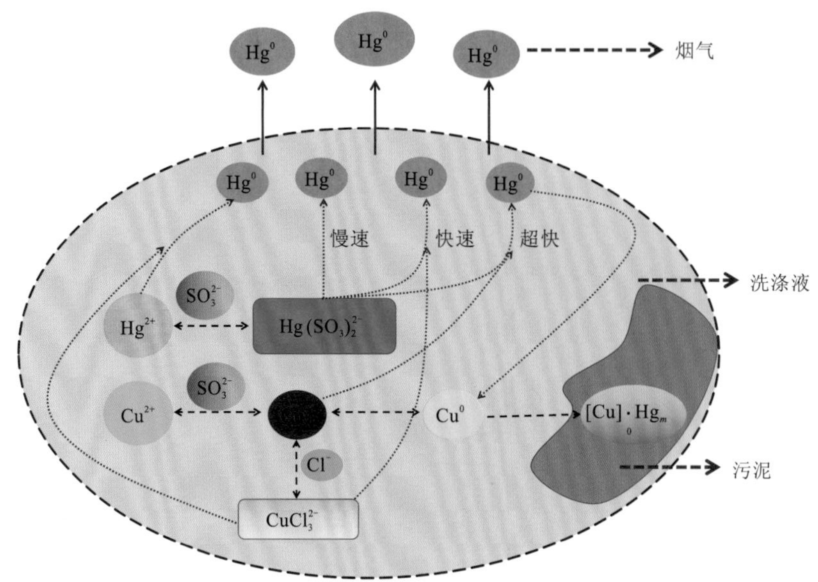

图 2.35　Cu^{2+}-Hg^{2+}-SO_3^{2-} 体系汞再释放的示意图

2.3.3　砷对汞再释放的影响

冶炼过程中砷通常以 As_2O_3 的形式进入烟气，在洗涤净化过程中 As_2O_3 以亚砷酸根的形式进入酸洗液中，其中部分亚砷酸根会被氧化成砷酸根，需研究不同条件下 Hg^{2+}-AsO_3^{3-}/AsO_4^{3-}-SO_3^{2-} 混合体系对汞再释放的影响。

1. 不同 pH 对溶液中砷存在形态的影响

亚砷酸是一种三元弱酸，在水溶液中通常以 H_3AsO_3、$H_2AsO_3^-$、$HAsO_3^{2-}$ 和 AsO_3^{3-} 四种形式存在，其电离常数 lg$K$ 分别为 $10^{-9.22}$、$10^{-12.3}$ 和 $10^{-13.4}$，电离过程为

$$H_3AsO_3 = H_2AsO_3^- + H^+ \tag{2.34}$$

$$H_2AsO_3^- = HAsO_3^{2-} + H^+ \tag{2.35}$$

$$HAsO_3^{2-} = AsO_3^{3-} + H^+ \tag{2.36}$$

图 2.36 为不同 pH 下 As(III)在水溶液中的形态分布。当 pH 小于 7 时，H_3AsO_3 为主要存在形态；当 pH 大于 7 时，$H_2AsO_3^-$ 浓度开始增加；当 pH 在 9～12 时，主要以 $H_2AsO_3^-$ 形态存在；当 pH 在 12～13 时，$HAsO_3^{2-}$ 为主要存在形态；当 pH 大于 13 时，AsO_3^{3-} 为主要的存在形态。因冶炼烟气洗涤液通常为酸性，故砷主要以 H_3AsO_3 形态存在。

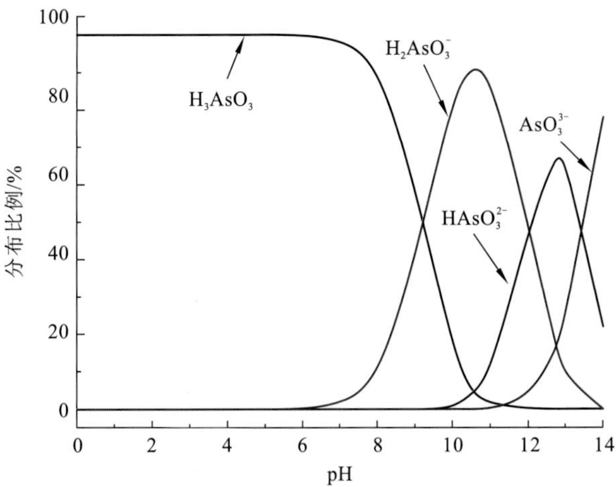

图 2.36　pH 对 As(III)形态分布的影响

砷酸是一种三元弱酸，主要以 H_3AsO_4、$H_2AsO_4^-$、$HAsO_4^{2-}$ 和 AsO_4^{3-} 4 种形式存在，在溶液中存在三级电离，电离常数分别为 $10^{-2.2}$、$10^{-6.98}$ 和 $10^{-11.5}$，电离过程为

$$H_3AsO_4 = H_2AsO_4^- + H^+ \tag{2.37}$$

$$H_2AsO_4^- = HAsO_4^{2-} + H^+ \tag{2.38}$$

$$HAsO_4^{2-} = AsO_4^{3-} + H^+ \tag{2.39}$$

图 2.37 为不同 pH 下 As(V)在水溶液中的形态分布。当 pH 小于 2 时，砷主要以 H_3AsO_4 形态存在；当 pH 在 2～7 时，$H_2AsO_4^-$ 为主要存在形态；当 pH 在 7～11 时，$HAsO_4^{2-}$ 成为溶液中砷的主要存在形态；当 pH 大于 11 时，AsO_4^{3-} 为砷的主要形态。

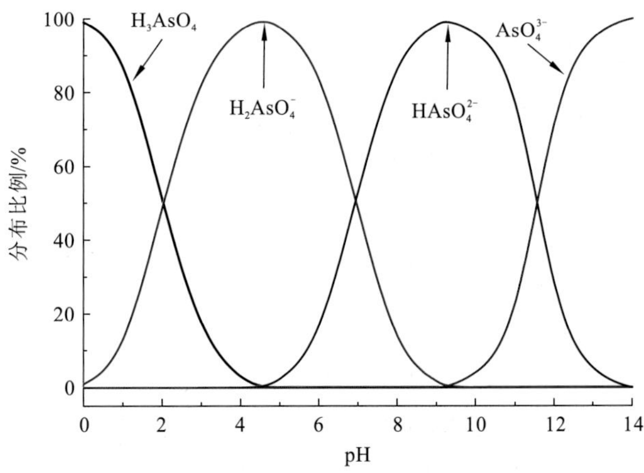

图 2.37　pH 对 As(V)形态分布的影响

2. Hg^{2+}-As(III)二元体系汞的再释放

图 2.38 为无 SO_3^{2-} 条件下 $NaAsO_2$ 浓度对 Hg^{2+}再释放的影响。当 pH 为 10 时，砷主

要以 $H_2AsO_3^-$ 存在。当溶液中加入 $NaAsO_2$ 后，烟气中检测到 Hg^0，表明 $H_2AsO_3^-$ 可以还原 Hg^{2+}生成 Hg^0，$H_2AsO_3^-$ 被氧化成五价砷酸根。当 $NaAsO_2$ 的加入量为 0.03 mmol/L 时，反应 60 min 后 Hg^0 浓度达 557.3 μg/m^3；当 $NaAsO_2$ 的加入量为 0.12 mmol/L 时，Hg^0 浓度最高；继续增大 $NaAsO_2$ 浓度，烟气中 Hg^0 浓度下降。与 Hg^{2+}-SO_3^{2-} 体系相似，当溶液中 $H_2AsO_3^-$ 含量较低时，溶液中的汞可能以不稳定的 $HgH_2AsO_3^+$ 的形式存在，其可快速分解为 Hg^0；当溶液中 $H_2AsO_3^-$ 较高时，汞可能主要以 $Hg(H_2AsO_3)_2$ 分子形式存在，其分解速率低于 $HgH_2AsO_3^+$。亚砷酸影响汞再释放的过程可以用下式表示。

$$HgH_2AsO_3^+ + H_2O = Hg^0 + HAsO_4^{2-} + 3H^+ \quad (2.40)$$

$$Hg(H_2AsO_3)_2 + H_2O = Hg^0 + HAsO_4^{2-} + H_2AsO_3^- + 3H^+ \quad (2.41)$$

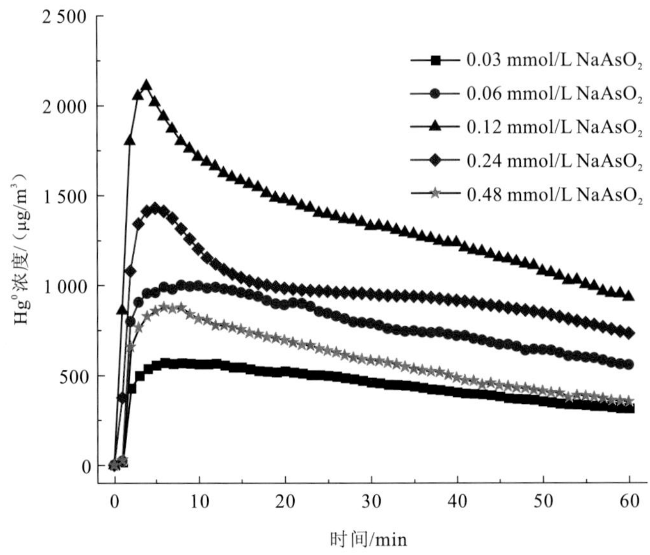

图 2.38　$NaAsO_2$ 加入量对汞再释放的影响

Hg^{2+}浓度为 0.03 mmol/L；pH 为 10；溶液温度为 25 ℃；烟气流速为 0.5 L/min

图 2.39 为不同 pH 对汞再释放的影响。当溶液 pH 小于 6 时，溶液中 As(III)主要以不带电的 H_3AsO_3 分子形态存在，汞再释放的浓度低于 50 μg/m^3；当 pH 为 8 时，溶液中 As(III)出现 $H_2AsO_3^-$ 形态，烟气中 Hg^0 浓度大幅度增加，反应 60 min 后 Hg^0 的浓度达 352.45 μg/m^3，表明溶液中离子形态的砷更容易与 Hg^{2+}反应；当 pH 为 12 时，溶液中 As(III)以 $HAsO_3^{2-}$ 和 AsO_3^{3-} 形态存在，此时汞再释放速率进一步加快。综上所述：溶液 pH 越高，越有利于 As(III)促进汞的再释放；汞再释放浓度与溶液中 As(III)的存在形态密切相关，不同形态的 As(III)还原 Hg^{2+}的速率不同，其反应速率关系为 AsO_3^{3-} ＞ $HAsO_3^{2-}$ ＞$H_2AsO_3^-$ ＞H_3AsO_3。

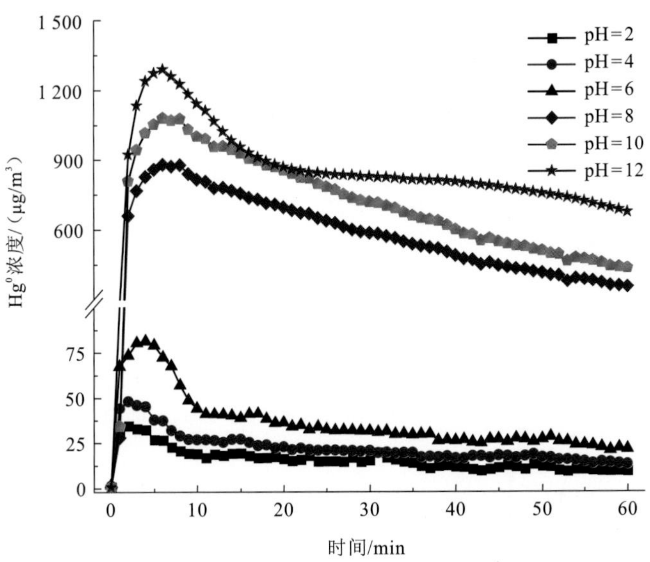

图 2.39　pH 对 Hg^{2+}-As(III)体系汞再释放的影响

Hg^{2+}浓度为 0.03 mmol/L；As(III)浓度为 0.06 mmol/L；溶液温度为 25 ℃；烟气流速为 0.5 L/min

图 2.40 为不同溶液温度对汞再释放的影响。当温度从 25 ℃上升到 65 ℃时，反应 60 min 后烟气中 Hg^0 的浓度从 352.45 μg/m^3 上升到 952.23 μg/m^3；在温度为 65 ℃时，反应 40 min 后 Hg^0 浓度变化不大，保持在 950 μg/m^3 以上。表明溶液温度上升提高了 As(III)与 Hg^{2+}的反应速率，促进汞的再释放。

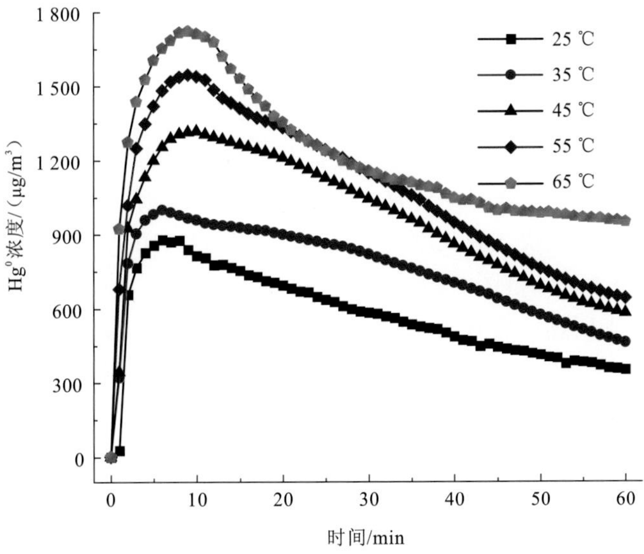

图 2.40　溶液温度对 Hg^{2+}-As(III)体系汞再释放的影响

pH 为 8；As（III）浓度为 0.08 mmol/L；Hg^{2+}浓度为 0.02 mmol/L

3. Hg^{2+}-AsO_3^{3-}二元体系的紫外可见吸收光谱（UV-vis）

图 2.41 为 $Hg(NO_3)_2$、H_3AsO_3 和其混合溶液在波长为 200～300 nm 处的 UV-vis 光谱吸光度。混合溶液在 230～235 nm 处存在明显的吸收峰，该区域的吸收峰不属于 Hg^{2+} 或 H_3AsO_3，表明溶液中存在新的汞砷化合物。推测汞砷化合物为 $HgH_2AsO_3^+$或 $Hg(H_2AsO_3)_2$。

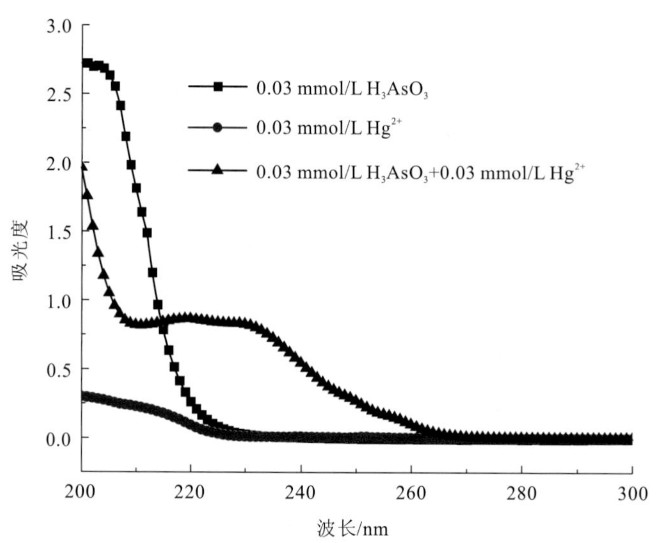

图 2.41　不同反应试剂的紫外可见光谱图

pH 为 9；溶液温度为 20 ℃

图 2.42 为不同浓度 $H_2AsO_3^-$ 对紫外可见光谱变化的影响。当溶液中不存在 $H_2AsO_3^-$ 时，溶液中 Hg^{2+}的吸收光谱不会随着时间变化[图 2.42（a）]；当溶液中加入 0.04 mmol/L $H_2AsO_3^-$ 时，在波长 230 nm 左右的吸光度随着时间的延长而逐渐减弱[图 2.42（b）]，表明生成的 $HgH_2AsO_3^+$ 会发生分解；当 $Hg^{2+}/H_2AsO_3^-$ 为 1∶4 时[图 2.42（c）]，在 230 nm 处的吸光度的衰退速率加快，吸光度的变化速率从 8.54×10^{-4}/s 上升到 1.24×10^{-4}/s；当 $Hg^{2+}/H_2AsO_3^-$ 增加至 1∶8 时[图 2.42（d）]，溶液在 230 nm 处的吸光度衰减速率降低到 $5.271\times10^{-4}\ s^{-1}$。综上所述：当 $H_2AsO_3^+$ 浓度较低时，$H_2AsO_3^+$ 可以与 Hg^{2+}形成稳定性较差的 $HgH_2AsO_3^+$，导致汞的快速还原释放；当 $H_2AsO_3^+$ 浓度过高时，过量的 $H_2AsO_3^-$ 与 $HgH_2AsO_3^+$ 形成稳定性较高的 $Hg(H_2AsO_3)_2$，从而抑制汞的再释放。亚砷酸影响汞再释放的过程可以表示为

$$HgH_2AsO_3^+ + H_2O \xlongequal{\quad} Hg^0 + HAsO_4^{2-} + 3H^+ \tag{2.42}$$

$$Hg(H_2AsO_3)_2 + H_2O \xlongequal{\quad} Hg^0 + HAsO_4^{2-} + H_2AsO_3^- + 3H^+ \tag{2.43}$$

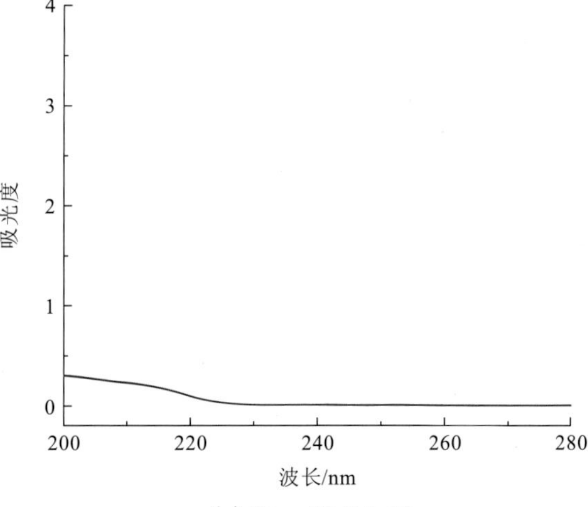

（a）0 mmol/L $H_2AsO_3^-$

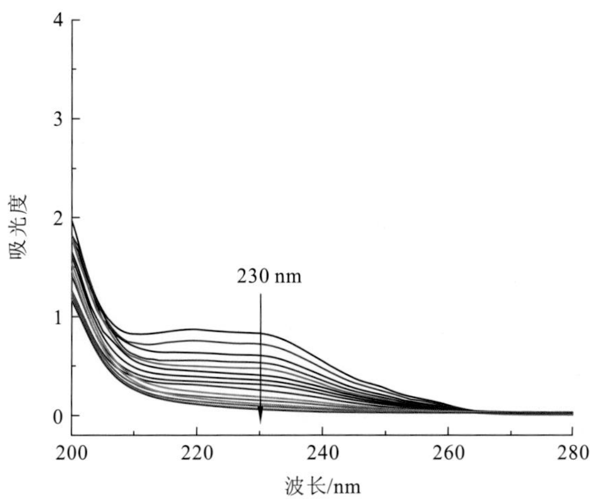

（b）0.04 mmol/L $H_2AsO_3^-$

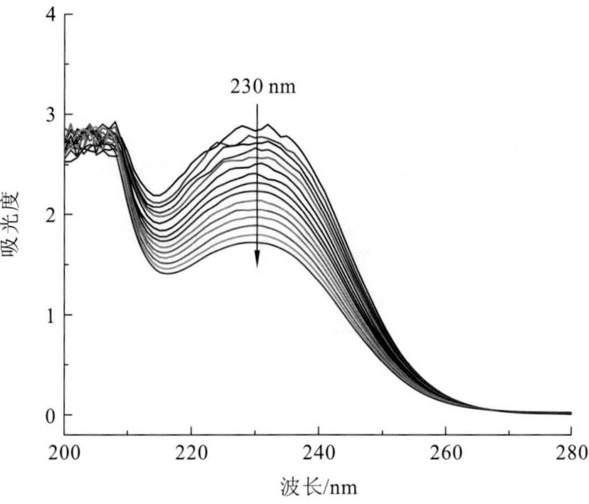

（c）0.08 mmol/L $H_2AsO_3^-$

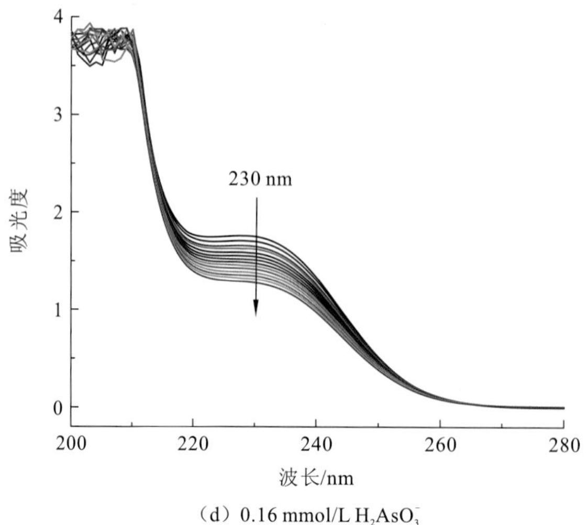

（d）0.16 mmol/L $H_2AsO_3^-$

图 2.42　$H_2AsO_3^-$含量对溶液紫外吸收光谱时间变化的影响

Hg^{2+}浓度为 0.02 mmol/L；反应时间为 15 min；扫描速度为 300 nm/min；扫描间隔为 45 s；pH 为 8.0；溶液温度为 20 ℃

4. Hg^{2+}-$H_2AsO_3^-$-SO_3^{2-} 体系汞的再释放及反应机制

图 2.43 为 $NaAsO_2$ 加入量对 Hg^{2+}-$H_2AsO_3^-$-SO_3^{2-} 体系汞再释放的影响。当溶液中 $H_2AsO_3^-$浓度为 0.03 mmol/L 时，载气中 Hg^0 的浓度大幅度升高，在反应 60 min 后气体中 Hg^0 的浓度从 548.61 μg/m^3 上升到 2591.57 μg/m^3，表明 $H_2AsO_3^-$ 的加入可以促进溶液中 Hg^{2+}的还原再释放；当溶液中 $H_2AsO_3^-$的浓度上升到 0.24 μg/m^3 时，汞再释放的速率进一步加快；当溶液中 $H_2AsO_3^-$的浓度从 0.24 μg/m^3 上升到 0.96 μg/m^3 时，汞再释放速率变化不明显。在过量的 SO_3^{2-} 溶液中，Hg^{2+}优先与过量的 SO_3^{2-} 形成 $Hg(SO_3)_2^{2-}$ 配合物，加入少

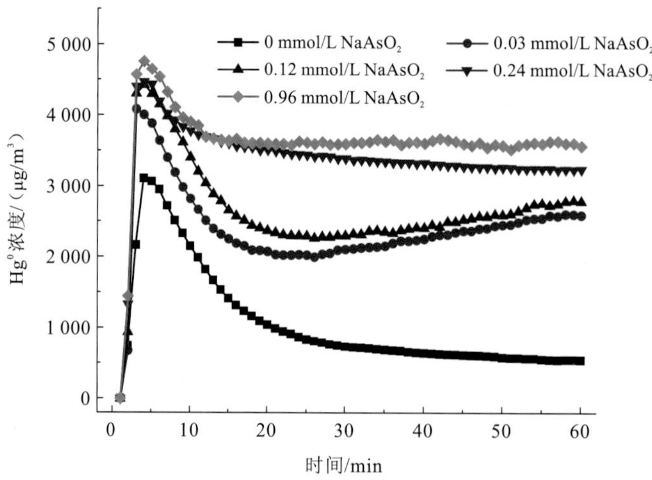

图 2.43　$NaAsO_2$ 加入量对含有 SO_3^{2-} 溶液中汞再释放的影响

量的 H_2AsO_3 可以形成不稳定的 $HgSO_3H_2AsO_3^-$，从而导致汞再释放；增加 $H_2AsO_3^-$ 的加入量难以生成 $Hg(H_2AsO_3)_2$，因此不会抑制汞再释放，上述反应过程可以表示为

$$Hg(SO_3)_2^{2-} + H_2AsO_3^- = HgSO_3H_2AsO_3^- + SO_3^{2-} \tag{2.44}$$

$$HgSO_3H_2AsO_3^- + H_2O = Hg^0 + SO_4^{2-} + H_2AsO_3^- + 2H^+ \tag{2.45}$$

对不同 $H_2AsO_3^-$ 浓度下的 Hg^{2+}-$H_2AsO_3^-$-SO_3^{2-} 体系溶液进行 UV-vis 表征，结果如图 2.44 所示。当溶液中不含 $H_2AsO_3^-$ 时，$Hg(SO_3)_2^{2-}$ 吸收峰为 236 nm[图 2.44（a）]，在 236 nm 处的衰减速率为 $1.78\times10^{-3}\ s^{-1}$；当加入 0.05 mmol/L 的 $H_2AsO_3^-$ 时，吸收峰的位置左移至 234 nm[图 2.44（b）]，衰减速率上升到 $2.01\times10^{-3}\ s^{-1}$，且吸收强度上升至 3.29，表明溶液中有新的化合物 $HgSO_3H_2AsO_3^-$ 形成，且 $HgSO_3H_2AsO_3^-$ 的稳定性比 $Hg(SO_3)_2^{2-}$ 低；当 $H_2AsO_3^-$ 的浓度为 0.10 mmol/L 或 0.20 mmol/L 时，吸收峰的位置均向左移动至 230 nm，且溶液中 $HgSO_3H_2AsO_3^-$ 吸收峰衰减速率变化不大，分别为 $2.86\times10^{-3}\ s^{-1}$ 和 $2.98\times10^{-3}\ s^{-1}$，表明 $HgSO_3H_2AsO_3^-$ 和 $HgH_2AsO_3^+$ 吸收峰的位置相同，且增加 $H_2AsO_3^-$ 的加入量不会抑制汞的再释放。

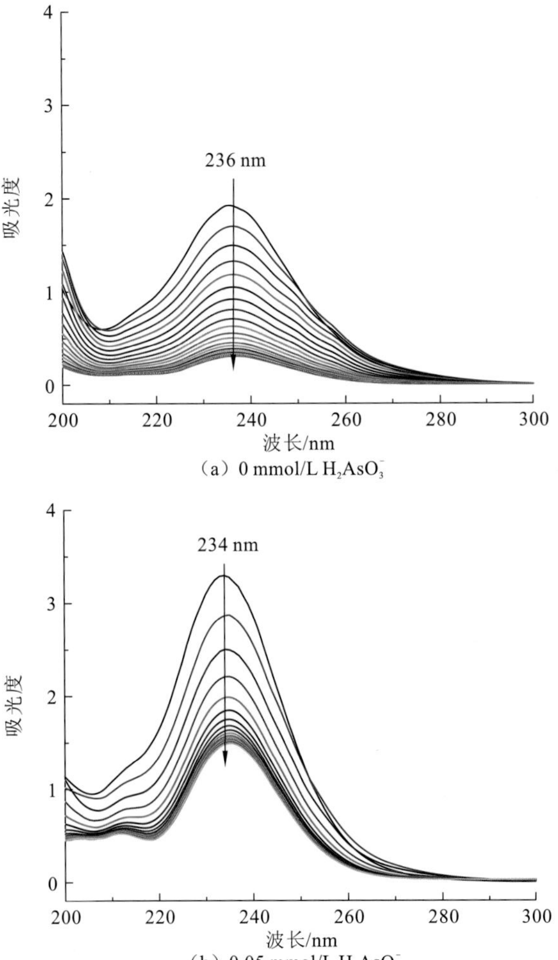

（a）0 mmol/L $H_2AsO_3^-$

（b）0.05 mmol/L $H_2AsO_3^-$

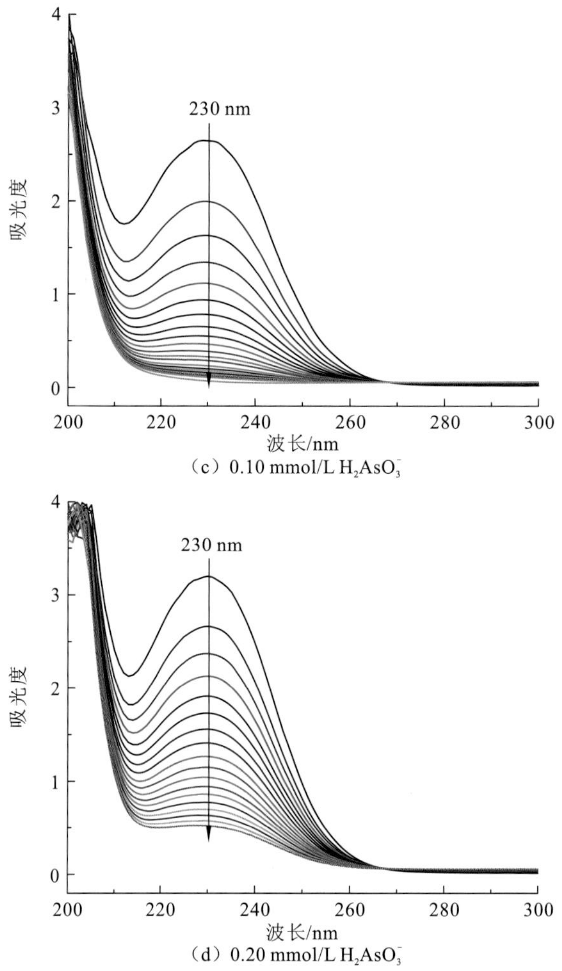

（c）0.10 mmol/L $H_2AsO_3^-$

（d）0.20 mmol/L $H_2AsO_3^-$

图 2.44 $H_2AsO_3^-$浓度对 Hg^{2+}-$H_2AsO_3^-$-SO_3^{2-} 体系紫外吸收光谱变化的影响

Hg^{2+}含量为 0.025 mmol/L；反应时间为 15 min；扫描速度为 300 nm/min；扫描间隔为 45 s；pH 为 8.0；溶液温度为 20 ℃

5. Hg^{2+}-$H_2AsO_4^-$-SO_3^{2-} 体系汞的再释放及反应机制

图 2.45 为不同 As(V)浓度对含有 SO_3^{2-} 溶液中汞再释放的影响。实验过程中 Hg^{2+} 和 SO_3^{2-} 的浓度分别保持为 0.03 mmol/L 和 3 mmol/L。溶液的 pH 为 9.0，溶液中 As(V) 主要以 $HAsO_4^{2-}$ 形态存在。当 $HAsO_4^{2-}$ 浓度从 0.5 mmol/L 上升到 4 mmol/L 后，气体中 Hg^0 的浓度从 443.28 μg/m^3 下降到 269.41 μg/m^3，随着溶液中 $HAsO_4^{2-}$ 浓度的升高，汞再释放的速率越来越低，表明溶液中 $HAsO_4^{2-}$ 抑制了 Hg^{2+}的还原。在溶液中 $HAsO_4^{2-}$ 浓度大于 2 mmol/L 后，反应过程中会生成白色沉淀，推测白色沉淀为难溶解的 $HgHAsO_4$。当 $HAsO_4^{2-}$ 过量时，溶液中不稳定的 $HgSO_3$ 与过量的 $HAsO_4^{2-}$ 生成 $HgHAsO_4$ 沉淀是抑制 Hg^{2+}还原的主要原因，其反应过程为

$$HgSO_3 + HAsO_4^{2-} \longrightarrow HgHAsO_4\downarrow + SO_3^{2-} \qquad (2.46)$$

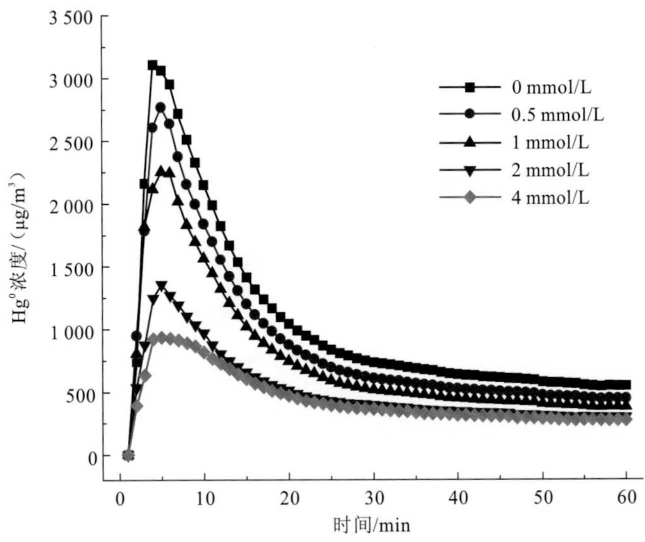

图 2.45　As(V)加入量对含有 SO_3^{2-} 溶液中汞再释放的影响

不同浓度 As(V)下 $Hg(SO_3)_2^{2-}$ 的 UV-vis 图谱，如图 2.46 所示。当溶液中 $HAsO_4^{2-}$ 浓度为 0 和 0.1 mmol/L 时[图 2.46（a）和（b）]，$Hg(SO_3)_2^{2-}$ 的分解速率分别为 $3.22\times10^{-4}\ s^{-1}$ 和 $1.82\times10^{-4}\ s^{-1}$，说明添加 $HAsO_4^{2-}$ 可以明显地抑制 $Hg(SO_3)_2^{2-}$ 的分解速率；当溶液中 $HAsO_4^{2-}$ 的浓度为 0.2 mmol/L 时，溶液的吸收峰逐渐向左移动，且吸光强度减弱，表明溶液中可能有新的物质 $HgHAsO_4$ 生成；当溶液中 $HAsO_4^{2-}$ 浓度为 0.4 mmol/L 时，溶液中的吸收峰稳定在 228 nm 处，且吸收峰的衰减速率降低至 $1.73\times10^{-5}\ s^{-1}$[图 2.46（d）]。上述结果表明，As(V)抑制汞再释放的关键是 $HAsO_4^{2-}$ 将溶液中不稳定的 $Hg(SO_3)_2^{2-}$ 转化成稳定的 $HgHAsO_4$ 化合物。

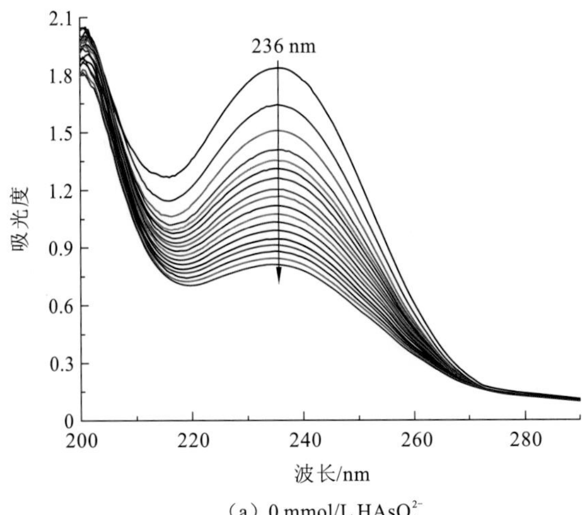

（a）0 mmol/L $HAsO_4^{2-}$

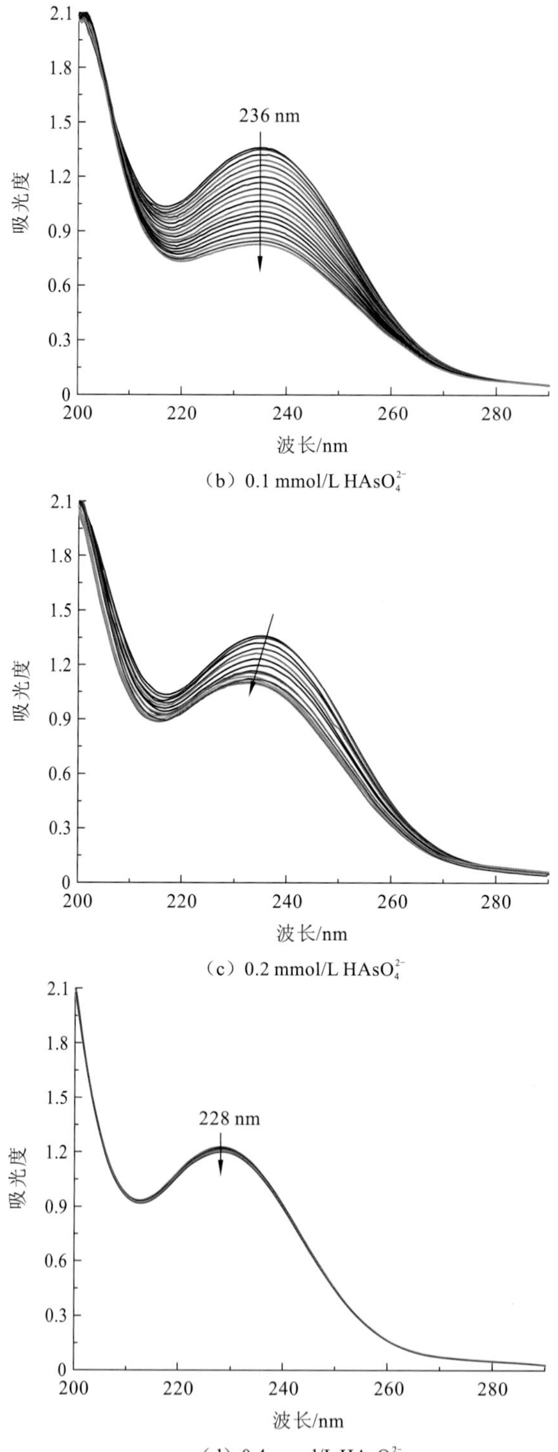

（b）0.1 mmol/L $HAsO_4^{2-}$

（c）0.2 mmol/L $HAsO_4^{2-}$

（d）0.4 mmol/L $HAsO_4^{2-}$

图 2.46　As(V)含量对 $Hg(SO_3)_2^{2-}$ 紫外吸收光谱随时间变化的影响

Hg^{2+}浓度为 0.05 mmol/L；SO_3^{2-} 浓度为 0.5 mmol/L；pH 为 9；反应时间为 15 min；扫描速度为 300 nm/min；扫描间隔为 45 s；溶液温度为 20 ℃

2.3.4　硒对汞再释放的影响

高温焙烧过程中，矿物中硒大部分以 SeO_2 的形态进入烟气，并在洗涤过程中以 $HSeO_3^-$ 或 SeO_3^{2-} 的形态进入洗涤液中。溶液中的 SeO_3^{2-} 会对汞的再释放行为产生复杂的影响，需研究 Hg^{2+}-SeO_3^{2-}-SO_3^{2-} 体系汞的再释放行为。

1. 溶液中亚硒酸根浓度的影响

在实际冶炼烟气洗涤过程中，洗涤液中 SO_3^{2-} 浓度远高于 SeO_3^{2-} 和 Hg^{2+}。本小节将在 SO_3^{2-} 远过量的条件下，考察 SeO_3^{2-} 浓度对汞再释放的影响，结果如图 2.47 所示。在 0～15 min，$HgSO_3$ 浓度较高导致汞再释放速率加快；15 min 后汞主要以 $Hg(SO_3)_2^{2-}$ 存在，再释放速率相对稳定。当 SeO_3^{2-} 加入溶液体系后，烟气中 Hg^0 浓度明显下降，且随着 SeO_3^{2-} 浓度的增加而降低；当 SeO_3^{2-} 浓度为 10 mmol/L 时，反应 30 min 后，烟气中 Hg^0 浓度从 126.8 μg/m^3 降低到 23.6 μg/m^3。加入 SeO_3^{2-} 后可以显著降低汞的再释放，其原因在于亚硒酸盐易与二价汞离子形成稳定的化合物 $Hg(SeO_3)_n^{2-2n}$ （n=1，2），对于 Hg^{2+}-SeO_3^{2-}-SO_3^{2-} 体系，溶液中 $Hg(SeO_3)_2^{2-}$ 和 $Hg(SO_3)_2^{2-}$ 的稳定常数 lgβ 分别为 28.68 和 24.05，说明 $Hg(SeO_3)_2^{2-}$ 稳定性比 $Hg(SO_3)_2^{2-}$ 高。

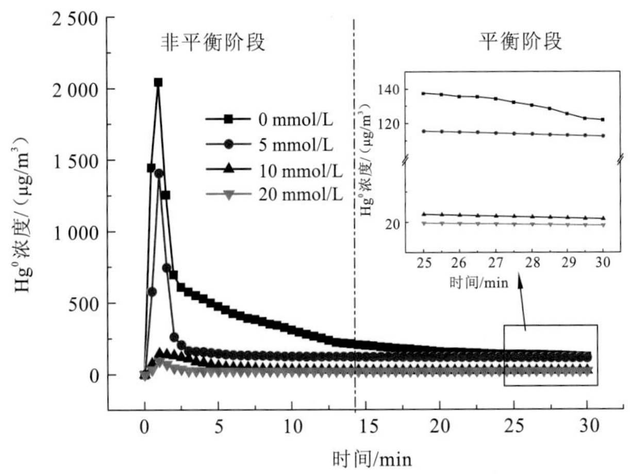

图 2.47　不同 SeO_3^{2-} 浓度对汞再释放的影响

Hg^{2+}浓度为 0.035 mmol/L；SO_3^{2-} 浓度为 50 mmol/L；pH 为 8；溶液温度为 35 ℃；载气流速为 1 L/min

2. 溶液 pH 的影响

溶液中硒和硫的存在形态和溶液氧化还原电势受 pH 的影响较大。图 2.48 为 pH 对 Hg^{2+}-SeO_3^{2-}-SO_3^{2-} 体系汞再释放的影响。当溶液 pH 小于 3 时，平衡阶段烟气中 Hg^0 浓度几乎为 0；当 pH 大于 5 时，Hg^0 的浓度在 110 μg/m^3 以上。表明酸性条件对汞再释放的抑制效果明显高于碱性条件。主要有两个原因：①高浓度 H^+不利于 $HgSO_3$ 的分解反应[式（2.47）]；②碱性条件下溶液中亚硫酸主要以 SO_3^{2-} 形式存在，更加有利于 $HgSO_3$

的形成，从而促进汞的再释放。

$$HgSO_3 + H_2O = Hg^0 + 2H^+ + SO_4^{2-} \tag{2.47}$$

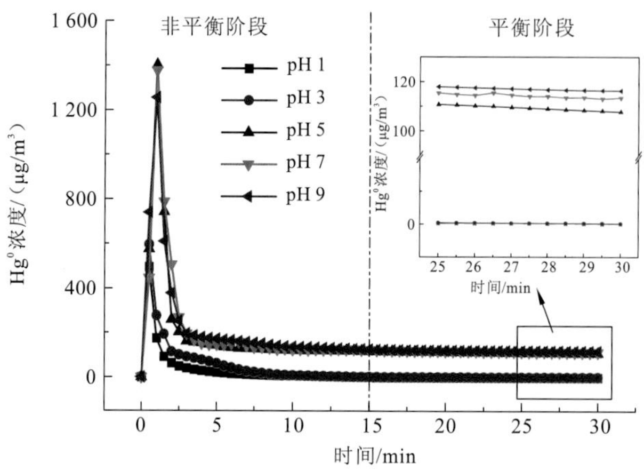

图 2.48　pH 对汞再释放的影响

SeO_3^{2-}浓度为 5 mmol/L；Hg^{2+}浓度为 0.035 mmol/L；SO_3^{2-}浓度为 50 mmol/L；溶液温度为 35 ℃；载气流速为 1 L/min

为进一步验证酸性条件下 SeO_3^{2-} 的抑制效果，在 pH=2 的条件下考察不同浓度 SeO_3^{2-} 的影响，结果如图 2.49 所示。当 SeO_3^{2-} 浓度为 0.05 mmol/L 时，烟气中 Hg^0 的浓度仅为 46.8 μg/m³；当 SeO_3^{2-} 浓度升高到 0.8 mmol/L 时，烟气中 Hg^0 的浓度几乎为 0。表明酸性条件是 SeO_3^{2-} 抑制汞再释放的关键。实验过程中酸性溶液会转变成红色，这是因为 SeO_3^{2-} 可以被 SO_3^{2-} 还原成红色的单质 Se[式（2.48）]。还原生成的单质硒与 Hg^0 具有很强的亲和力，使得酸性条件下 SeO_3^{2-} 能有效地抑制汞再释放。

$$2SO_3^{2-} + SeO_3^{2-} + 2H^+ = 2SO_4^{2-} + Se + H_2O \tag{2.48}$$

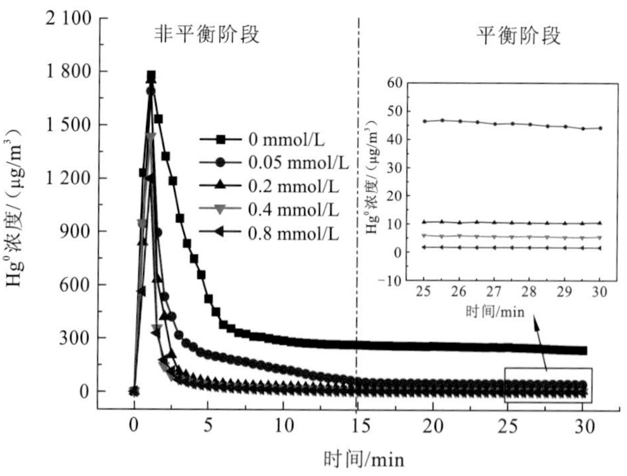

图 2.49　在 pH 为 2 条件下不同 SeO_3^{2-} 浓度对汞再释放的影响

3. 溶液温度的影响

图 2.50 为溶液温度对汞再释放的影响。随着溶液温度从 35 ℃上升到 65 ℃，反应 30 min 后烟气中 Hg^0 的浓度从 117.5 μg/m³ 升高到 218.6 μg/m³。溶液温度上升会提高 $HgSO_3$ 分解反应的速率，从而促进 Hg^{2+}-SeO_3^{2-}-SO_3^{2-} 体系汞的再释放，高温不利于 SeO_3^{2-} 对汞再释放的抑制。

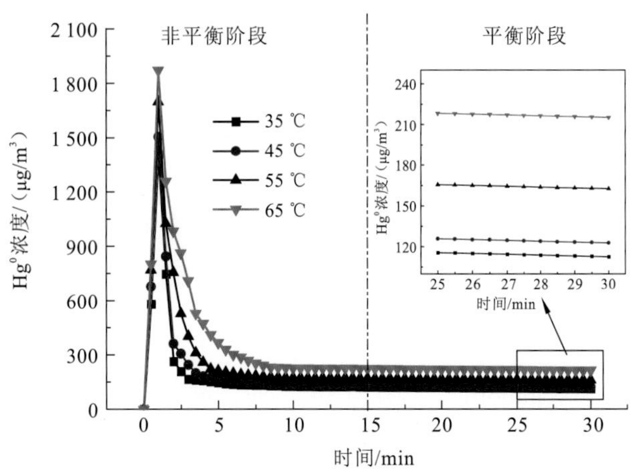

图 2.50　溶液温度对汞再释放的影响

SeO_3^{2-} 浓度为 5 mmol/L；Hg^{2+}浓度为 0.035 mmol/L；SO_3^{2-} 浓度为 50 mmol/L；pH 为 2；载气流速为 1 L/min

4. 氟离子和氯离子的影响

不同 F^-和 Cl^-浓度对汞再释放的影响，结果如图 2.51 所示。溶液中 F^-浓度的变化不会影响 Hg^{2+}-SeO_3^{2-} -SO_3^{2-} 体系汞的再释放。Hg^{2+}在水溶液体系中很难与 F^-形成化合物，且 F^-在酸性水溶液中主要以 HF 形式存在，导致溶液中 F^-的存在几乎不会影响汞的存在形态。与 F^-不同，溶液中 Cl^-对汞再释放起到显著的抑制作用。当溶液中 Cl^-浓度为 6 mmol/L 时，30 min 后汞再释放浓度从 78.6 μg/m³ 下降到 10.2 μg/m³，且随着 Cl^-浓度的升高抑制效率明

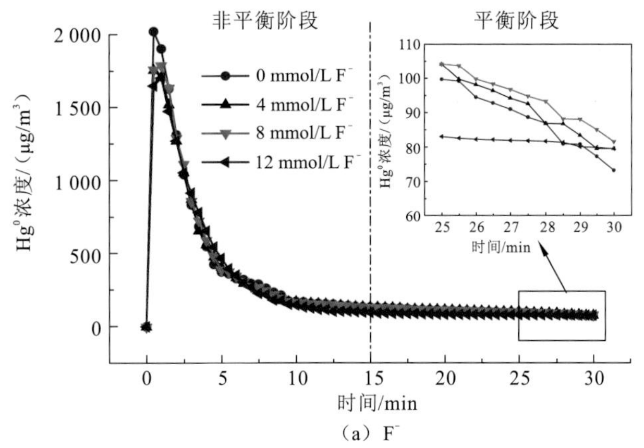

（a）F^-

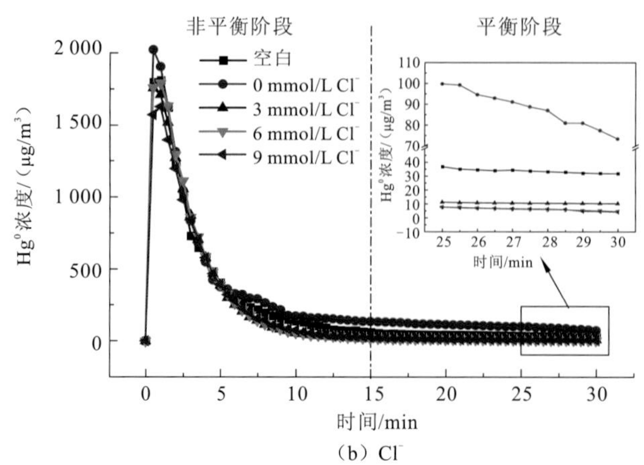

（b）Cl^-

图 2.51　F^-和 Cl^-浓度对汞再释放的影响

SeO_3^{2-} 浓度为 5 mmol/L；Hg^{2+}浓度为 0.035 mmol/L；SO_3^{2-} 浓度为 50 mmol/L；溶液温度为 35 ℃；pH 为 2；载气流速为 1 L/min

显加强。当 Cl^-浓度为 3 mmol/L、不添加 SeO_3^{2-} 时，烟气中 Hg^0 的浓度为 31.9 μg/m³，高于添加 SeO_3^{2-} 时的值，说明 Cl^-可以强化 SeO_3^{2-} 对汞再释放的抑制。在不含 SeO_3^{2-} 溶液中，Cl^-与 $HgSO_3$ 形成稳定的 $HgSO_3Cl^-$；在 Hg^{2+}-SeO_3^{2-} -SO_3^{2-} 体系中，形成的产物为更稳定的 $HgSeO_3Cl^-$配合物。

5. 亚硒酸抑制汞再释放的机制

上述结果表明不同 pH 下 SeO_3^{2-} 的抑制效果差异很大，说明不同 pH 下抑制机制不同。本小节将通过研究不同 pH 条件下 SeO_3^{2-} 对 $HgSO_3$ 分解的影响，揭示亚硒酸抑制汞再释放的机制。

1）碱性条件下亚硒酸抑制汞再释放的机制

图 2.52 为不同浓度 SeO_3^{2-} 对 $Hg(SO_3)_2^{2-}$ 紫外吸收光谱随时间变化的影响。从图中可知，当 SeO_3^{2-} 浓度升高时，溶液中吸收峰从 236 nm 右移到 238 nm，同时吸收峰的衰弱速率也显著地降低。当 SeO_3^{2-} 浓度分别为 0 mmol/L、0.1 mmol/L 和 0.15 mmol/L 时，$Hg(SO_3)_2^{2-}$ 的准一级反应动力学常数分别为 $3.22\times10^{-4}\ s^{-1}$、$0.56\times10^{-4}\ s^{-1}$ 和 $0.09\times10^{-4}\ s^{-1}$，表明 SeO_3^{2-} 浓度越高 $Hg(SO_3)_2^{2-}$ 的反应动力学常数越小，汞再释放速率越低。结合吸收峰位置的变化，推测生成更加稳定的 Hg^{2+}-SeO_3^{2-} -SO_3^{2-} 配合物是抑制的根本原因。SeO_3^{2-} 和 Hg^{2+}具有强亲和力，当 SeO_3^{2-} 加入溶液中，$Hg(SO_3)_2^{2-}$ 可以与 SeO_3^{2-} 生成更加稳定的 $HgSeO_3SO_3^{2-}$ 或 $Hg(SeO_3)_2^{2-}$，具体的反应过程为

$$Hg(SO_3)_2^{2-} + SeO_3^{2-} \longrightarrow HgSeO_3SO_3^{2-} + SO_3^{2-} \quad (2.49)$$

$$HgSeO_3SO_3^{2-} + SeO_3^{2-} \longrightarrow Hg(SeO_3)_2^{2-} + SO_3^{2-} \quad (2.50)$$

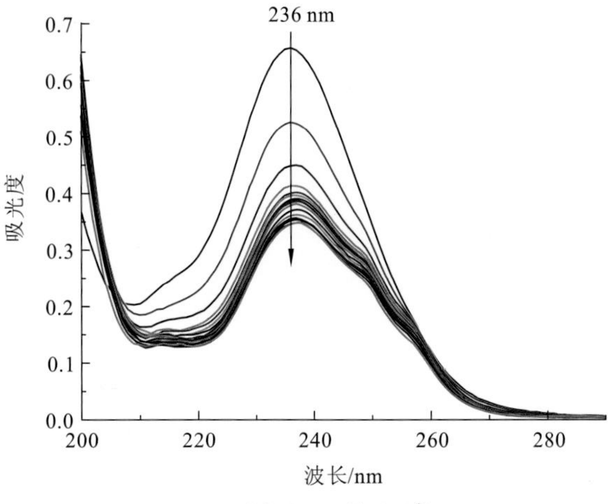

（a）0 mmol/L SeO_3^{2-}

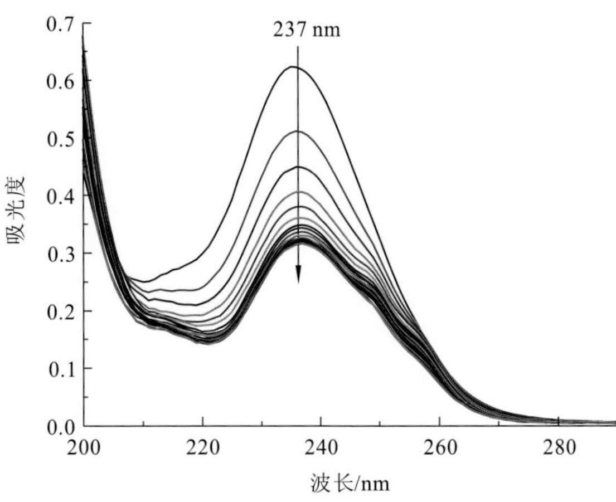

（b）0.05 mmol/L SeO_3^{2-}

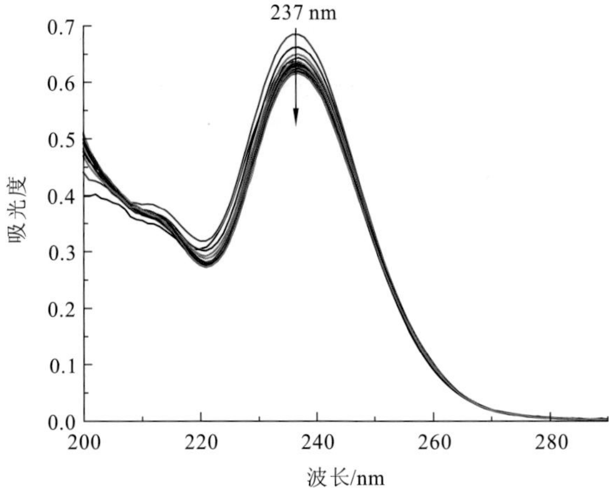

（c）0.10 mmol/L SeO_3^{2-}

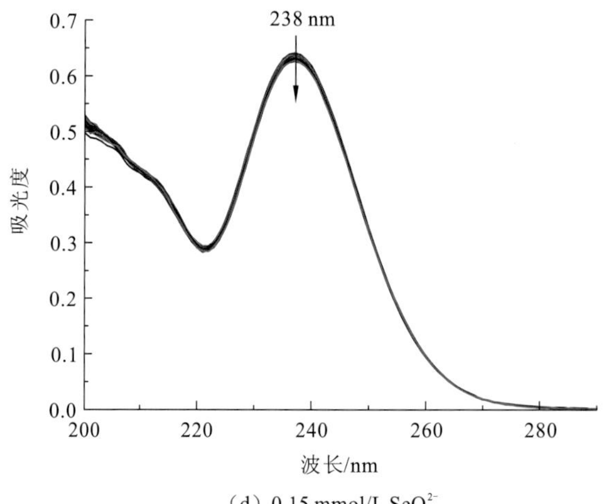

（d）0.15 mmol/L SeO_3^{2-}

图 2.52　碱性条件下 SeO_3^{2-} 浓度对 0.05 mmol/L $Hg(SO_3)_2^{2-}$ 紫外吸收光谱随时间变化的影响

pH=9

为验证上述推测，确定最终产物的吸收峰，研究了不同 SeO_3^{2-}/Hg^{2+}比例下 Hg-SeO_3^{2-} 体系的紫外吸收光谱，结果如图 2.53 所示。图中 a 曲线为单独 Hg^{2+}的紫外吸收光谱，其在 200～300 nm 的波长范围内并没有特征吸收峰。当 SeO_3^{2-} /Hg^{2+}浓度比值为 1 时，溶液在 227 nm 有吸收峰，随着 SeO_3^{2-}/Hg^{2+}浓度比值的增大，吸收峰呈现右移的趋势。当 SeO_3^{2-} /Hg^{2+}浓度比值超过 2 时，其对应的吸收峰为 238 nm，其应该为 $Hg(SeO_3)_2^{2-}$ 的吸收峰，这与 Hg^{2+}-SeO_3^{2-}-SO_3^{2-} 体系的最终吸收峰一致，证实了 $Hg(SeO_3)_2^{2-}$ 配合物是碱性条件下抑制汞再释放的关键中间物质的假设。此外，$HgSeO_3SO_3^{2-}$ 是 $Hg(SO_3)_2^{2-}$ 生成 $Hg(SeO_3)_2^{2-}$ 的必要中间产物，也是抑制汞再释放的中间产物之一。综上可知，当 SeO_3^{2-} 加入 $Hg(SO_3)_2^{2-}$ 溶液中时，先会生成较稳定的 $HgSeO_3SO_3^{2-}$；随着 SeO_3^{2-} 加入量的增加，SeO_3^{2-} 会取代 $HgSeO_3SO_3^{2-}$ 中的 SO_3^{2-} 生成非常稳定的 $Hg(SO_3)_2^{2-}$。

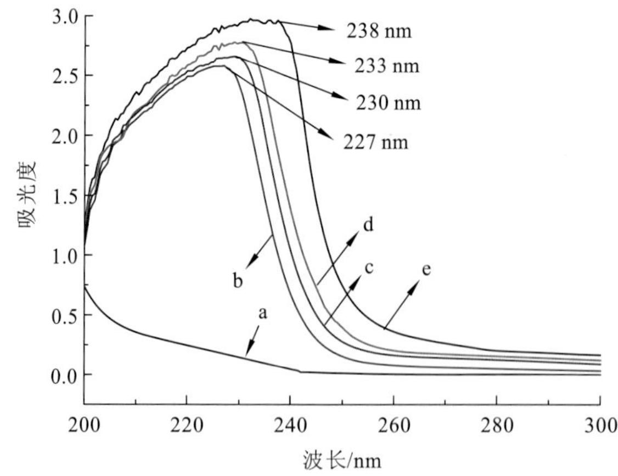

图 2.53　不同 SeO_3^{2-}/Hg^{2+}浓度比例下紫外吸收光谱

SeO_3^{2-}浓度：a—0.0 mmol/L，b—0.03 mmol/L，c—0.06 mmol/L，d—0.12 mmol/L，e—0.18 mmol/L；Hg^{2+}浓度为 0.06 mmol/L

2）酸性条件下亚硒酸抑制汞再释放的机制

酸性条件下 SeO_3^{2-} 对 $Hg(SO_3)_2^{2-}$ 紫外吸收光谱变化的影响，结果如图 2.54 所示。在酸性条件下，SeO_3^{2-} 加入对 $Hg(SO_3)_2^{2-}$ 紫外吸收光谱影响不大，吸收峰一直保持在 236 nm，且吸收峰的衰减速率变化不大，表明稳定 $HgSeO_3SO_3$ 或 $Hg(SeO_3)_2^{2-}$ 化合物并不会生成。从图 2.48 中可知，酸性条件下 SeO_3^{2-} 抑制汞再释放的效果更佳，这与 $Hg(SO_3)_2^{2-}$ 吸收峰的衰减速率变化不大相矛盾。推测酸性条件下 SeO_3^{2-} 抑制汞再释放的机理与碱性条件下存在区别。图 2.55 为 25 ℃下 Se-H_2O 体系的 Eh-pH 图，pH 为 2 时 $HSeO_3^-$ 的氧化电位可达 0.56 V，而在 pH 为 9 时 SeO_3^{2-} 的氧化电位仅为 0.12 V，表明在酸性条件下 SeO_3^{2-} 可以被 SO_3^{2-} 还原成红色的单质 Se。因此，酸性条件下的抑制机制为 SeO_3^{2-} 转化的单质 Se 与还原得到的 Hg^0 形成稳定的 HgSe，其反应过程为

$$H_2SeO_3 + 4H^+ + 4e = Se + 3H_2O \quad (E^\ominus=0.74\ V) \tag{2.51}$$

$$SeO_3^{2-} + 3H_2O + 4e = Se + 6OH^- \quad (E^\ominus=-0.37\ V) \tag{2.52}$$

$$Hg^0 + Se = HgSe \tag{2.53}$$

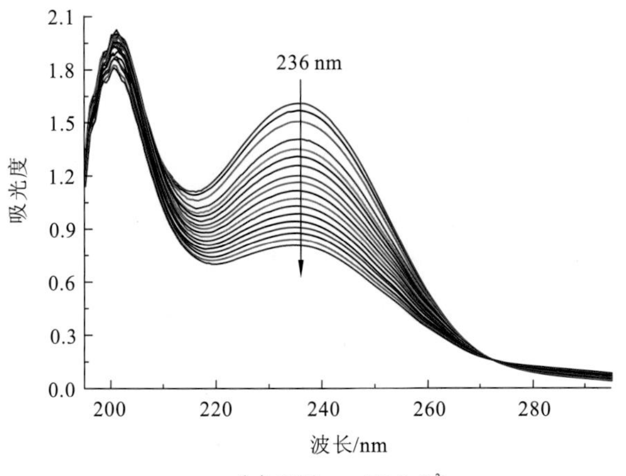

（a）0.02 mmol/L SeO_3^{2-}

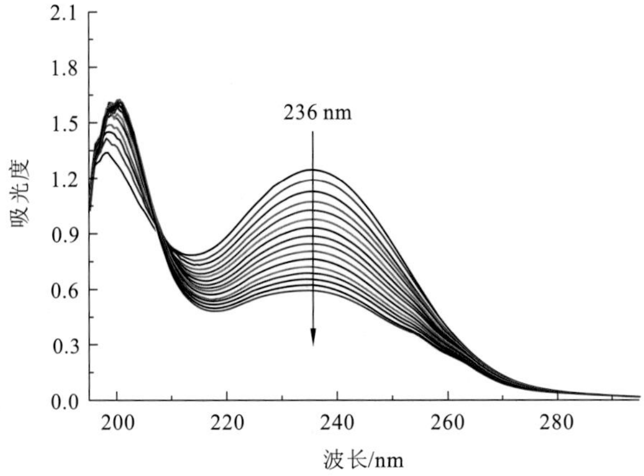

（b）0.04 mmol/L SeO_3^{2-}

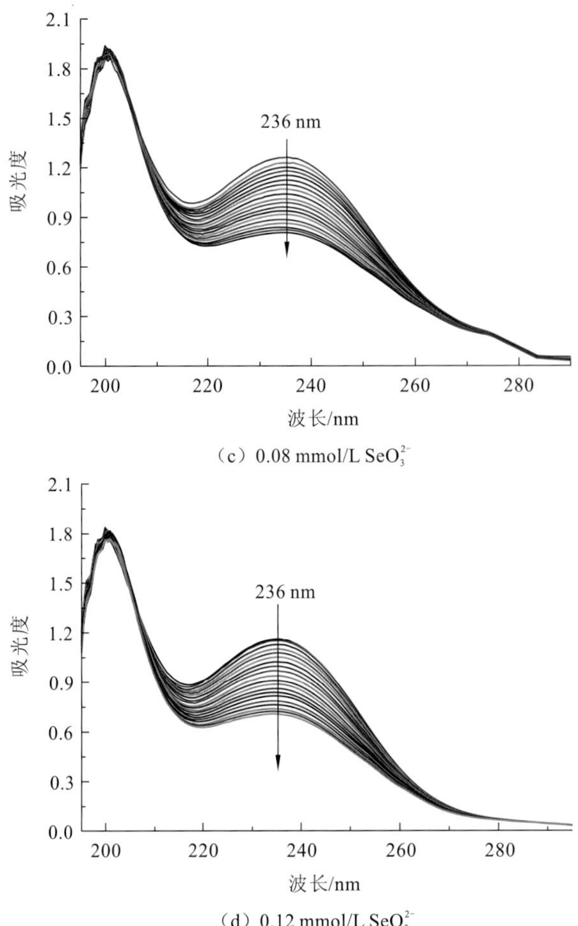

（c）0.08 mmol/L SeO_3^{2-}

（d）0.12 mmol/L SeO_3^{2-}

图 2.54　酸性条件下 SeO_3^{2-} 浓度对 0.05 mmol/L $Hg(SO_3)_2^{2-}$ 紫外吸收光谱变化的影响

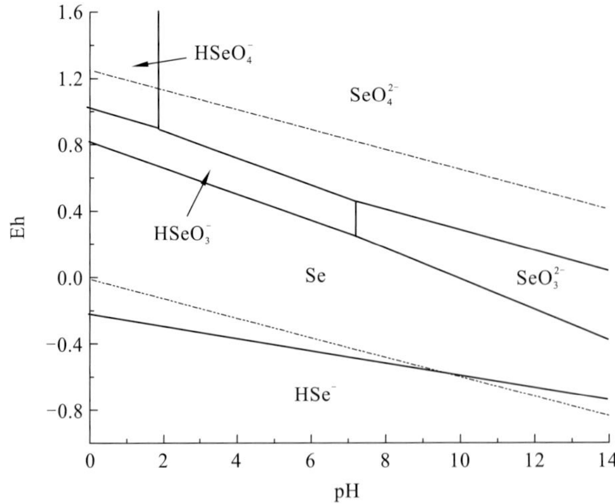

图 2.55　SeO_3^{2-} 浓度为 1 mol/L 条件下 Se-H_2O 体系的 Eh-pH 图（25 ℃）

3）氯离子强化亚硒酸抑制汞再释放的机制

Cl^-浓度对 Hg^{2+}-SeO_3^{2-} -SO_3^{2-} 体系的紫外可见光谱随时间的变化的影响，如图 2.56 所示。当 Cl^-浓度升高时，237 nm 处的吸收峰的强度减弱且逐渐向左移动。随着 237 nm 处吸收峰的消失，溶液在 215 nm 附近出现新的吸收峰，且随着 Cl^-浓度升高新峰的强度增大并右移至 220 nm。表明 Cl^-加入后，溶液中 $HgSeO_3SO_3^{2-}$（237 nm）会转化成其他物质。烟气中 Hg^0 的浓度随着 Cl^-浓度升高而降低，表明新生成的物质更加稳定。对于 Hg^{2+}-SeO_3^{2-} -SO_3^{2-} -Cl^-体系，可能存在的新物质为 $HgCl_n^{2-n}$ 、$HgSO_3Cl_x^{-x}$ 或 $HgSeO_3Cl_x^{-x}$（n=1～4；x=1，2）。根据文献报道 $HgSO_3Cl^-$的吸收峰在 228～232 nm（Liu et al.，2014），这与本小节结果明显不同。$HgCl_n^{2-n}$ 在 200～300 nm 的波长范围内没有特征吸收峰。因此可以确定 215～220 nm 处新生成的物质为 $HgSeO_3Cl_x^{-x}$ 。综上可知，Cl^-强化 SeO_3^{2-} 抑制汞再释放的原因是生成了更加稳定的 $HgSeO_3Cl_x^{-x}$，其过程可以表示为

$$HgSeO_3SO_3^{2-} + Cl^- = HgSeO_3Cl^- + SO_3^{2-} \tag{2.54}$$

$$HgSeO_3Cl^- + Cl^- = HgSeO_3Cl_2^{2-} \tag{2.55}$$

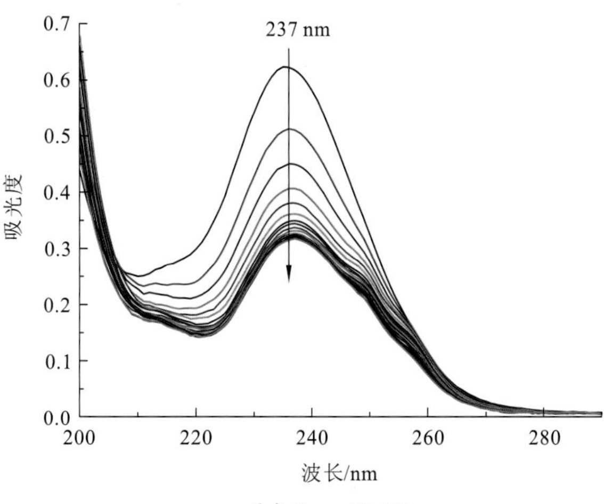

（a）0 mmol/L Cl^-

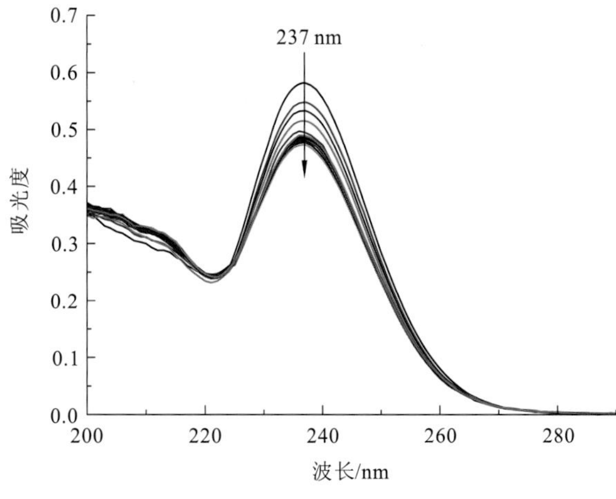

（b）0.04 mmol/L Cl^-

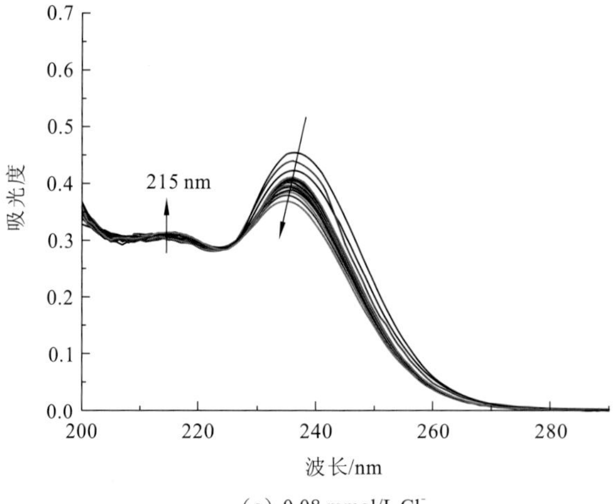

（c）0.08 mmol/L Cl^-

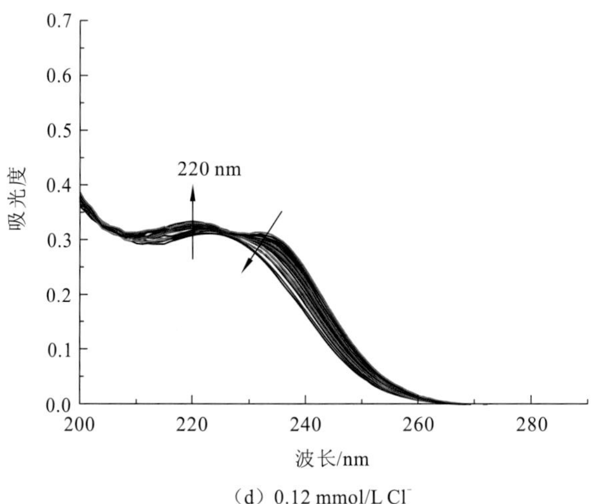

（d）0.12 mmol/L Cl^-

图 2.56　Cl^-浓度对 Hg^{2+}-SeO_3^{2-}-SO_3^{2-} 溶液紫外吸收光谱变化的影响

Hg^{2+}和 SeO_3^{2-} 浓度均为 0.05 mmol/L；SO_3^{2-} 浓度为 0.35 mmol/L；反应时间为 15 min；检测间隔为 50 s；pH 为 8.0；溶液温度为 20 ℃

第 3 章　有色冶金烟气干法脱汞技术

采用催化/吸附材料将烟气 Hg^0 转化为 Hg^{2+}、Hg_p，进而利用现有烟气净化装置脱除是一种经济、有效的汞污染控制手段。本章将详细介绍硫酸铜、复合氧化铜、硫化钼、氧化铈等典型烟气脱汞材料的合成方法及脱汞性能。

3.1　无水硫酸铜脱除烟气汞

Beebe 等（1928）发现无水硫酸铜能催化 Deacon 反应生成 Cl_2（$HCl+O_2 \longrightarrow Cl_2+H_2O$）。由于 Cl_2 可氧化烟气中的 Hg^0，Deacon 反应被认为是 Hg^0 氧化过程中重要的反应机理之一（Yan et al.，2011；Presto et al.，2006）。因此，硫酸铜是一种潜在的实现 Hg^0 氧化的催化材料。

硫酸铜是铜冶炼烟尘中的常见成分，常温下硫酸铜以 $CuSO_4 \cdot nH_2O$（$0 \leqslant n \leqslant 5$）形式存在，随着温度上升，结晶水会发生分解，这可能影响硫酸铜的晶体结构。本节将研究结晶水数量与硫酸铜结构和反应活性的关系，分析温度、气氛等因素对其 Hg^0 氧化性能的影响。

3.1.1　材料合成及计算方法

1. 材料合成

分别在 150 ℃和 300 ℃下对纯 $CuSO_4 \cdot 5H_2O$ 进行热处理，使 $CuSO_4 \cdot 5H_2O$ 脱水至恒重，得到纯的 $CuSO_4 \cdot H_2O$ 和 $CuSO_4$。

采用浸渍法制备 $CuSO_4/\alpha\text{-}Al_2O_3$ 样品。首先，将 2.79 g $CuSO_4 \cdot 5H_2O$ 溶于 10 mL 去离子水中，得到硫酸铜溶液。然后，取 1.2 mL 上述溶液逐滴加入 6 g 无孔 $\alpha\text{-}Al_2O_3$，置于室温下风干。最后，将浸渍样品置于 45 ℃的烘箱干燥 8 h，并研磨至 40～60 目，得到 $CuSO_4/\alpha\text{-}Al_2O_3$。

2. 理论模型和计算方法

采用量子化学密度泛函理论（density functional theory，DFT）从分子层面揭示 Hg^0 在材料表面的反应过程，所有计算均采用 VASP 软件包。计算采用 Perdew-Burke-Ernzerhof（PBE）泛函描述交换关联势，并采用投影平面波描述原子核与电子之间的有效势。截断能设置为 400 eV，所有固体表面均采用平面模型，如图 3.1 所示。底层原子（灰色）固定，顶层原子（其他颜色）弛豫，真空层大于 15 Å，并且在计算过程中考虑了偶极矩修正。对（2×1）$CuSO_4·5H_2O$（001）和（2×2）$CuSO_4·H_2O$（001）晶胞采用 2×2×1 k 点网格进行布里渊区积分，对（1×2）$CuSO_4$（001）晶胞采用 3×2×1 k 点网格进行布里渊区积分。采用弹性带爬坡镜像法（climbing-nudged elastic band，CI-NEB）寻找过渡态和活化垒。能量和力收敛标准分别为 10^{-5} eV 和 0.02 eV/Å。吸附能定义为

$$E_{ads}=E_{AB}-（E_A+E_B） \tag{3.1}$$

式中：E_{AB} 为底物和吸附物体系的总能量；E_A 和 E_B 分别为吸附物和底物的能量；吸附能负值越大，吸附能力越强。

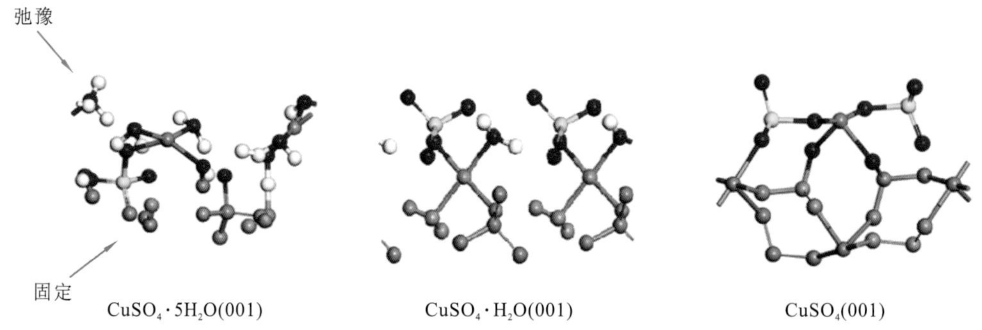

图 3.1　三种硫酸铜的计算模型

3.1.2　结晶水对硫酸铜氧化 Hg^0 的影响

1. 硫酸铜氧化 Hg^0 的理论研究

采用 DFT 方法优化 $CuSO_4·nH_2O$ 的几何结构及分析 Hg^0 在其表面的氧化过程，如图 3.2 所示。吸附能结果在表 3.1 中给出。对比 $CuSO_4·5H_2O$（构型 A）、$CuSO_4·H_2O$（构型 B）和 $CuSO_4$（构型 C）可发现，$CuSO_4$ 表面构型与结晶水的数量密切相关，表明结晶水数量会影响 $CuSO_4$ 的反应活性。

研究 HCl 在 $CuSO_4·5H_2O$、$CuSO_4·H_2O$ 和 $CuSO_4$ 表面的吸附，发现 HCl 在 $CuSO_4·5H_2O$ 和 $CuSO_4·H_2O$ 表面的吸附能分别为−0.126 eV 和 0.188 eV，表明 HCl 在 $CuSO_4·5H_2O$ 和 $CuSO_4·H_2O$ 上的吸附均较弱。HCl 在 $CuSO_4$ 表面的吸附能为−1.92 eV，表明 HCl 在 $CuSO_4$ 上的吸附属于强的化学吸附，并且 H—Cl 键断裂，Cl 原子和 H 原子分别与表面的 Cu 原子和 O 原子结合。

分析了 Hg^0 在不同含 HCl 构型表面的吸附，如图 3.2 所示。Hg^0 在构型 A 表面无法形成稳定的吸附构型，表明 $CuSO_4·5H_2O$ 不具有脱除 Hg^0 的能力。在构型 B 中，吸附后的 Hg 原子与表面的 O 成键，HCl 发生分解，最终形成 O—Hg—Cl 键。在构型 C 中，Hg 原子吸附于表面 Cu—Cl 位，并与 Cl 结合形成 Hg—Cl 键。计算表明 $CuSO_4·H_2O$ 和

$CuSO_4$ 在 HCl 存在时可与 Hg^0 反应。

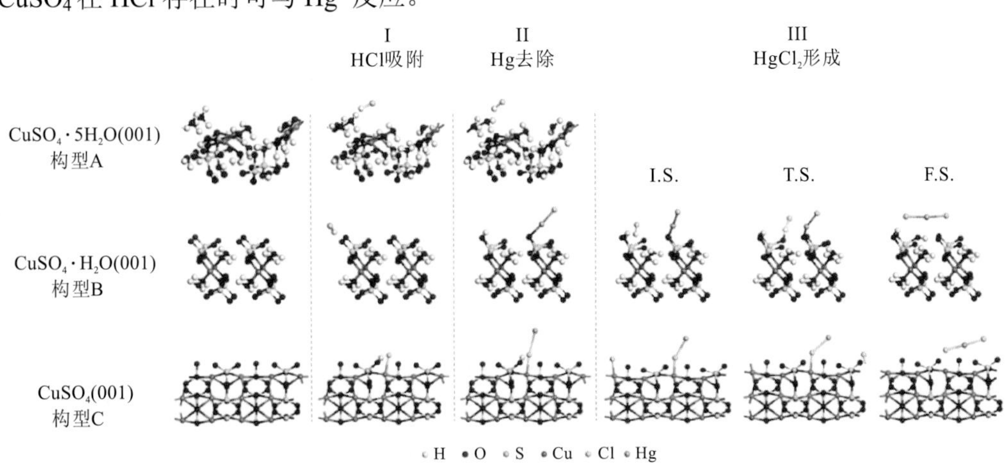

图 3.2　含不同结晶水的 $CuSO_4$(001)表面的 Hg 氧化过程

I.S.为初始态（initial state）；T.S.为过渡态（transient state）；F.S.为最终态（final state）

表 3.1　不同反应构型的吸附能　（单位：eV）

路径	第一步	第三步
	HCl 吸附	$HgCl_2$ 吸附
$CuSO_4 \cdot 5H_2O$(001)	−0.126	—
$CuSO_4 \cdot H_2O$(001)	−0.188	−0.304
$CuSO_4$(001)	−1.192	−0.291

接下来研究 $HgCl_2$ 在 $CuSO_4 \cdot H_2O$ 和 $CuSO_4$ 表面的反应路径及能垒。初始态(I.S.)，过渡态（T.S.）和最终态（F.S.）对应的构型及反应能垒分别如图 3.2 和图 3.3 所示。在

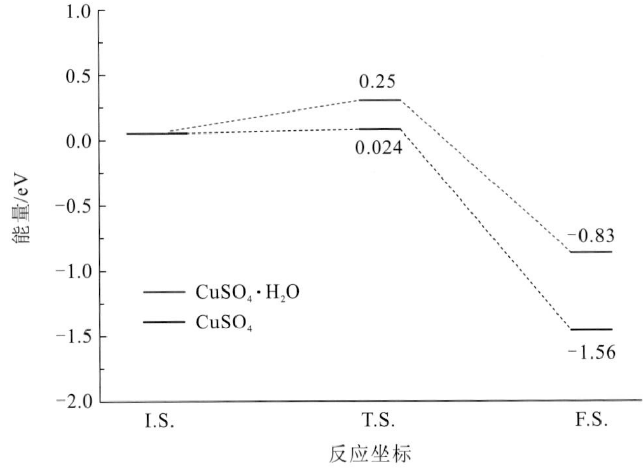

图 3.3　不同 $CuSO_4$(001)表面形成 $HgCl_2$ 的能垒图

$CuSO_4 \cdot H_2O$(001)表面，F.S.和 I.S.相对能量差值为 0.83 eV，形成 $HgCl_2$ 的反应能垒为 0.25 eV。在 $CuSO_4$ 表面，$HgCl_2$ 形成的反应能垒仅为 0.024 eV，且反应物 F.S.和反应产物 I.S.的相对能量差值为 1.56 eV，表明无水 $CuSO_4$ 表面更易形成 $HgCl_2$。理论研究表明，$CuSO_4 \cdot nH_2O$ 结晶水数量的减少有助于提升其 Hg^0 氧化活性，无水 $CuSO_4$ 具有最优异的 Hg^0 氧化性能。

2. 硫酸铜表征分析

通常，$CuSO_4 \cdot 5H_2O$ 的脱水过程为

$$CuSO_4 \cdot 5H_2O \xrightarrow{\text{I}} CuSO_4 \cdot 3H_2O \xrightarrow{\text{II}} CuSO_4 \cdot H_2O \xrightarrow{\text{III}} CuSO_4 \qquad (3.2)$$

通过热重法-微商热重法（thermogravimetry-derivative thermogravimetry，TG-DTG）研究 $CuSO_4 \cdot 5H_2O$ 的脱水过程，如图 3.4 所示。$CuSO_4 \cdot 5H_2O$ 分别在 65 ℃、93 ℃和 203 ℃有三个明显的失水阶段，重量损失分别为 14.34%、15.17%和 7.76%，对应于式（3.2）的三个失水步骤，失水数量比为 1.99∶2.01∶1.08，接近于理论比值 2∶2∶1。

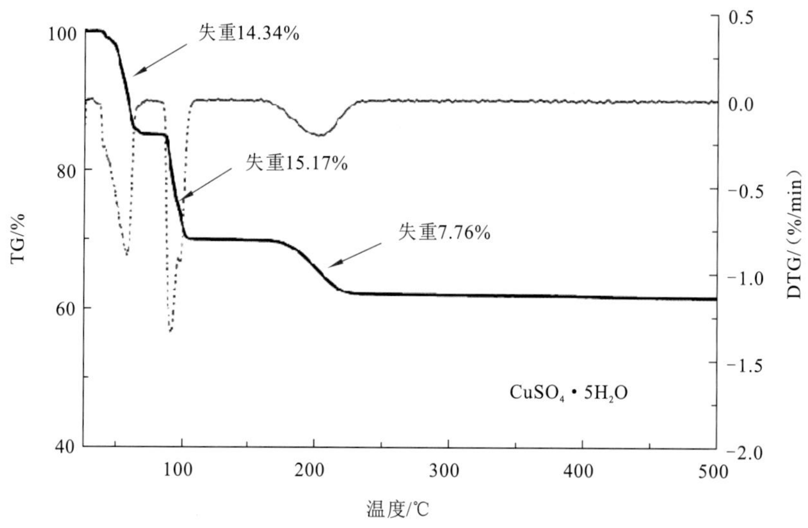

图 3.4　$CuSO_4 \cdot 5H_2O$ 的 TG-DTG 图谱

采用扫描电子显微镜（scanning electron microscope，SEM）分析 $CuSO_4 \cdot 5H_2O$、$CuSO_4 \cdot H_2O$ 和 $CuSO_4$ 的微观结构，如图 3.5 所示。$CuSO_4 \cdot 5H_2O$ 主要以大块固体的形式存在。随着结晶水减少，$CuSO_4 \cdot H_2O$ 和 $CuSO_4$ 颗粒逐步细化，演变为小颗粒聚集的状态。

为探究 $CuSO_4 \cdot 5H_2O$ 在失水过程中结构的变化，分别考察 $CuSO_4 \cdot 5H_2O$、$CuSO_4 \cdot H_2O$ 和 $CuSO_4$ 的拉曼图谱，如图 3.6 所示。在加热过程中，当 $CuSO_4 \cdot 5H_2O$ 转变为 $CuSO_4 \cdot H_2O$ 时，SO_4^{2-}（对称拉伸模式）的峰值从 985 cm^{-1} 变为 1 019 cm^{-1} 和 1 044 cm^{-1} 的劈裂双峰。双峰的出现表明 $CuSO_4 \cdot H_2O$ 中的 SO_4^{2-} 占据了两个不同的对称位置。当 $CuSO_4 \cdot H_2O$ 进一步转变为 $CuSO_4$ 时，SO_4^{2-} 的双峰重新形成单峰，移动至更高的波数（1 056 cm^{-1}）。这一转变是因为分子间氢键减弱和硫酸铜与铜离子间配位键增强共同作用的结果，说明

$CuSO_4$ 具有新的对称性和晶格参数。通过 XRD 图谱进一步证实 $CuSO_4 \cdot nH_2O$ 失去结晶水后的结构变化，如图 3.7 所示，表明结晶水对硫酸铜晶体结构有明显影响。

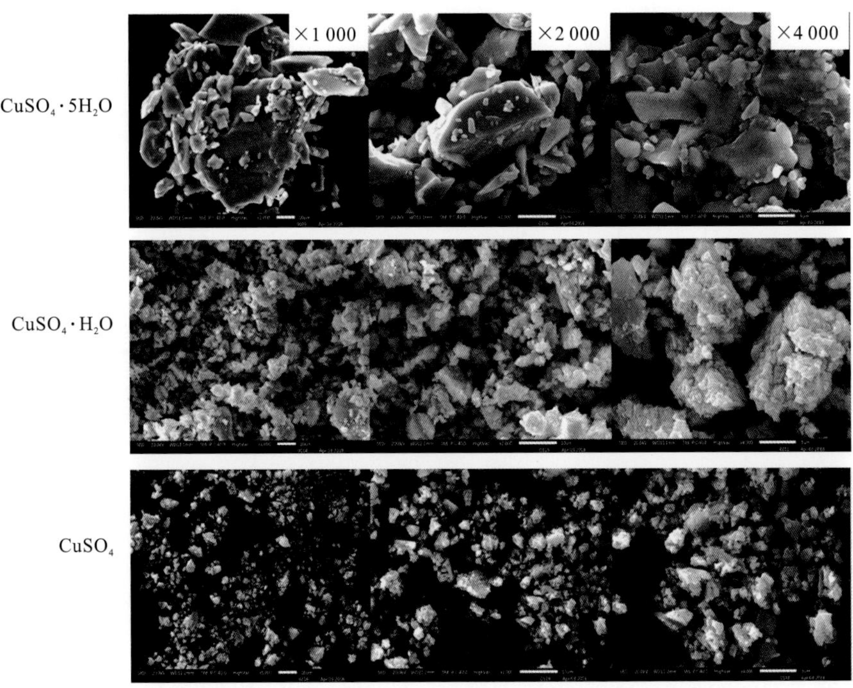

图 3.5　$CuSO_4 \cdot 5H_2O$、$CuSO_4 \cdot H_2O$ 和 $CuSO_4$ 的 SEM 图

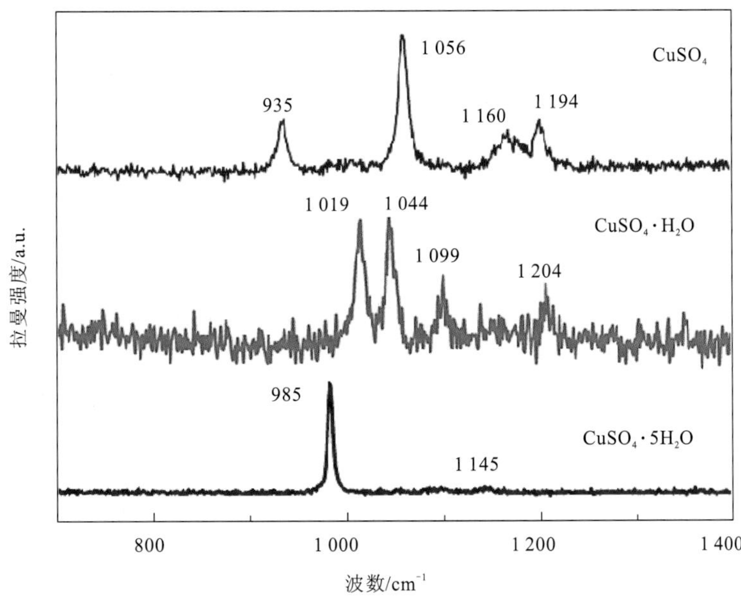

图 3.6　$CuSO_4 \cdot 5H_2O$ 脱水过程的拉曼图谱

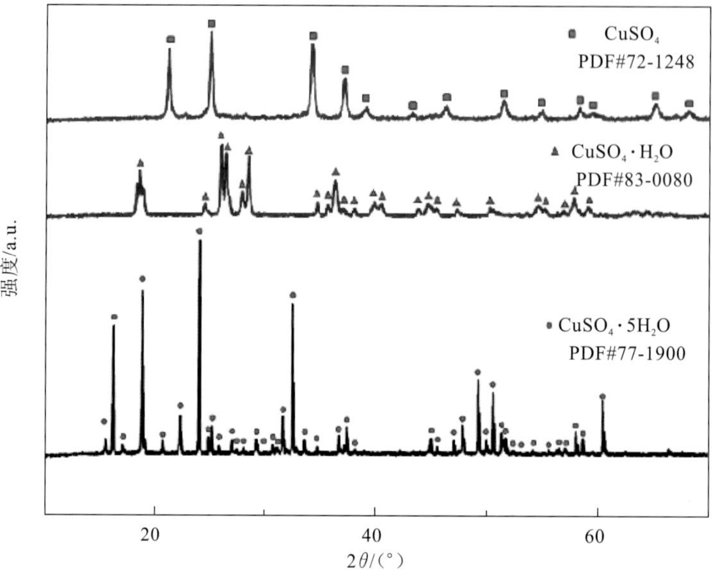

图 3.7　$CuSO_4 \cdot 5H_2O$、$CuSO_4 \cdot H_2O$ 和 $CuSO_4$ 的 XRD 图谱

3. 硫酸铜脱除 Hg^0 的实验研究

首先研究 300 ℃时 $CuSO_4 \cdot nH_2O$ 对 Hg^0 的脱除效率，如图 3.8 所示。由于 300 ℃时硫酸铜会逐渐失去结晶水，随着反应时间延长，$CuSO_4 \cdot 5H_2O$ 和 $CuSO_4 \cdot H_2O$ 的结晶水逐渐流失，其 Hg^0 脱除效率逐步上升，并逐渐接近 $CuSO_4$ 的 Hg^0 脱除效率。

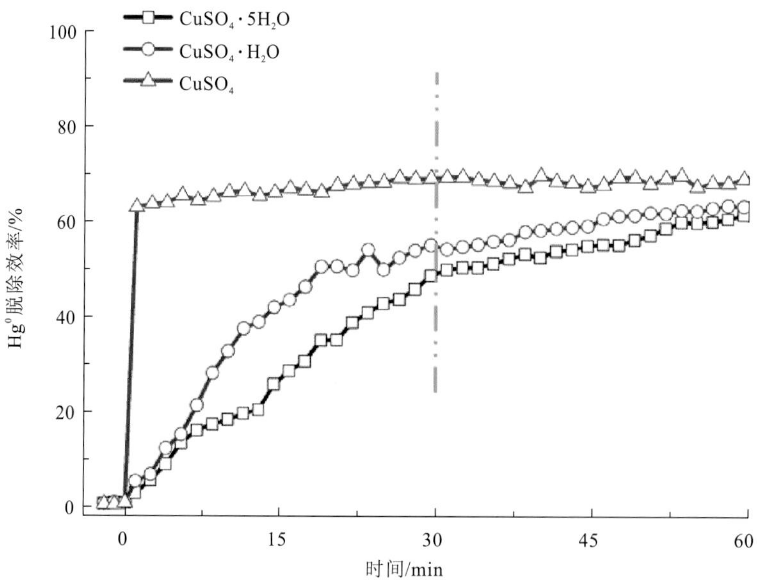

图 3.8　$CuSO_4 \cdot nH_2O$ 对 Hg^0 的脱除效率

温度为 300 ℃；HCl 体积分数为 10 μL/L；GHSV（gas hourly space velocity，气时空速）为 $3.3 \times 10^6\ h^{-1}$；时间为 30 min

进一步分析不同温度下 $CuSO_4 \cdot nH_2O$ 对 Hg^0 的脱除效率，如图 3.9 所示。当温度为 25 ℃时，$CuSO_4 \cdot 5H_2O$ 对 Hg^0 的脱除效率仅约 11%；当温度上升到 300 ℃时，$CuSO_4 \cdot 5H_2O$ 对 Hg^0 的脱除效率上升至 50%。同样，当反应温度为 300 ℃时，$CuSO_4 \cdot H_2O$ 的 Hg^0 脱除效率为 54%，远高于低温条件下的 Hg^0 脱除效率。这是因为 $CuSO_4 \cdot H_2O$ 在 300℃时会逐渐失去结晶水并转化为 $CuSO_4$。当反应温度为 300℃时，无水 $CuSO_4$ 的 Hg^0 脱除效率可达 69%，优于 $CuSO_4 \cdot 5H_2O$ 和 $CuSO_4 \cdot H_2O$ 的 Hg^0 脱除效率。

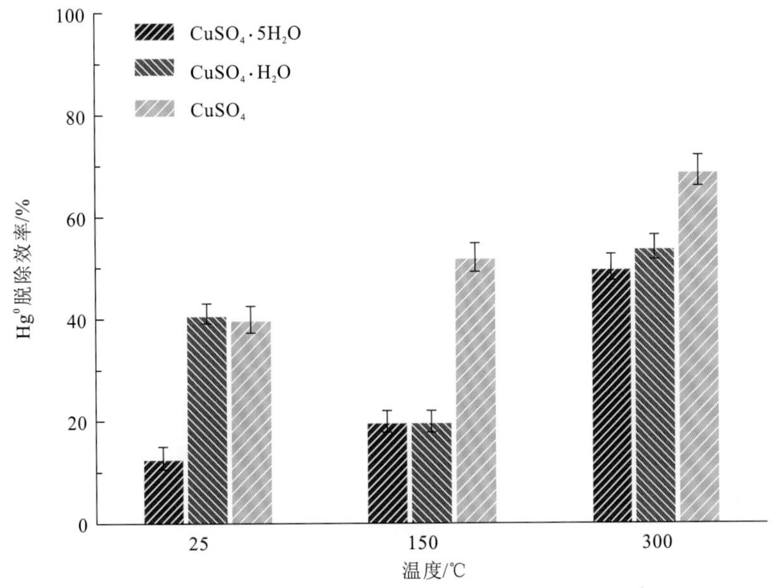

图 3.9　$CuSO_4 \cdot nH_2O$ 在不同温度下对 Hg^0 的脱除效率

HCl 体积分数为 10 μL/L；GHSV 为 $3.3\times10^6\ h^{-1}$；时间为 30 min

3.1.3　$CuSO_4/\alpha\text{-}Al_2O_3$ 脱除 Hg^0

1. $CuSO_4/\alpha\text{-}Al_2O_3$ 的脱 Hg^0 活性

为提高硫酸铜在实际应用中的稳定性、机械强度和耐磨性，采用等体积浸渍法将硫酸铜负载在无孔且惰性的 $\alpha\text{-}Al_2O_3$ 上（$CuSO_4/\alpha\text{-}Al_2O_3$）。研究不同气氛下 $CuSO_4/\alpha\text{-}Al_2O_3$ 的脱汞效率，如图 3.10 所示。在纯 N_2 气氛下，$CuSO_4/\alpha\text{-}Al_2O_3$ 对 Hg^0 没有脱除能力。当模拟烟气中加入 10 μL/L HCl 后，Hg^0 脱除效率提升至约 51%，表明 HCl 可在 $CuSO_4/\alpha\text{-}Al_2O_3$ 表面产生活性 Cl^*，进而氧化 Hg^0。当烟气中同时加入 10 μL/L HCl 和 6% O_2 时，Hg^0 的脱除效率达到 100%，表明 HCl 和 O_2 共同存在可进一步提升 $CuSO_4/\alpha\text{-}Al_2O_3$ 的 Hg^0 脱除效率。然而，当单独加入 O_2 时，$CuSO_4/\alpha\text{-}Al_2O_3$ 的脱 Hg^0 性能无明显提高，说明 O_2 本身不能促进 $CuSO_4/\alpha\text{-}Al_2O_3$ 对 Hg^0 的氧化，但 O_2 有助于 $CuSO_4/\alpha\text{-}Al_2O_3$ 表面形成更多的活性 Cl^*，从而促进 Hg^0 脱除。

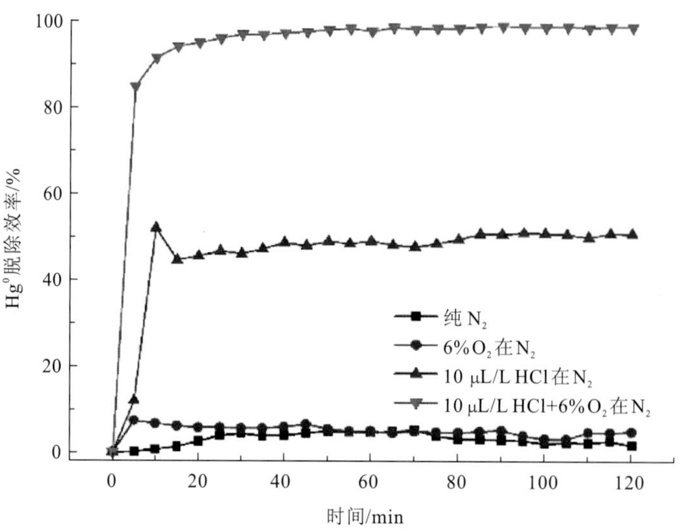

图 3.10　$CuSO_4/\alpha\text{-}Al_2O_3$ 的 Hg^0 脱除效率

温度为 300 ℃

2. 温度影响

温度会影响硫酸铜晶体中结晶水的含量，从而引发硫酸铜结构的变化。烟气温度对 $CuSO_4/\alpha\text{-}Al_2O_3$ 脱除 Hg^0 效率的影响，如图 3.11 所示。随着反应温度升高，$CuSO_4/\alpha\text{-}Al_2O_3$ 对 Hg^0 的脱除效率逐步提高。当反应温度为 50℃时，$CuSO_4/\alpha\text{-}Al_2O_3$ 的 Hg^0 脱除效率为 22%；当升高温度至 150℃，由于 $CuSO_4{\cdot}H_2O$ 的形成，Hg^0 脱除效率上升至 31%；当温度上升至 250 ℃时，硫酸铜失去所有结晶水，Hg^0 的脱除效率进一步上升至 90%。当升高温度至 400 ℃，Hg^0 脱除效率仍保持在 90%以上。

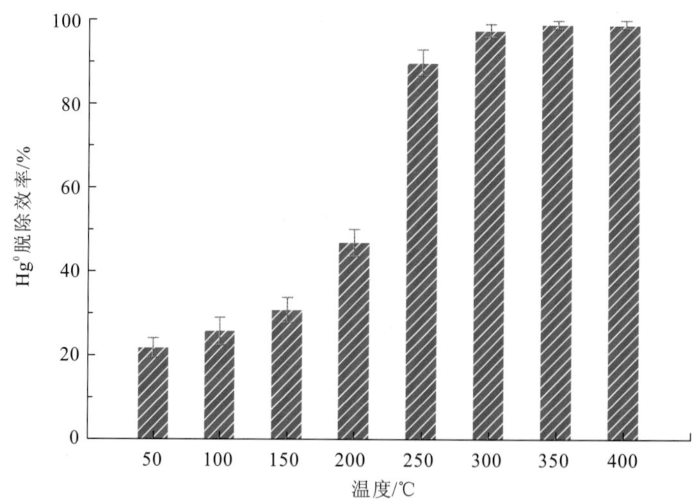

图 3.11　温度对 $CuSO_4/\alpha\text{-}Al_2O_3$ 脱除 Hg^0 的影响

HCl 体积分数为 10 μL/L；O_2 体积分数为 6%；GHSV 为 $3.3\times10^6\ h^{-1}$

进一步研究预脱水 $CuSO_4/\alpha\text{-}Al_2O_3$ 的 Hg^0 脱除性能。首先，将 $CuSO_4/\alpha\text{-}Al_2O_3$ 在 150 ℃和 300 ℃下热处理脱水至恒重，分别命名为（150 ℃）$/CuSO_4/\alpha\text{-}Al_2O_3$ 和（300 ℃）$/CuSO_4/\alpha\text{-}Al_2O_3$，然后进行 Hg^0 脱除测试，如图 3.12 所示。当烟气中通入 HCl 和 O_2 后，（300 ℃）$/CuSO_4/\alpha\text{-}Al_2O_3$ 和（150 ℃）$/CuSO_4/\alpha\text{-}Al_2O_3$ 的出口 Hg^0 浓度分别约为 70 μg/m³ 和 175 μg/m³，表明（300 ℃）$/CuSO_4/\alpha\text{-}Al_2O_3$ 对 Hg^0 的脱除能力优于（150 ℃）$/CuSO_4/\alpha\text{-}Al_2O_3$，证实了无水 $CuSO_4$ 结构具有更好的 Hg^0 脱除能力。

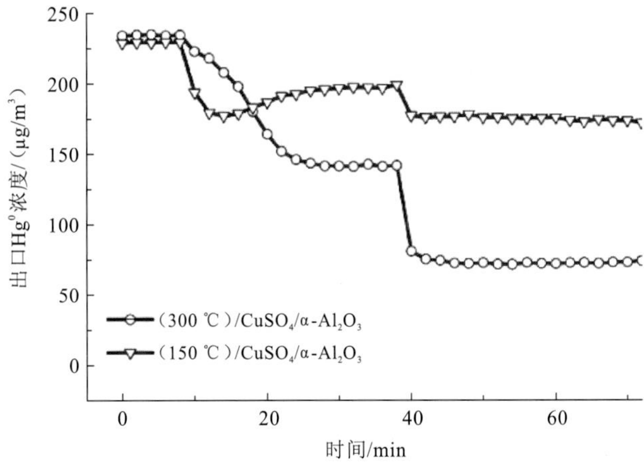

图 3.12　不同温度预处理后 $CuSO_4/\alpha\text{-}Al_2O_3$ 的脱 Hg^0 性能

3. 烟气组分影响

SO_2、H_2O 等典型烟气组分对 $CuSO_4/\alpha\text{-}Al_2O_3$ 脱 Hg^0 能力影响，如图 3.13 所示。

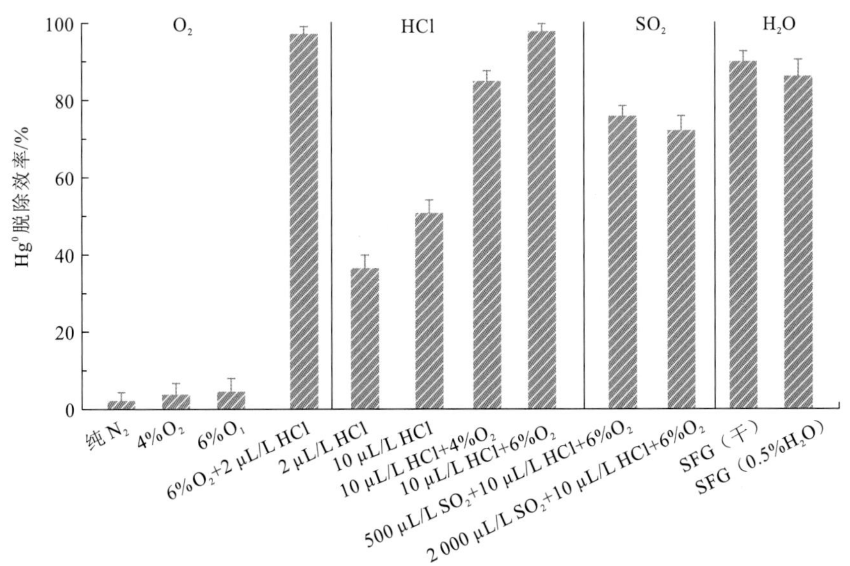

图 3.13　300 ℃下不同烟气组分对 Hg^0 脱除效率的影响

SFG 表示模拟烟气（simulated flue gas）：N_2，6% O_2，10 μL/L HCl 和 100 μL/L SO_2，GHSV 为 $3.3\times10^6\ h^{-1}$

在纯 N_2 气氛下，$CuSO_4/\alpha\text{-}Al_2O_3$ 基本没有脱 Hg^0 能力。当加入 O_2 时，$CuSO_4/\alpha\text{-}Al_2O_3$ 对 Hg^0 的脱除效率略微上升。当单独通入 2 μL/L 和 10 μL/L 的 HCl 时，Hg^0 的脱除效率分别为 37%和 51%，Hg^0 脱除效率随 HCl 浓度上升而升高，表明 HCl 对 Hg^0 的氧化起促进作用。当同时通入 6%O_2 和 2 μL/L HCl 时，$CuSO_4/\alpha\text{-}Al_2O_3$ 的 Hg^0 脱除效率显著上升至 97%，表明 O_2 和 HCl 共同存在时可显著提升 $CuSO_4/\alpha\text{-}Al_2O_3$ 对 Hg^0 的脱除效率，且 HCl 浓度可以低至 2 μL/L，有利于实现有色金属冶炼烟气中汞的高效脱除。图 3.14 的 $CuSO_4/\alpha\text{-}Al_2O_3$ 脱 Hg^0 稳定性实验结果证实 $CuSO_4/\alpha\text{-}Al_2O_3$ 在 300 ℃具有稳定的 Hg^0 脱除能力。

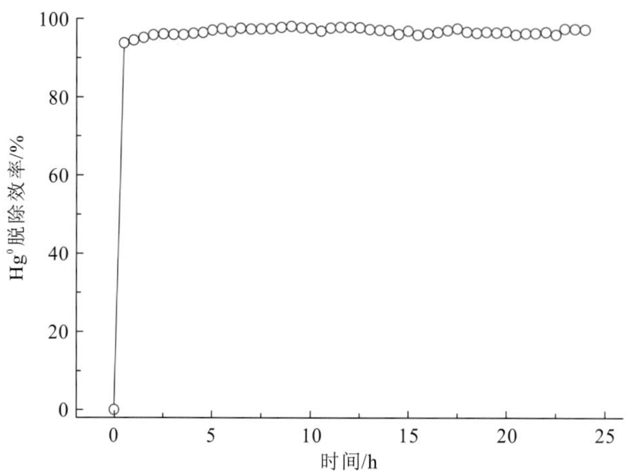

图 3.14　300 ℃下 $CuSO_4/\alpha\text{-}Al_2O_3$ 脱汞稳定性实验

3.1.4　脱汞机理分析

1. FT-IR 表征

通过 FT-IR 分析脱除 Hg^0 前后样品化学结构的变化，如图 3.15 所示。原始 $CuSO_4/\alpha\text{-}Al_2O_3$ 的 FT-IR 图中，1 100～1 300 cm^{-1} 出现 SO_4^{2-} 的拉伸振动峰，在约 1634 cm^{-1}

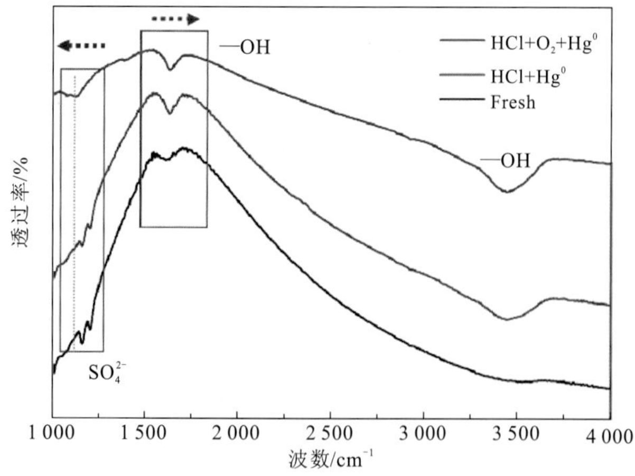

图 3.15　$CuSO_4/\alpha\text{-}Al_2O_3$ 反应前后 FT-IR 图谱

处出现—OH伸缩振动峰。当在300 ℃下采用HCl预处理后，样品FT-IR图谱在约3 444 cm^{-1}处出现新的—OH峰，这可能是HCl在无水$CuSO_4$表面发生解离生成的H原子与样品表面的O原子结合形成的—OH所带来的。

2. 脱汞产物分析

采用汞程序升温处理实验（Hg-TPD）研究$CuSO_4/\alpha\text{-}Al_2O_3$表面汞的形态，如图3.16所示。在$HCl+Hg^0$和$HCl+O_2+Hg^0$气氛反应后的样品均没有出现汞的脱附峰，证实该样品既未吸附Hg^0又未将其转化为相对稳定的氧化汞，而是催化氧化形成气态Hg予以脱除。

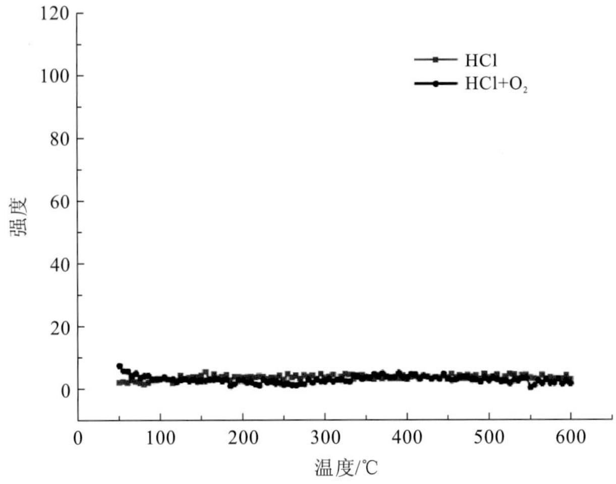

图3.16　$CuSO_4/\alpha\text{-}Al_2O_3$的Hg-TPD图

此外，反应尾气中Hg^{2+}的比例如图3.17所示，显示HCl和$HCl+O_2$气氛下反应尾气中Hg^{2+}的比例分别为95.7%和97.1%，这意味着Hg^0在O_2和HCl参与时在$CuSO_4/\alpha\text{-}Al_2O_3$表面发生氧化反应，最终形成$HgCl_2$逸出表面，与Hg-TPD结果一致。

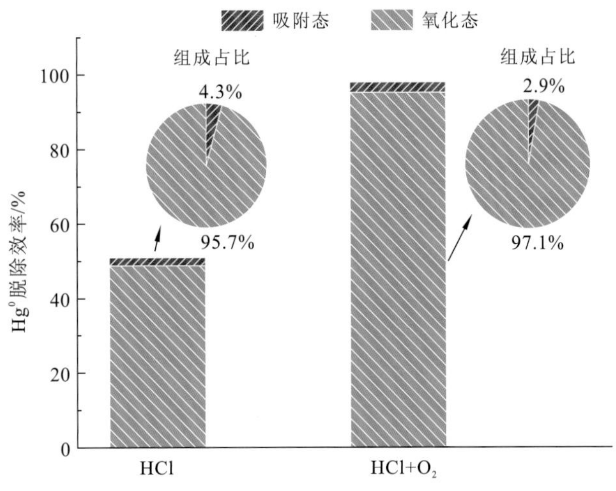

图3.17　Hg^0的脱除效率和形态转化

3. 汞的氧化路径

为揭示 $CuSO_4/\alpha\text{-}Al_2O_3$ 对 Hg^0 的氧化机理，对脱汞反应前后的材料进行了 XPS 分析，结果如图 3.18 所示。

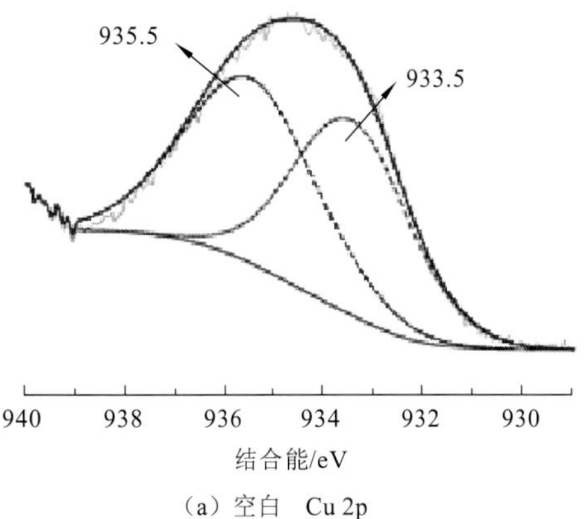

（a）空白　Cu 2p

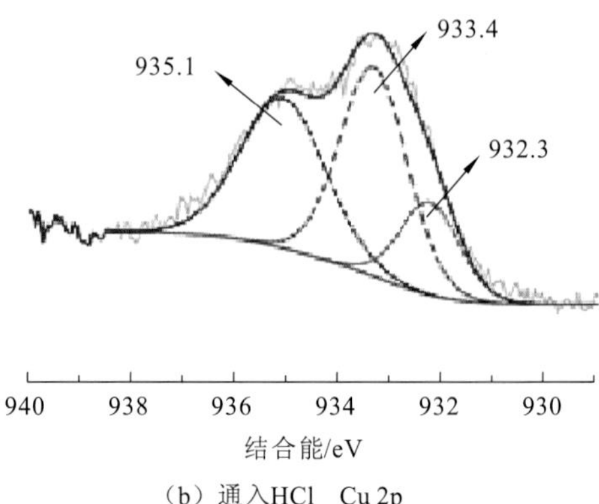

（b）通入HCl　Cu 2p

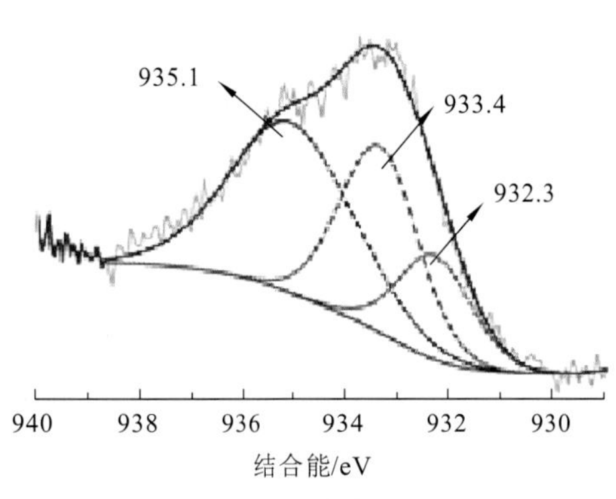

（c）通入HCl+Hg^0　Cu 2p

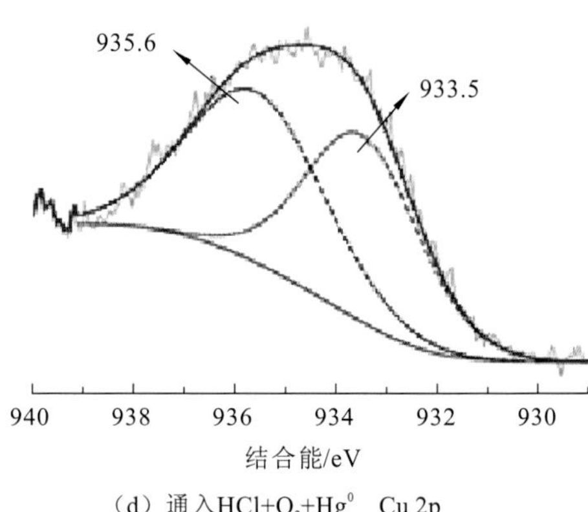

（d）通入HCl+O_2+Hg^0　Cu 2p

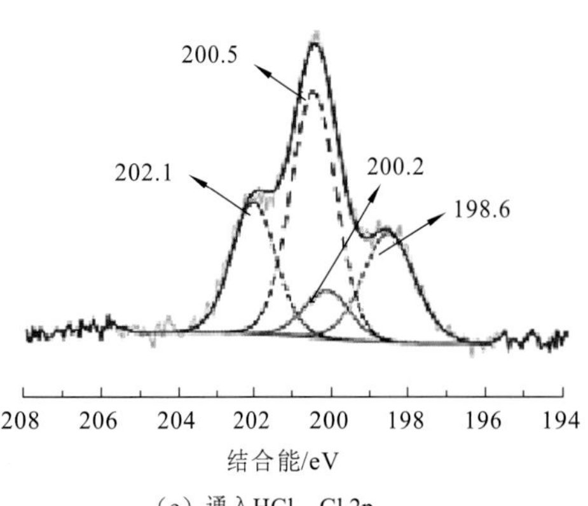

（e）通入HCl　Cl 2p

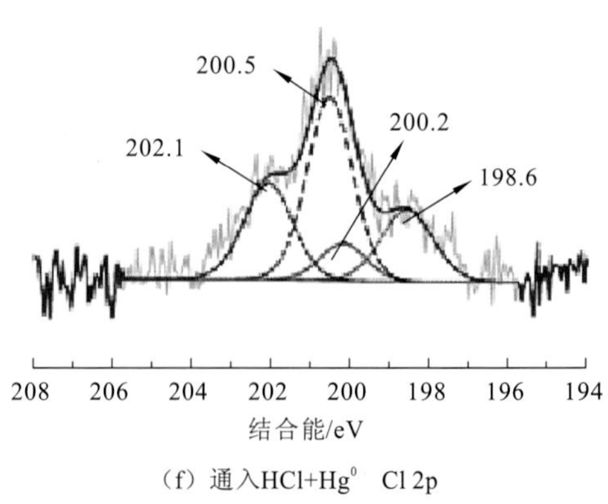

（f）通入HCl+Hg^0　Cl 2p

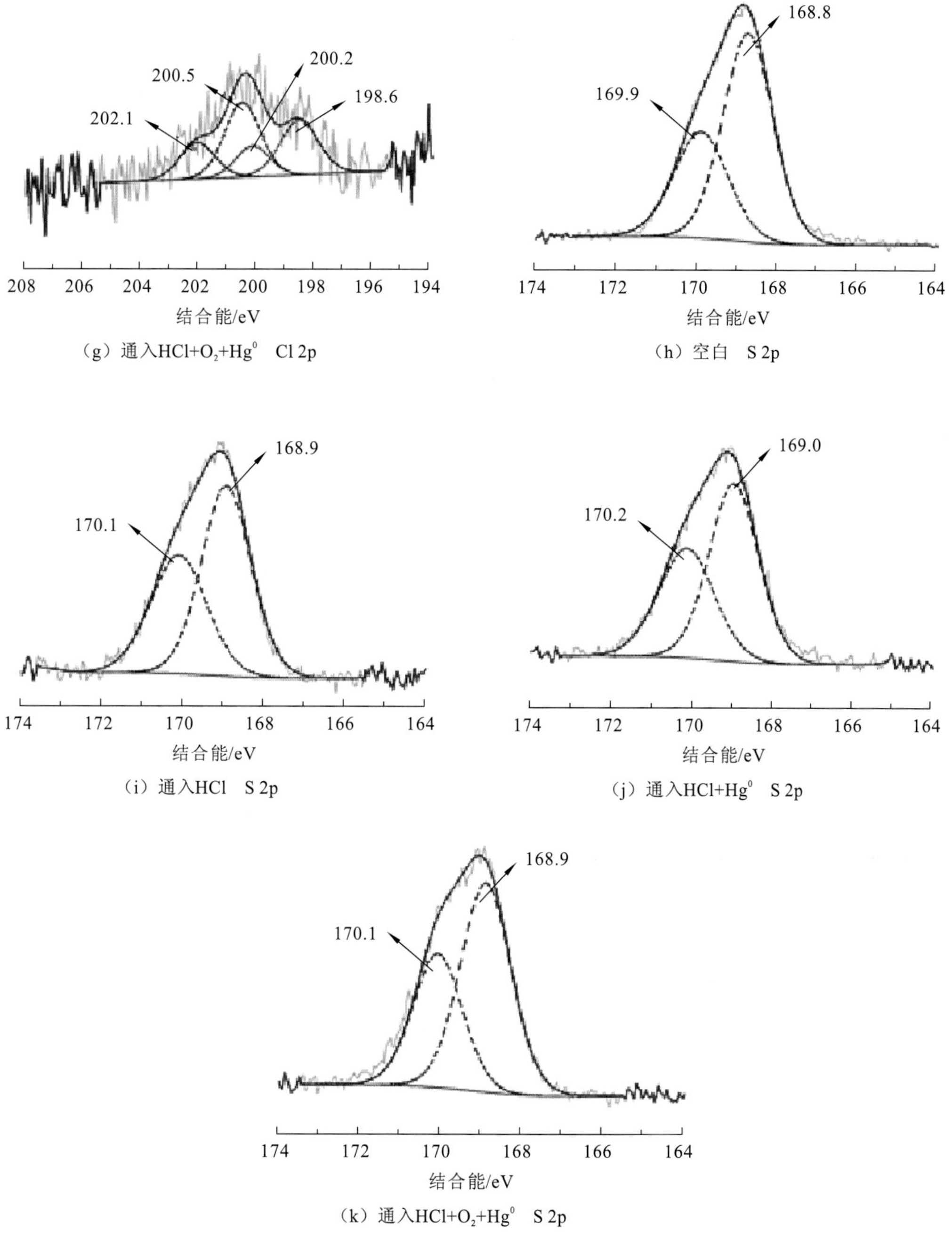

（g）通入HCl+O_2+Hg^0　Cl 2p

（h）空白　S 2p

（i）通入HCl　S 2p

（j）通入HCl+Hg^0　S 2p

（k）通入HCl+O_2+Hg^0　S 2p

图 3.18　$CuSO_4$/α-Al_2O_3 上 Cu 2p，Cl 2p 和 S 2p 的 XPS 图谱

图 3.18（a）是 $CuSO_4$/α-Al_2O_3 的 Cu 2p 图谱，可分为位于 935.5 eV 和 933.5 eV 处的两个主峰，代表两种类型的 Cu^{2+}，分别对应硫酸盐和氧化物中的 Cu。HCl 处理后的 Cu 2p 图谱中出现了位于 932.3 eV 的 Cu^+峰[图 3.18(b)]，表明 HCl 可使表面 Cu^{2+}还原为 Cu^+。

图 3.18（e）为 HCl 处理后 $CuSO_4$/α-Al_2O_3 的 Cl 2p 图谱。位于 200.5 eV 和 202.1 eV

的峰代表共价形式结合的 H—$Cl_{(ads)}$；位于 198.6 eV 和 200.2 eV 处的峰为 HCl 解离形成的氯离子（Cl^-）。为阐明 HCl 对 Hg^0 氧化的影响机制，分别考察 HCl 预处理、HCl 与 Hg^0 同时存在时 $CuSO_4/\alpha\text{-}Al_2O_3$ 的 Hg^0 氧化能力，如图 3.19 与表 3.2 所示。HCl 预处理的 $CuSO_4/\alpha\text{-}Al_2O_3$ 没有脱汞能力，这意味着 XPS 检测到的表面 H—$Cl_{(ads)}$和 Cl^-均不是 Hg^0 的氧化活性位。当模拟烟气中同时存在 HCl 和 Hg^0 时，$CuSO_4/\alpha\text{-}Al_2O_3$ 的脱汞效率为 40%，有利于 Hg^0 氧化的活性 Cl^*存在时间很短。HCl 可在 $CuSO_4/\alpha\text{-}Al_2O_3$ 表面发生解离吸附，解离过程中会产生活性 Cl^*，虽然解离过程产生的 Cl^*存在时间很短，但在 Hg^0 氧化中起到了关键作用。对比图 3.18（e）和图 3.18（f）中的 Cl 2p 图谱可以发现，Hg^0 氧化后的 Cl 峰强度明显下降，表明 Cl 参与了 Hg^0 氧化反应。主要反应过程为

$$HCl_{(ads)} \longrightarrow Cl^-_{(ads)} + H^+_{(ads)} \tag{3.3}$$

$$Cl^-_{(ads)} + Cu^{2+} \longrightarrow Cu^+ + Cl^*_{(ads)} \tag{3.4}$$

$$2Cl^*_{(ads)} + Hg^0_{(g)} \longrightarrow HgCl_{2(g)} \tag{3.5}$$

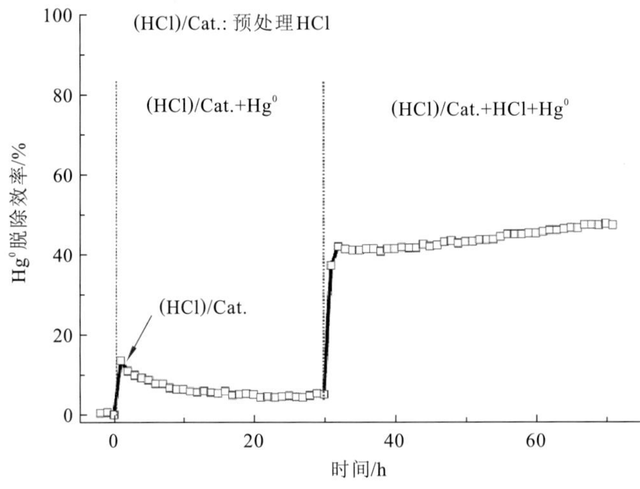

图 3.19　300 ℃下 $CuSO_4/\alpha\text{-}Al_2O_3$ 催化剂在不同气氛条件下的汞脱除效率

Cat.为 $CuSO_4/\alpha\text{-}Al_2O_3$

表 3.2　$CuSO_4/\alpha\text{-}Al_2O_3$ 的 XPS 分析统计结果

Cl 2p	电子结合能/eV	相对强度/%		
		HCl	HCl+Hg^0	O_2+HCl+Hg^0
Cl $2p_{2/3}$	198.6	22.9	20.4	29.5
Cl $2p_{1/2}$	200.2	8.8	9.1	14.4
H—$Cl_{(ads)}$ $2p_{2/3}$	200.5	44.1	45.2	37.9
H—$Cl_{(ads)}$ $2p_{1/2}$	202.1	24.2	25.3	18.2
Cl/H—$Cl_{(ads)}$		0.46：1	0.42：1	0.78：1

为研究 O_2 对 Hg^0 氧化的影响机制，分析 O_2+HCl+Hg^0 处理后 $CuSO_4/\alpha\text{-}Al_2O_3$ 表面 Cu 和 Cl 的 XPS 图谱变化，如图 3.18（d）和图 3.18（g）所示。Cl 2p 峰强度变得很弱，且 Cl^-/H—$Cl_{(ads)}$峰强度的比值从 0.42 提高至 0.78，表明 O_2 能极大促进 H—$Cl_{(ads)}$的解离，更有利于活性 Cl^*的生成。如图 3.18 所示，Cu^+的峰（932.3 eV）消失，说明 Cu^+被 O_2 氧化为 Cu^{2+}，从而促进 Hg^0 氧化。

综上所述，Hg^0 在 $CuSO_4/\alpha\text{-}Al_2O_3$ 表面的氧化过程可分为两步，如图 3.20 所示。第一步为 HCl 在 $CuSO_4/\alpha\text{-}Al_2O_3$ 表面解离吸附形成 Cl^*；第二步为 Hg^0 与活性 Cl^*反应生成 $HgCl_2$ 并逸出表面。

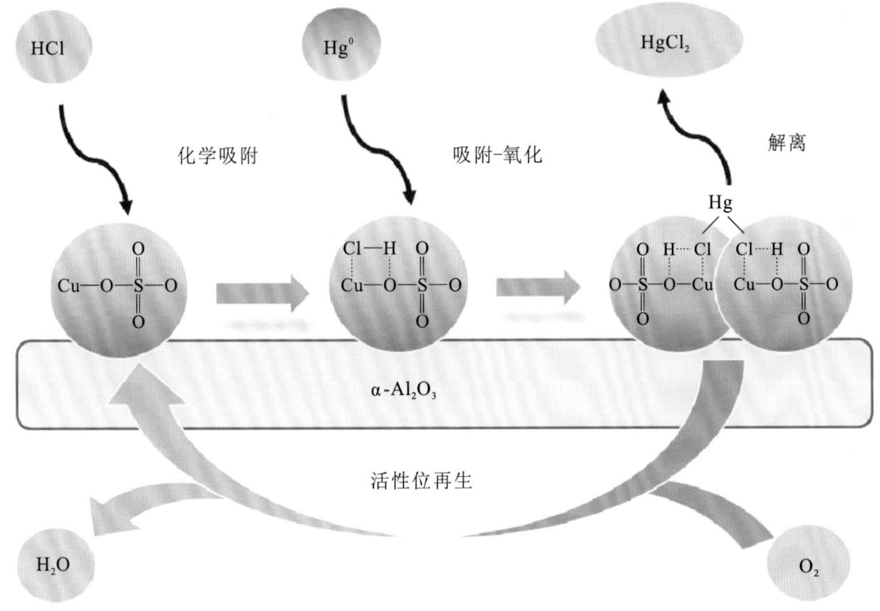

图 3.20　Hg^0 氧化的机理示意图

3.2　原位合成 Cu_xO@Carbon 异质结构材料脱除烟气汞

纳米异质界面是一种常用的表面改性方法，可提升电子传导速率，有效增加催化剂的活性，在生物、光化学和电化学催化中受到广泛关注。但异质结催化剂通常具有异质相连接性差的问题，导致活性和稳定性不佳。因此，构建具有良好接触相、高活性及高稳定性的异质结构催化剂是研究领域的重要挑战。本节将以 Cu^{2+}-低聚物（间苯二胺）络合物为原料，采用两步焙烧法合成具有良好 CuO@Cu_2O 异质结构的 Cu_xO@Carbon（Cu_xO@C）复合催化剂，并系统探究其脱汞性能，阐明其催化氧化脱汞机制。

3.2.1　Cu_xO@C 催化剂制备和计算模型

1. 两步焙烧法制备 Cu_xO@C 催化剂

（1）以硝酸铜 $Cu(NO_3)_2·2.5H_2O$ 为氧化剂引发聚合反应。将 1.5 g 的间苯二胺和 1.3 g 的 $Cu(NO_3)_2·2.5H_2O$ 分别溶于 100 mL 和 10 mL 的去离子水中。将两种溶液一起混合，在室温条件下摇匀 1 h。通过真空过滤将固体聚合物从滤液中分离出来，并将滤液冷冻干燥处理，得到与铜离子配位的固体低聚物（间苯二胺）。以固体低聚物粉体为原料，合成了 Cu_xO 纳米颗粒修饰的炭块。

（2）将第一步中得到的固体低聚物粉体置于管式炉中，管式炉中持续通入高纯 N_2（99.999%）。管式炉焙烧温度为 300～600 ℃，升温速率为 5 ℃/min，保温时间为 1 h。随后，管式炉自然降温到 200 ℃时，通入空气，继续保温 3 h。最后，收集反应后的样品以供使用。

2. 理论计算方法和模型

所有计算均使用 VASP 模拟软件包（版本为 5.4.1），利用广义梯度近似（generalized gradient approximation，GGA）描述电子-电子交换和相互关系，其方式为 PBE 泛函。采用投影缀加波（projection affixation wave，PAW）方法描述原子核和价电子之间的相互作用。利用 Grimme 的 DFT-D3 方法描述范德瓦耳斯相互作用。波函数在截止能量为 400 eV 的平面波基集中展开。电子自洽迭代和剩余力的收敛性判别准则分别设置为 1×10^{-5} eV/cell 和 0.02 eV/Å。采用 3×2×1 的蒙霍斯特-帕克（Monkhorst-Pack，MP）的 k 点采样对模型进行布里渊区积分。使用高斯弥散法确定价电子占据了 0.1 eV 的弥散宽度。采用攀爬图-爬坡弹性带（climbing image-nudged elastic band）方法获得过渡态。

对于仿真模型，$Cu_2O(110)$、CuO(112)和 $Cu_2O(110)$-CuO(112)有 5 个原子层，顶部两层原子不固定。尽管其他平面也能构建异质结构，但本节依据透射电子显微镜（transmission electron microscope，TEM）测试的结果选择平面。所有的平板模型都有相同且大于 10 Å 的真空空间，这足以避免周期性图像之间的相互作用（Zhang et al.，2020）。

3.2.2　Cu_xO@C 催化剂特征

1. 催化剂合成过程

Cu^{2+}-间苯二胺低聚物从 Cu^{2+}-间苯二胺单体体系的滤液中收集的废弃物，可作为 Cu_xO@C 新型催化剂的原料。该催化剂合成过程主要由两个步骤组成，如图 3.21 所示。第一步将 Cu^{2+}-低聚物在温度 300～600 ℃下进行焙烧，使其发生氧化还原反应生成 Cu^0 纳米颗粒修饰的多孔炭块；第二步，将生成的 Cu^0 纳米颗粒修饰多孔炭块在 200 ℃的空气中氧化，合成 CuO@Cu_2O 异质结构纳米粒子。根据焙烧条件将其命名为 Cu_xO@C-y，

其中 y 表示第一步中特定的焙烧温度（300 ℃，400 ℃，500 ℃，600 ℃）。

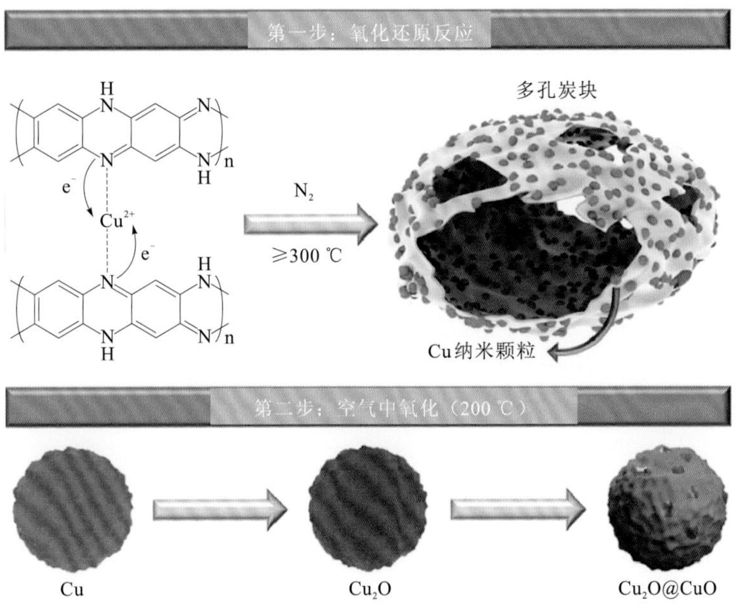

图 3.21　制备 Cu_xO@C 催化剂的两个关键步骤示意图

首先，为确定催化剂的形成条件，对 Cu^{2+}-间苯二胺低聚物进行了热重分析-差式扫描量热分析（thermogravimetric analysis-differential scanning calorimetry）TG-DSC 测试，结果如图 3.22 所示。

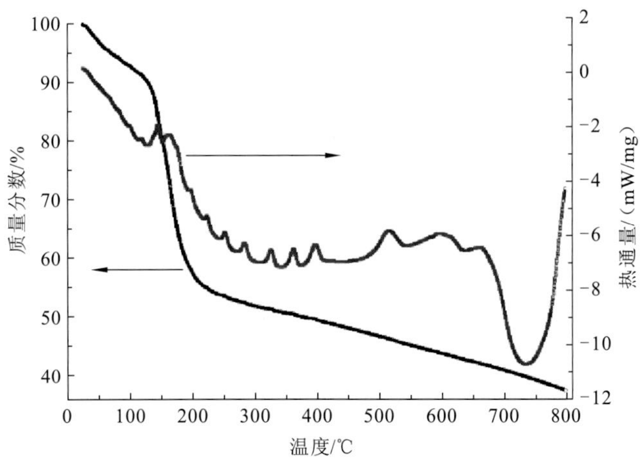

图 3.22　Cu^{2+}-间苯二胺低聚物的 TG 和 DSC 图谱

在 180 ℃以内该材料的质量损失主要归因于水分的蒸发；当温度升至 200 ℃时，间苯二胺单体与 $Cu(NO_3)_2$ 发生了反应，导致质量急剧下降，释放出黄色的气体，并形成整块黑色物质。为获得产物的相关信息，对其进行 XRD 分析，结果如图 3.23 所示，证实样品仅有单质铜的存在，其来源主要是铜离子能被低聚物直接还原获得。经过第二步的空气焙

烧，单质铜被氧化为铜的氧化物，而低聚物则会生成炭质材料，从而得到 Cu_xO@C。

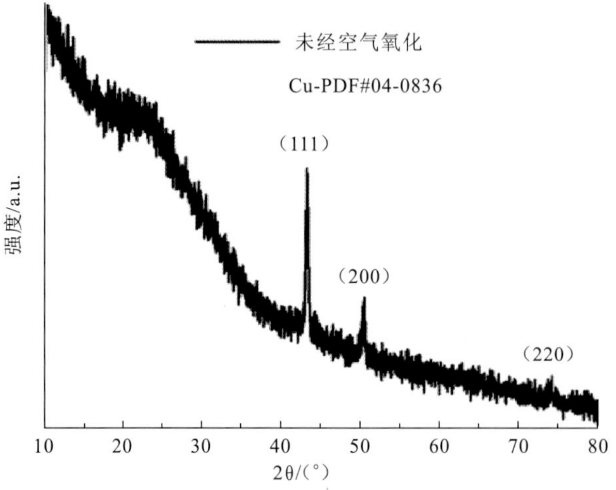

图 3.23　未经过 200 ℃空气氧化处理的 Cu-Carbon 材料的 XRD 图谱

2. 结构表征

利用 XRD 和拉曼光谱对 Cu_xO@C 的结构进行表征。通过 XRD 表征了 Cu_xO@C-y（y=300，400，500，600）的晶体结构，如图 3.24（b）所示。4 种焙烧温度的样品在 30°～75°出现衍射峰，分别对应面心正方形的 Cu_2O 和面心三角形的 CuO，其标准 PDF 卡片分别为 05-0667 和 44-0706。XRD 结果证实了 Cu_xO@C 表面形成了 Cu_2O 和 CuO。CuO 的衍射峰明显强于 Cu_2O，说明 Cu_xO 中主要以 CuO 为主，含有少量 Cu_2O。另外，通过 Cu_xO@C-y（y=300，400，500，600）的拉曼光谱如图 3.24（a）所示，其中 86 cm^{-1}、333 cm^{-1} 和 625 cm^{-1} 的三个峰（灰色区域）对应于 CuO 的拉曼激活光学模式（第一个峰值为 Ag，后两个峰值为 Bg）。拉曼光谱中没有出现 Cu_2O 的峰，这可能是因为 Cu_2O 的含量较低，其峰被 CuO 覆盖了。

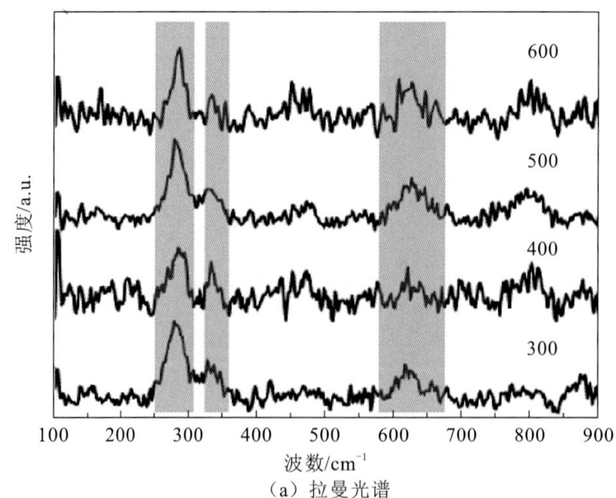

（a）拉曼光谱

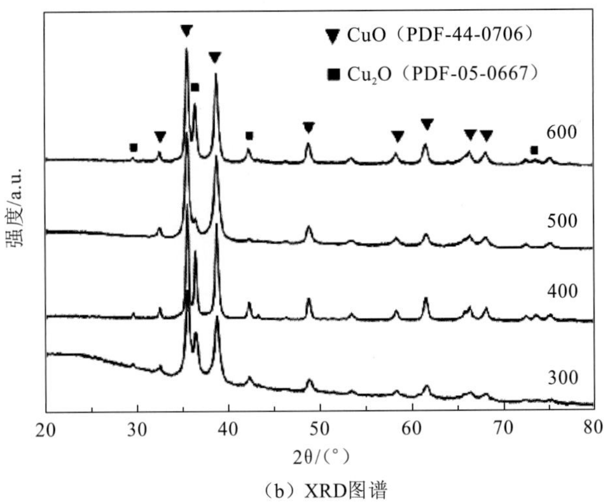

（b）XRD图谱

图 3.24　Cu_xO@C-y（y=300，400，500，600）的拉曼光谱和 XRD 图谱

3. 形貌表征

以 Cu_xO@C-500 为代表（实物图如图 3.25 所示），采用扫描电子显微镜（SEM）对其形貌进行了表征，结果如图 3.26 所示。微观结构的炭块看起来像黄癣蜂巢珊瑚，具有密集的多孔通道，孔径均大于 1 μm。由 SEM 表征结果[图 3.26（a）]可知，Cu_xO 纳米粒子单分散在多孔表面，避免了纳米堆积，有利于气态单质汞与其接触。通过对破碎的炭块进行 SEM 表征[图 3.26（b）]发现，纳米颗粒不仅分布在炭块的外层，也分布在其内壁，这样的分布形式有利于提升催化剂的利用效率。

图 3.25　炭块的外观实物图

培养皿的直径为 2.4 cm

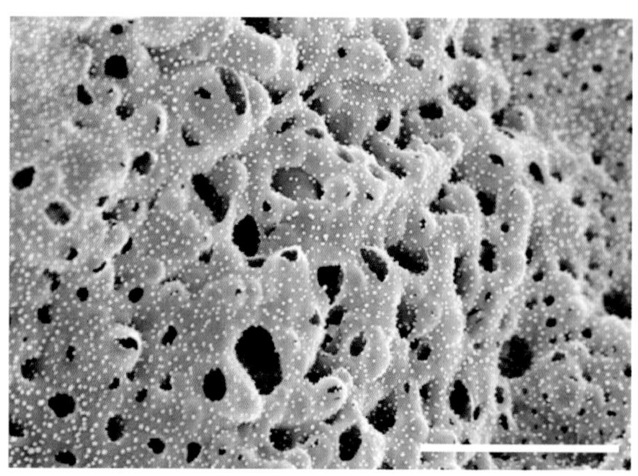

（a）比例尺为5 μm

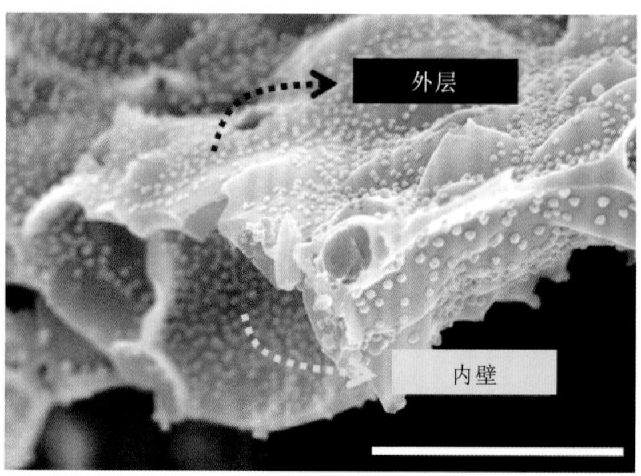

（b）比例尺为2 μm

图 3.26　Cu_xO@C-500 催化剂的 SEM 图

（b）图中的深蓝色和黄色箭头分别指分布在外层和内壁上的纳米颗粒

通过进一步采用球差校正薄膜发射透射电子显微镜（TEM）对 Cu_xO 颗粒的微观结构进行表征，结果如图 3.27 所示，炭块具有高度的多孔结构，其表面为单分散的 Cu_xO 纳米颗粒。在高角度环形暗场成像模式下[图 3.27（f）]，可以很直观地观察到 Cu_xO 纳米颗粒。采用高分辨透射电子显微镜（HRTEM）高分辨模式对晶体边缘进行分析，结果如图 3.27（b）～（d）所示，在同一纳米颗粒中可以清楚地发现两个不同的晶面间距。晶面间距为 0.301 nm 的晶格条纹指向 Cu_2O 的（110）面[图 3.27（c）]，另一个晶面间距为 0.196 nm 的晶格条纹指向 CuO 的（112）面[图 3.27（d）]。另外，图 3.27（e）中 Cu_xO 边缘的区域电子衍射图也验证了 Cu_2O 和 CuO 的存在。TEM 表征结果充分地证明了多孔炭块上形成了完整及接触良好的 CuO@Cu_2O 异质结构纳米颗粒。基于上述表征结果，可以得出由单一的 Cu^0 纳米颗粒在空气下氧化形成的 CuO 和 Cu_2O 之间有很强的结合。

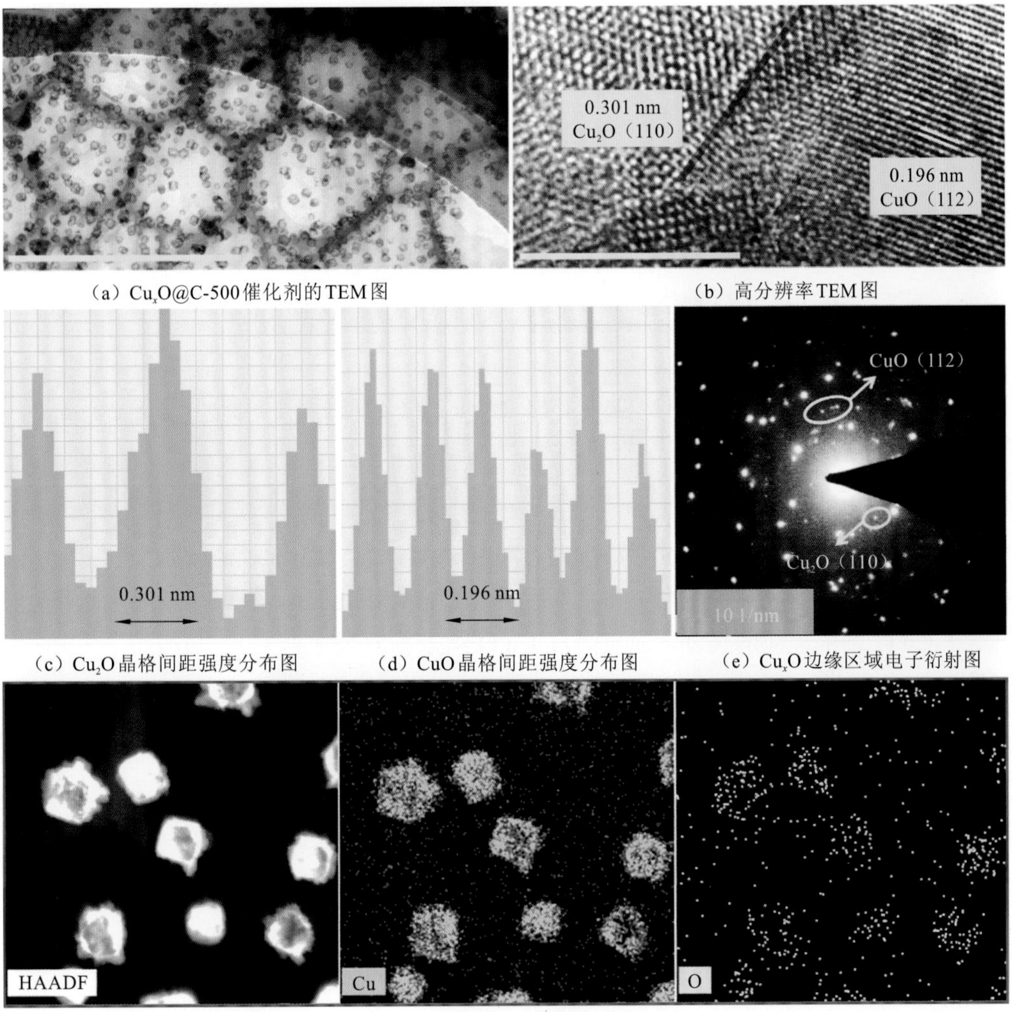

（a）Cu_xO@C-500 催化剂的 TEM 图　（b）高分辨率 TEM 图

（c）Cu_2O 晶格间距强度分布图　（d）CuO 晶格间距强度分布图　（e）Cu_xO 边缘区域电子衍射图

（f）mapping 图谱

图 3.27　催化剂透射电镜形貌与元素分布

图 3.28 为不同焙烧温度下 4 种 Cu_xO@C 样品的形貌特征，炭块上的 Cu_xO 颗粒随反应温度升高而逐渐增大，600 ℃下得到的样品表面 Cu_xO 颗粒出现明显团聚现象。

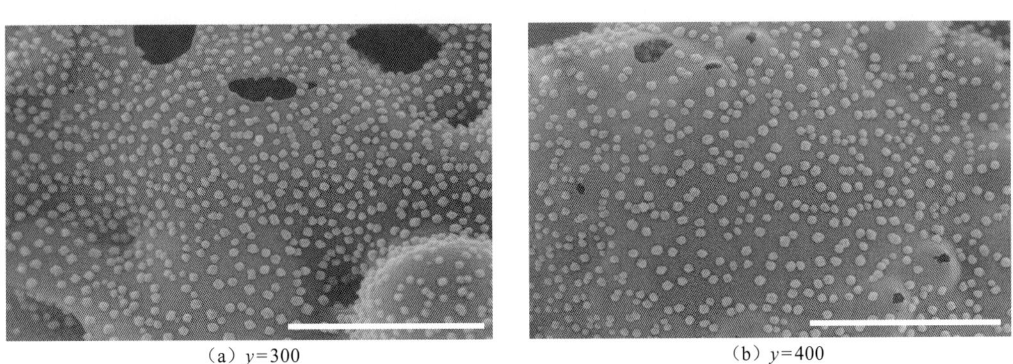

（a）y=300　（b）y=400

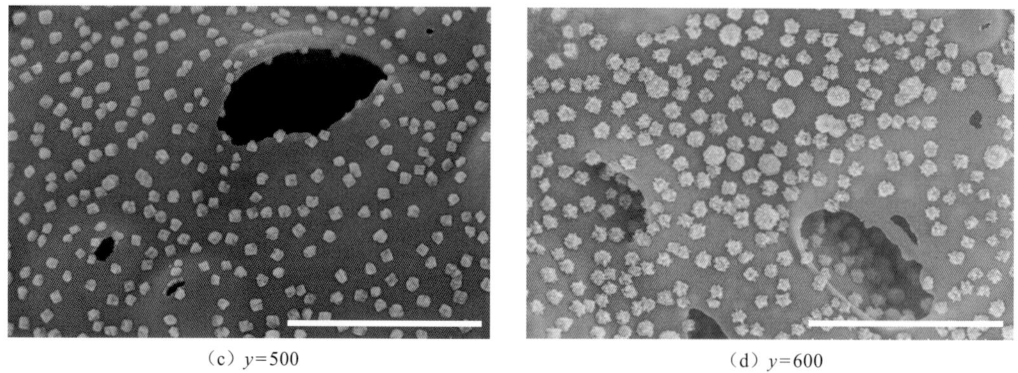

（c）y=500　（d）y=600

图 3.28　Cu_xO@C-y（y=300，400，500，600）的 SEM 图

比例尺为 1 μm

利用 NanoMeasure1.2 软件对图 3.28 中的 SEM 图像进行粒度数据统计处理，得到粒度分布见图 3.29。Cu_xO@C-300、Cu_xO@C-400、Cu_xO@C-500 和 Cu_xO@C-600 上 Cu_xO 纳米颗粒的平均尺寸分别约为 47 nm、55 nm、83 nm 和 88 nm，进一步说明了焙烧温度决定了 Cu_xO 纳米颗粒的尺寸，温度越高 Cu_xO 纳米颗粒尺寸越大。

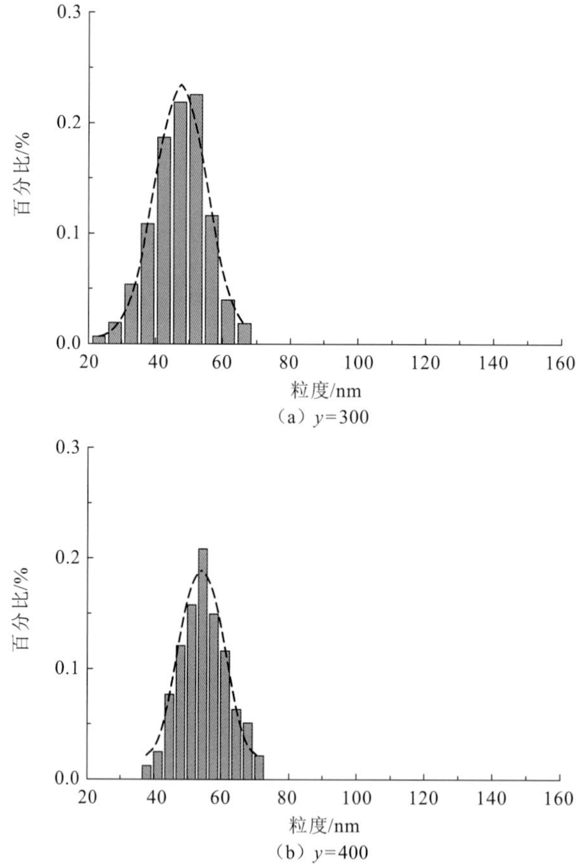

（a）y=300

（b）y=400

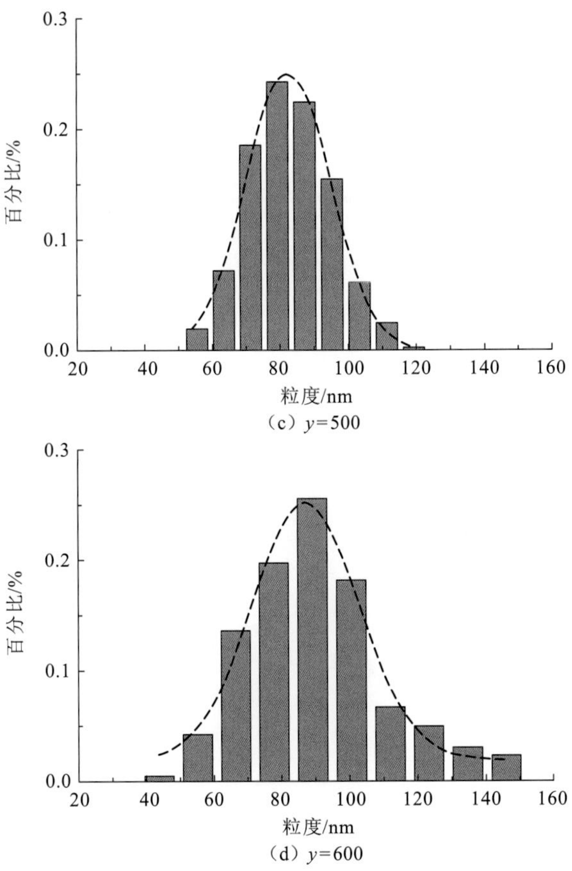

（c）y=500

（d）y=600

图 3.29　Cu_xO@C-y（y=300，400，500，600）上 Cu_xO 纳米颗粒的尺寸分布图

通过 N_2 吸附-脱附等温线研究 Cu_xO@C 的孔道结构，如图 3.30 所示。所有样品都呈现出典型介孔材料 IV 型等温线特征。Cu_xO@C-300、Cu_xO@C-400、Cu_xO@C-500 和 Cu_xO@C-600 都具有较大的比表面积，分别为 312 m^2/g、219 m^2/g、183 m^2/g 和 275 m^2/g。

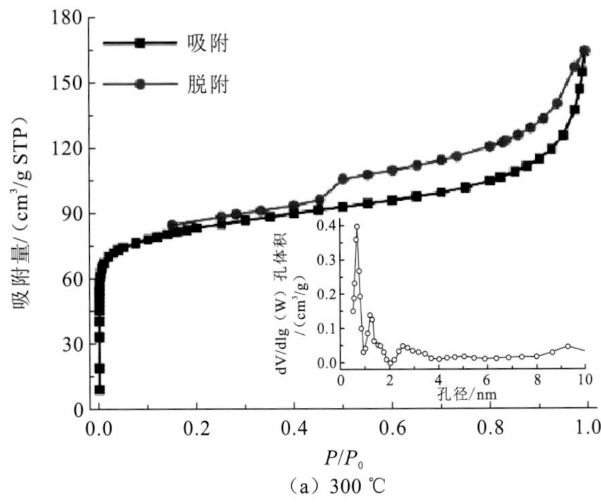

（a）300 ℃

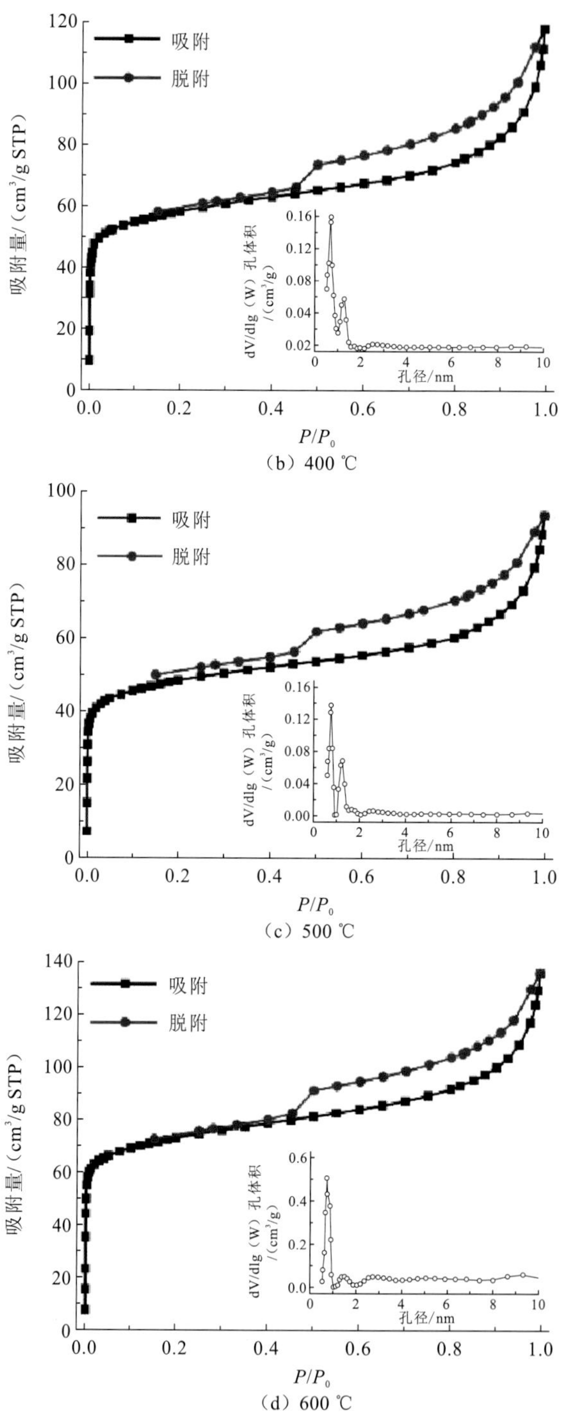

（b）400 ℃

（c）500 ℃

（d）600 ℃

图 3.30　Cu_xO@C 的 N_2 吸附-脱附等温线及孔径分布

通过 XPS 分析 Cu_xO@C 中铜的价态，如图 3.31 所示。Cu^{2+}和 Cu^{+}的结合能分别位于 934 eV 和 932.6 eV，代表 CuO 和 Cu_2O。4 个样品中铜主要是以 CuO 和 Cu_2O 的形态存在。根据 Cu 2p 的峰面积计算出不同铜氧化物的含量，如表 3.3 所示。Cu_xO@C 中的

Cu_xO 主要以 CuO 的形态存在，并伴随少量 Cu_2O，与 XRD 分析结果一致。另外，通过 ICP-OES 检测了 4 个样品中铜的负载量，结果如表 3.4 所示。Cu_xO@C-300、Cu_xO@C-400、Cu_xO@C-500 和 Cu_xO@C-600 中铜的负载量分别为 28.6%、27.7%、27.5%和 27.8%。

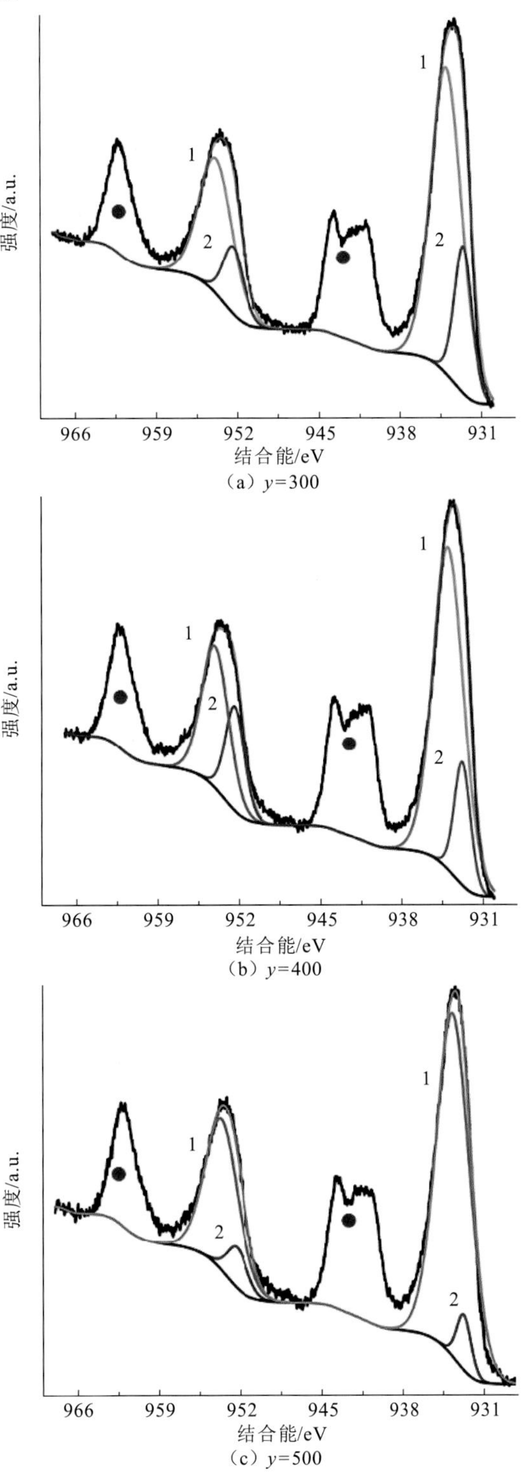

（a）y=300

（b）y=400

（c）y=500

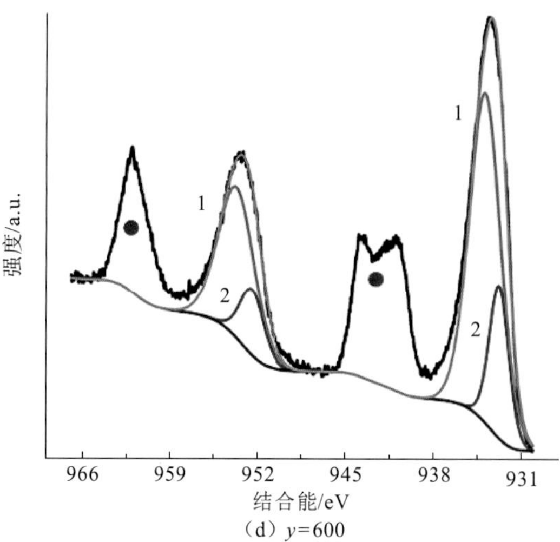

（d）y=600

图 3.31　Cu_xO@C-y（y=300，400，500，600）的 Cu 2p XPS 图

●表示 CuO 的卫星峰；1 表示 CuO；2 表示 Cu_2O

表 3.3　Cu_xO@C-y（y=300，400，500，600）的孔体积和比表面积

y	孔体积/cm^3	比表面积/(m^2/g)
300	0.16	312
400	0.12	219
500	0.10	183
600	0.13	275

表 3.4　Cu_xO@C-y 中 Cu 的含量及其组成

y	总 Cu 质量分数/%	Cu_xO 原子百分数/%	
		Cu_2O	CuO
300	28.6	21.9	78.1
400	27.7	16.8	83.2
500	27.5	11.2	88.8
600	27.8	22.5	77.5

3.2.3　Cu_xO@C 的脱汞性能

焙烧温度对 Cu_xO@C 脱 Hg^0 效率的影响，如图 3.32 所示。100～400 ℃温度范围内 Cu_xO@C 的脱 Hg^0 效率接近 100%，说明 Cu_xO@C 具有优良的脱 Hg^0 能力。不同焙烧温度合成的材料具有相同的脱 Hg^0 效率，因此选择焙烧温度最低的 Cu_xO@C-300 作为后续实验样品。

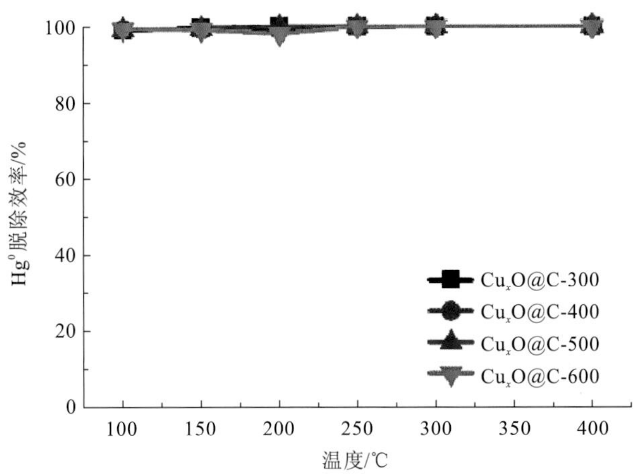

图 3.32　焙烧温度对脱 Hg^0 效率的影响

HCl 浓度为 0.5 μL/L；O_2 体积分数为 6%

烟气 SO_2 对 Cu_xO@C 脱 Hg^0 性能的影响，如图 3.33 所示。当 SO_2 浓度为 5 000 μL/L 时，Cu_xO@C 对 Hg^0 的脱除效率为 93%，略低于无 SO_2 气氛下的 Hg^0 的脱除效率。当 SO_2 浓度上升到 30 000 μL/L 时，Cu_xO@C 对 Hg^0 的脱除效率降低至 66%，表明高浓度 SO_2 对 Cu_xO@C 的脱 Hg^0 能力起抑制作用。表 3.5 列出了多种金属氧化物材料在 SO_2 气氛下

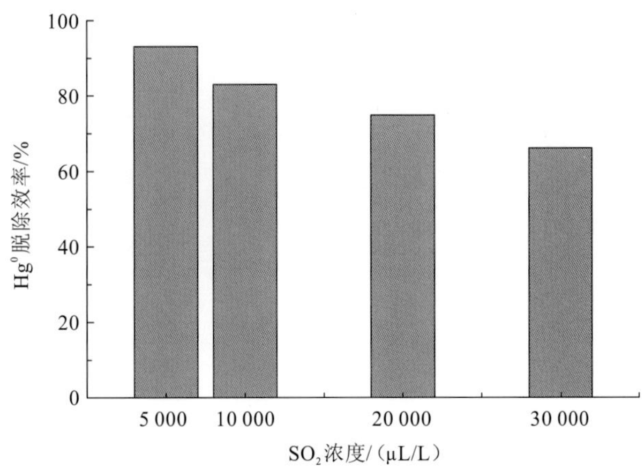

图 3.33　SO_2 对 Cu_xO@C 脱汞性能的影响

温度为 150 ℃；HCl 浓度为 0.5 μL/L；O_2 体积分数为 6%

的脱汞效果。表 3.5 所列文献中采用的 SO_2 浓度低于 2 000 μL/L，且多数材料的 Hg^0 脱除效率低于 90%，而本小节中 SO_2 浓度为 5 000 μL/L 时，Cu_xO@C 的 Hg^0 脱除效率仍高达 93%，表明 Cu_xO@C 具有更好的抗 SO_2 能力。

表 3.5 不同样品抗 SO_2 能力对比

催化剂	Hg^0 脱除效率/%	SO_2 浓度/(μL/L)	催化剂用量/mg
MnO_2/炭球	＜80	500	30（Xu et al.，2018a）
Mn/γ-Al_2O_3	95	500	1 250（Gao et al.，2013）
V_2O_5/ZrO_2-CeO_2	＜80	200	250（Zhao et al.，2016）
Ce-Cu 修饰 V_2O_5/TiO_2	80	1 000	1 380（Chi et al.，2017）
CuO-CeO_2/TiO_2	＜80	800	500（Wang et al.，2017）
Cu/HZSM-5	72	900	100（Fan et al.，2012）
CuO_x-CeO_2@C	37	1 200	300（Xu et al.，2018b）
Cu_xO@C	93	5 000	1
Cu_xO@C	66	30 000	1

H_2O 对 Cu_xO@C 脱汞性能的影响如图 3.34 所示。当 H_2O 浓度为 5%时，Cu_xO@C 的 Hg^0 脱除效率下降至 89%，进一步增加 H_2O 浓度至 15%时，Hg^0 脱除效率下降至 80%，表明 H_2O 对 Cu_xO@C 的 Hg^0 脱除能力起抑制作用，这可能是 H_2O 与 Hg^0 竞争吸附材料表面相同活性位造成的。

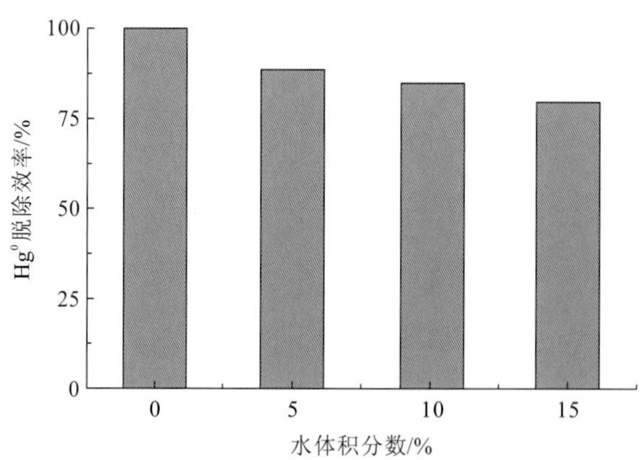

图 3.34 不同浓度 H_2O 对 Cu_xO@C-300 脱汞性能的影响

Cu_xO@C 的长时间脱汞稳定性，如图 3.35 所示。在 0～75 min 时间范围内 Cu_xO@C 的 Hg^0 脱除效率在 80%左右，之后迅速上升至 90%以上，这种现象可能是因为初始阶段气体在材料内的传质不均所致。经 12 h 的反应后，Hg^0 的脱除效率仍然大于 90%，表明 Cu_xO@C 具有良好的脱汞稳定性。

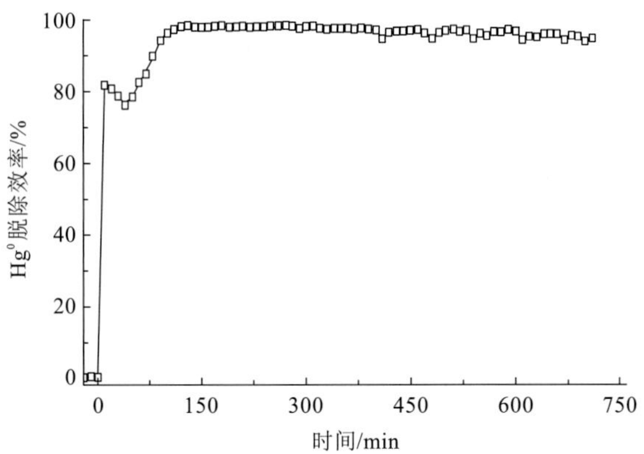

图 3.35　Cu_xO@C 长时间脱汞稳定性

3.2.4　Cu_xO@C 的脱汞机制

1. 脱汞产物

为确定脱汞产物，考察反应后吸附态汞和气态 Hg^{2+}的含量，如图 3.36 所示。反应前半小时，Cu_xO@C 的脱 Hg^0 率为 94%，其中吸附态汞和气态 Hg^{2+}的含量分别占脱除总汞的 31.3%和 64.6%。随着反应时间延长至 20 h，气态 Hg^{2+}占脱除总汞的比例增加至 77.1%，表明 Hg^0 的催化氧化在脱汞过程中起主导作用。

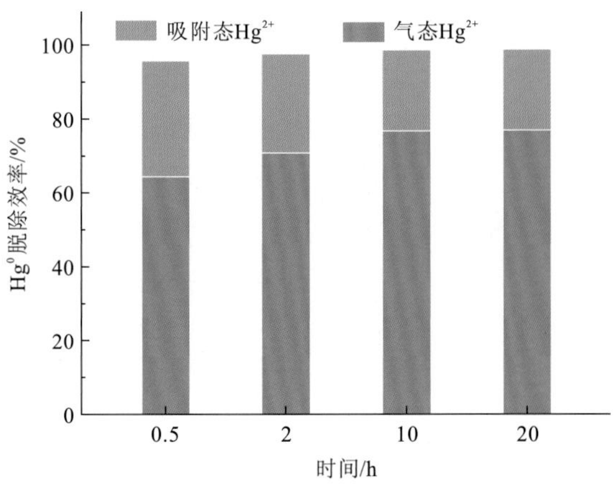

图 3.36　Hg^0 去除效率及吸附态 Hg^{2+}和气态 Hg^{2+}的占比

2. 脱汞机理

如图 3.37 所示，烟气中单独加入 O_2 或 HCl 时 Hg^0 的脱除效率低于 O_2 和 HCl 共存时的 Hg^0 脱除效率。这是因为铜氧化物（如 CuO、Cu_2O）可通过催化 HCl 生成活性 Cl，活性 Cl 进而氧化气态 Hg^0，而 O_2 又有助于修复表面 Cu 活性位，从而使 Hg^0 氧化反应不断进行，如图 3.38 所示。

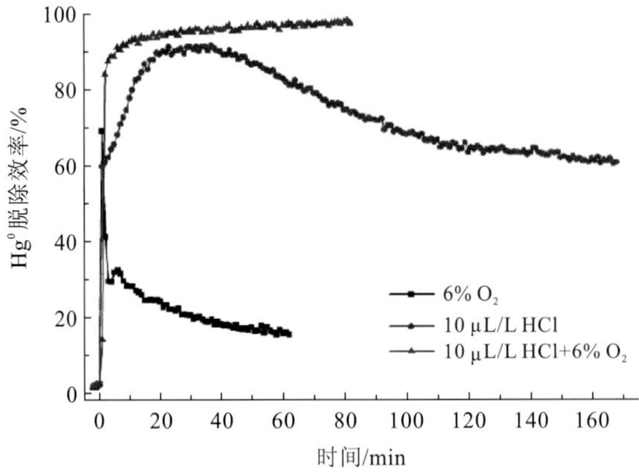

图 3.37　150 ℃条件下不同气氛对 Cu_xO@C 的 Hg^0 脱除效率的影响

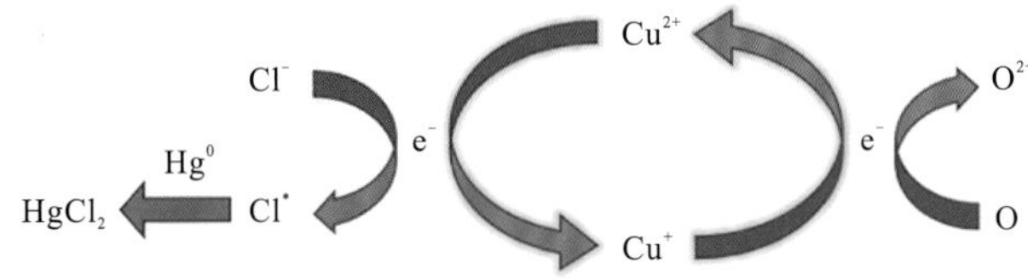

图 3.38　氧化铜催化氧化 Hg^0 的反应路径

为验证以上结论，制备了两种不同的材料，包括未经氧化的 Cu^0-C（Cu_xO@C 前驱体）和 CuO-C（Cu_xO@C 完全氧化，见图 3.39），并在无 SO_2、H_2O 气氛下考察其脱汞性能，如图 3.40 所示。初始阶段，Cu^0-C 的脱汞性能低于 CuO-C，表明经完全氧化后可提升材料的脱汞性能。Cu^0-C 和 CuO-C 的脱汞性能远低于 Cu_xO@C，表明单一铜活性组分弱于 Cu_2O@CuO 异质结构。当反应时间超过 80 min 后，Cu^0-C 和 CuO-C 的 Hg^0 脱除效率逐渐接近 Cu_xO@C，这是因为随反应时间延长，Cu^0、CuO 逐步被 O_2、HCl 氧化或还原，形成 Cu_2O@CuO 异质结构，使 Hg^0 脱除效率得到提升。

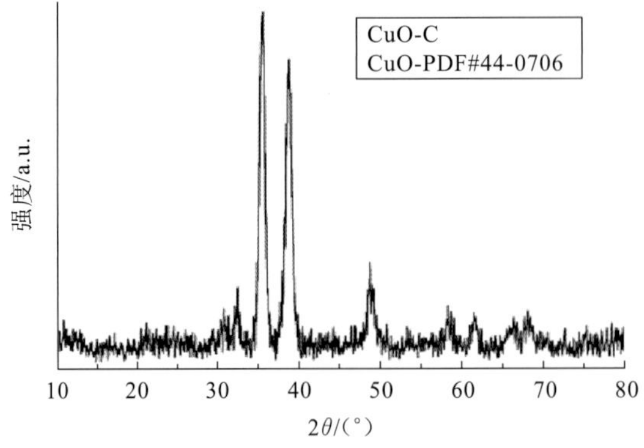

图 3.39　CuO-C 的 XRD 图谱

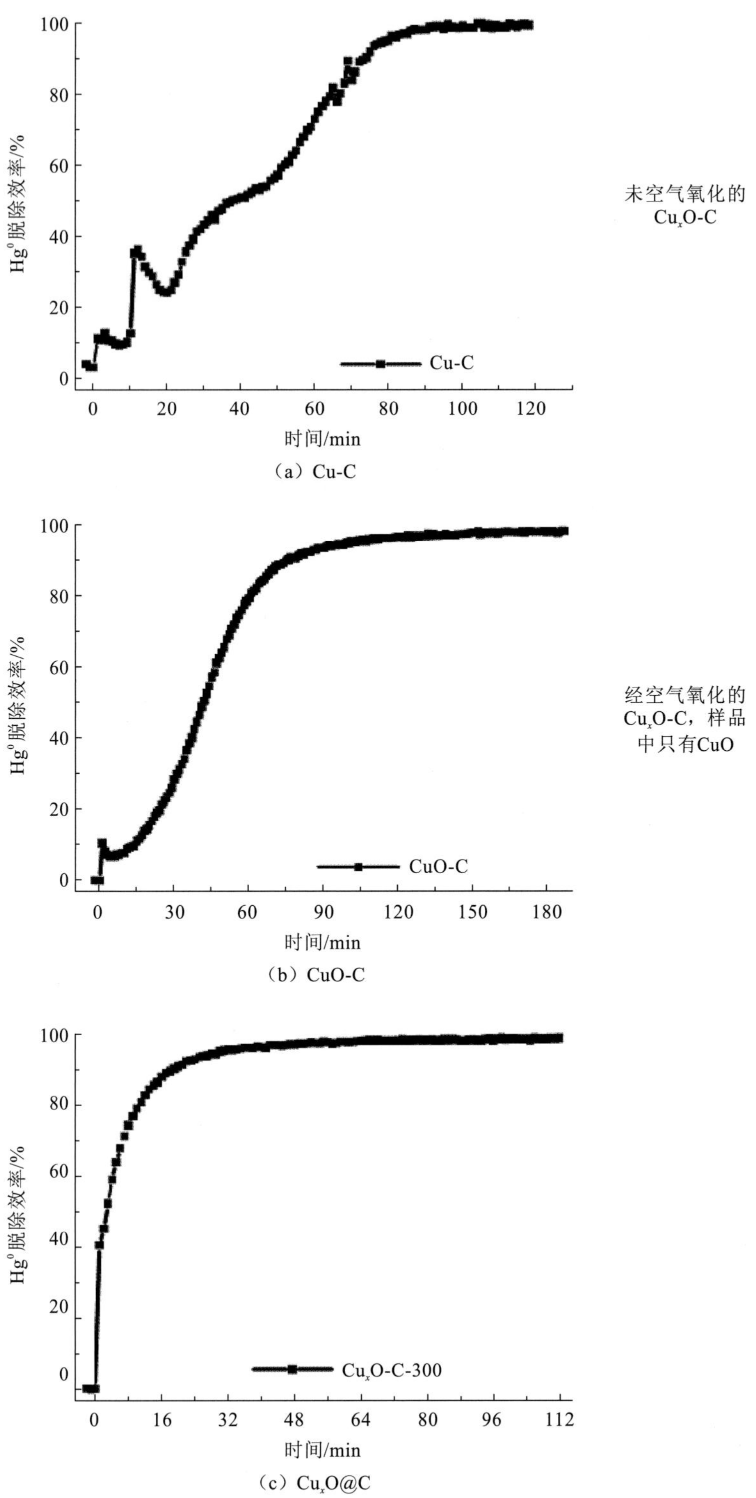

（a）Cu-C

（b）CuO-C

（c）Cu_xO@C

图 3.40　不同样品脱汞性能比较

3. 密度泛函理论计算

采用密度泛函理论（DFT）研究 Hg^0 在 Cu_2O 和 CuO 表面的反应过程，如图 3.41 所示。根据 TEM 的结果，Cu_2O 的（110）晶面或 CuO 的（112）晶面构成异质结构，因此选取 Cu_2O 的（110）晶面和 CuO 的（112）晶面作为初始构型。

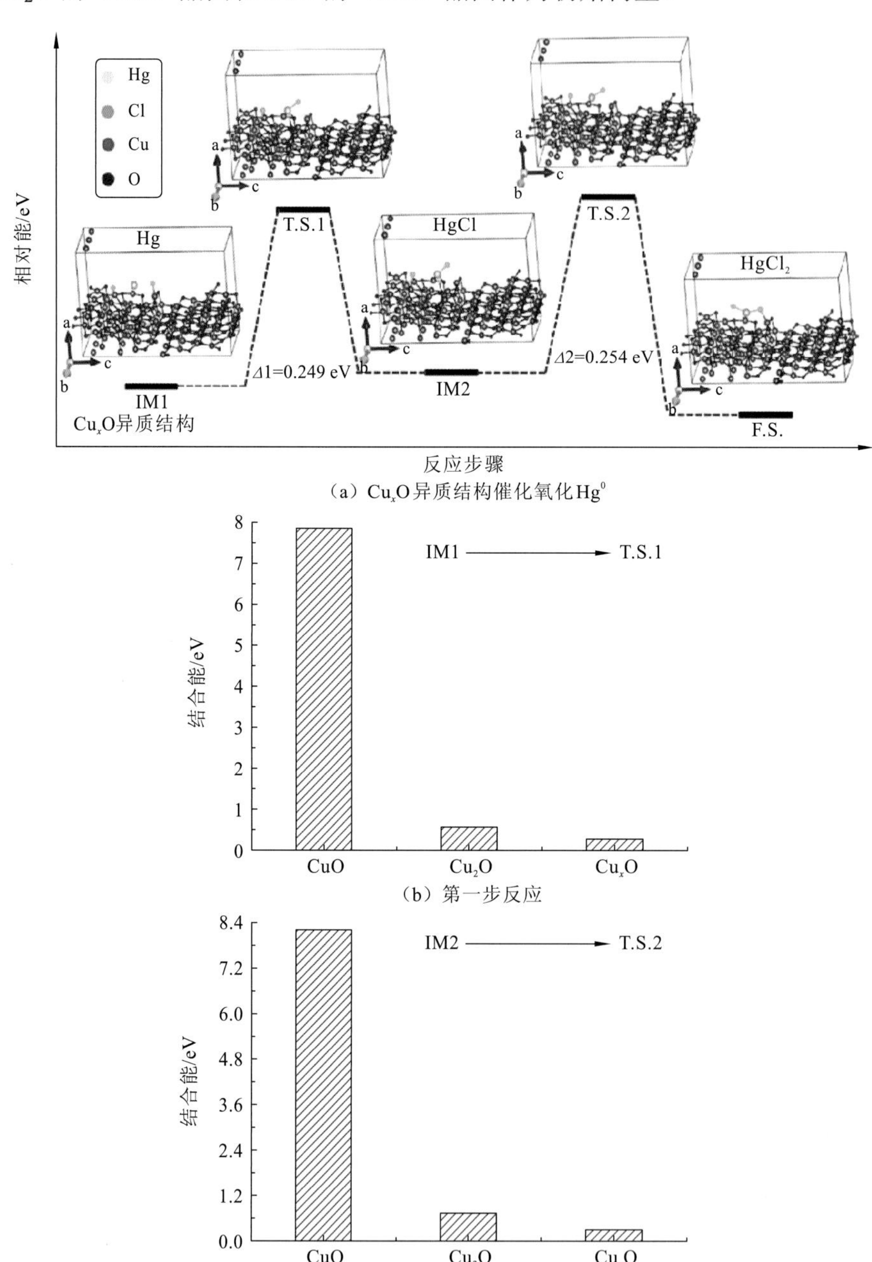

（a）Cu_xO 异质结构催化氧化 Hg^0

（b）第一步反应

（c）第二步反应

图 3.41　Hg^0 氧化过程

1 M 为 intermediate（中间体）；T.S.为 transition state（过渡态）

HgCl 和 $HgCl_2$ 在 $Cu_2O(110)$晶面上的反应能垒分别为 0.55 eV 和 0.77 eV，在 CuO(112)晶面上无法获得稳定构型。HgCl 和 $HgCl_2$ 在 Cu_xO 表面的反应能垒仅为 0.249 eV 和 0.253 eV，低于其在 $Cu_2O(110)$和 CuO(112)晶面的反应能垒，表明 Hg^0 在 Cu_xO@C 表面氧化形成 $HgCl_2$ 所需的活化能更低，证实 Cu_xO@C 具有更好的氧化 Hg^0 的能力。

3.3　氧插层二维 MoS_2 脱除烟气汞

二硫化钼为代表的二维金属硫族化合物（two dimensional metallic chalcogenides，TMDs）材料，因具有丰度高和廉价等优点，已成为催化脱汞领域的研究热点。研究表明硫化物对汞的吸附性能主要与其暴露的含硫活性位点数量有关，因此设计能够暴露更多表面硫活性位点的 MoS_2 是提高其脱汞性能的有效途径。本节将以钼酸铵和硫脲为前驱物，采用一步水热法制备二维层状 MoS_2 纳米片，通过简单的氧掺杂对其层间距进行调控，并研究不同 MoS_2 的脱汞性能。

3.3.1　二维纳米层状 MoS_2 合成过程

水热法制备纳米 MoS_2 是在密闭、高温、高压环境下进行的，溶液中的化学变化比较复杂，其合成过程可分为两个阶段。

阶段一：随着反应温度升高，钼酸铵逐渐水解生成氧化钼[式（3.6）]，硫脲水解生成 NH_3、H_2S、CO_2 等气体[式（3.7）]。

$$(NH_4)_6Mo_7O_{24}\cdot 4H_2O \longrightarrow 7MoO_{3(s)} + 6NH_3\cdot H_2O + H_2O \tag{3.6}$$

$$CS(NH_2)_{2(aq)} + 2H_2O_{(l)} \longrightarrow 2NH_{3(g)}\uparrow + H_2S_{(g)}\uparrow + CO_{2(g)}\uparrow \tag{3.7}$$

阶段二：生成的 H_2S 将 MoO_3 还原为 MoO_2[式（3.8）]，硫脲继续分解产生的 H_2S 与 Mo^{4+}形成 MoS_2[式（3.9）]。

$$4MoO_{3(s)} + 2H_2S_{(g)} \longrightarrow 4MoO_{2(s)} + S\downarrow + SO_2 + 2H_2O_{(l)} \tag{3.8}$$

$$MoO_{2(s)} + 2H_2S_{(g)} \longrightarrow MoO_{2(s)} + 2H_2O_{(l)} \tag{3.9}$$

1. 无缺陷 MoS_2 纳米片制备方法

通过水热法合成晶体基面无缺陷的 MoS_2，具体合成过程为：将 1 mmol$(NH_4)_6Mo_7O_{24}\cdot 4H_2O$（1.236 g）和 14 mmol 硫脲（1.066 g）溶解在 35 mL 蒸馏水中，搅拌 20 min。将溶液转移到 50 mL 的聚四氟乙烯内衬中，在 220 ℃的高压反应釜内反应 18 h，待反应完成后，通过离心、洗涤、真空干燥（60 ℃），获得无缺陷 MoS_2 纳米片，标记为 DF-MoS_2（defect free nano MoS_2）。

2. 富缺陷 MoS_2 纳米片制备方法

通过调节钼硫比以得到更多的缺陷位。将 1 mmol$(NH_4)_6Mo_7O_{24}\cdot 4H_2O$（1.236 g）和 30 mmol 硫脲（2.284 g）溶解在 35 mL 蒸馏水中，搅拌 20 min。将溶液转移到 50 mL 的聚四氟乙烯内衬中，在 220 ℃的高压反应釜内反应 18 h，待反应完成后，通过离心、洗涤、真空干燥(60 ℃)，获得富缺陷 MoS_2 纳米片，标记为 DR-MoS_2(defect rich nano MoS_2)。

3. 氧插层 MoS_2 纳米片制备方法

通过降低反应温度，使氧原子进入 MoS_2 纳米片层以扩大其层间距，材料标记为 O-MoS_2(oxygen-incorporated nano MoS_2)。具体合成过程：将 4.3 mmol$(NH_4)_6Mo_7O_{24}\cdot 4H_2O$（5.314 g）和 129 mmol 硫脲（9.819 4 g）溶解在 150 mL 蒸馏水中，采用 200 mL 反应釜在 180 ℃条件下反应 24 h，合成的氧插层 MoS_2 纳米片相同方法干燥回收。

3.3.2　MoS_2 晶体结构及分子结构表征

采用 X 射线衍射法（X-ray diffractometry，XRD）对材料的晶体结构进行研究，如图 3.42 所示，（a）、（b）、（c）、（d）分别对应 O-MoS_2、DR-MoS_2、DF-MoS_2 和商业 MoS_2 粉末的 XRD 衍射图。产物的 XRD 衍射图谱与标准卡片(JCPDS 卡片号 73-1508)主峰位置对应，表明合成的产物为高纯度的二维硫化钼。4 种材料衍射图谱的峰宽不同，表明其具有不同的结晶程度。通过采用谢乐公式（Scherrer equation）对 MoS_2（002）晶面的衍射峰最高谱带的半高宽（full wide of half maximum，FWHM）进行计算，计算公式为

$$D = K\lambda / B\cos\theta \tag{3.10}$$

式中：K 为谢乐常数，其值为 0.89；D 为垂直于晶面方向的平均厚度，nm；B 为测量样品半高宽，转为弧度，rad；θ 为衍射角，rad；λ 为 X 射线波长，nm。

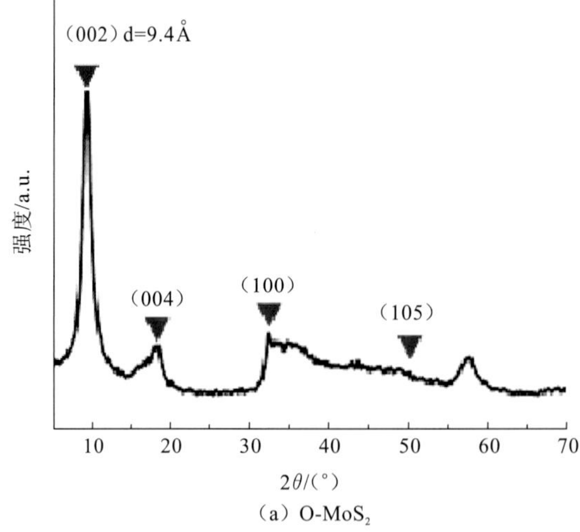

（a）O-MoS_2

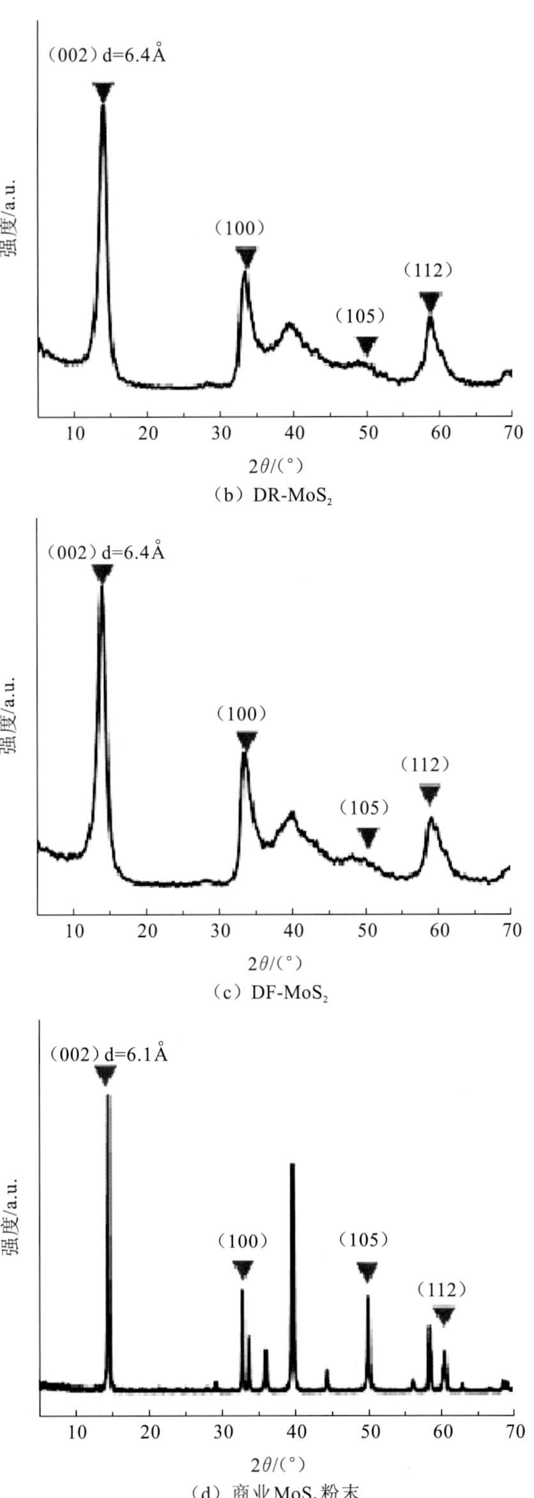

(b) DR-MoS_2

(c) DF-MoS_2

(d) 商业MoS_2粉末

图 3.42　不同 MoS_2 的 X 射线衍射谱图

通过计算可以得到 MoS_2 纳米片法向的堆积厚度为 5.9 nm，对应大约 9 个 S—Mo—S 纳米片层。在不同材料合成过程中，其晶面间距会发生改变，通过布拉格方程可计算（002）晶面间距，了解间距变化情况（表 3.6），理论计算公式为

$$2d\sin\theta = n\lambda, \quad n=1, 2, \cdots \tag{3.11}$$

式中：d 为晶面间距，nm；θ 为衍射角，rad；λ 为 X 射线的波长，nm；n 为衍射级数。

表 3.6　不同 MoS_2（002）晶面间距

样品	衍射角 θ/（°）	（002）晶面间距/nm
O-MoS_2	9.44	0.94
DR-MoS_2	14.02	0.64
DF-MoS_2	14.00	0.64
商业 MoS_2 粉末	14.54	0.61

商业 MoS_2 粉末[图 3.42（d）]（002）晶面间距最小，为 0.61 nm；DF-MoS_2[图 3.42（c）]与 DR-MoS_2[图 3.42（b）]（002）晶面存在微弱的变化，晶面间距均为 0.64 nm；经过氧掺杂调控处理后，O-MoS_2[图 3.42（a）]（002）晶面特征衍射角减小，（002）晶面间距扩大，由式（3.10）计算得到其（002）晶面间距为 0.94 nm。

在调控合成氧插层 MoS_2 过程中，加入的过量硫脲及其分解的小分子等可能吸附在材料表面，也可能存在于纳米片层之间。为确定合成的氧插层 MoS_2 材料中是否有这些组分的存在，故通过傅里叶变换红外光谱（FT-IR）对氧插层 MoS_2 和 DR-MoS_2 进行了分析，如图 3.43 所示。DR-MoS_2 及 DR-MoS_2 均无相关特征峰出现，表明层间并不存在其他物质，层间距扩大与硫脲等小分子无关。

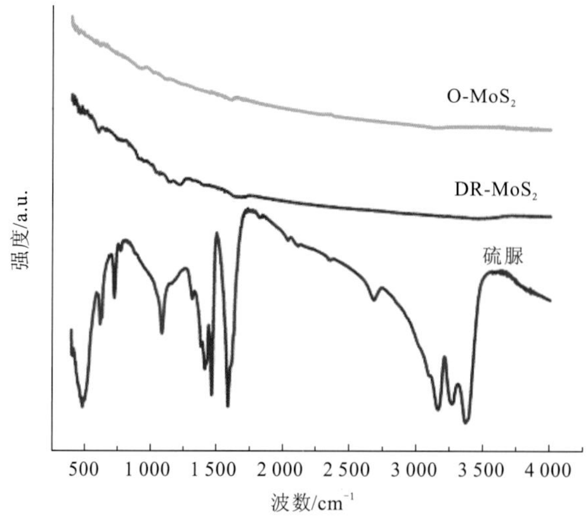

图 3.43　改性 MoS_2 超薄纳米片傅里叶变换红外光谱图

3.3.3 MoS_2 物化性质表征

1. 比表面积

一般而言，吸附-催化材料的比表面积越大，其活性越好。采用 BET 方程（Brunauer-Emmet-Teller equation）测定不同 MoS_2 的比表面积，如表 3.7 所示。实验采用的商业 MoS_2 粉末比表面积仅为 2 m^2/g，而通过纳米化处理的 MoS_2 比表面积远大于商业 MoS_2 粉末样品，其中 O-MoS_2 比表面积最大，为 32 m^2/g。另外，经过表面缺陷改性的 DF-MoS_2 与 DR-MoS_2 比表面积分别为 23 m^2/g 和 24 m^2/g，表面缺陷改性对比表面积影响不大。

表 3.7　不同 MoS_2 的比表面积

样品	比表面积/(m^2/g)
O-MoS_2	32
DR-MoS_2	24
DF-MoS_2	23
商业 MoS_2 粉末	2

2. 形貌表征

采用扫描电子显微镜（SEM）对合成材料的形貌进行表征，如图 3.44 所示。商业 MoS_2 粉末[图 3.44(d)]的微观结构为不规则的鳞片状。而合成的纳米 MoS_2[图 3.44(a)～(c)]微观结构为均匀的纳米片层堆积，由于其在合成生长过程中会自动团簇，可以形成更加稳定的高度分散的花瓣状。

(a) O-MoS_2

（b）DR-MoS_2

（c）DF-MoS_2

（d）商业MoS_2粉末

图 3.44　不同 MoS_2 的 SEM 图

为进一步揭示粉末材料的微观形貌，采用透射电子显微镜（TEM）对 O-MoS_2[图 3.45（a）和（d）]、DR-MoS_2[图 3.45（b）和（e）]和 DF-MoS_2[图 3.45（c）和（f）]材料进行表征，如图 3.45 所示。不同 MoS_2 的 TEM 图像表明产物的形貌为超薄纳米片。对比

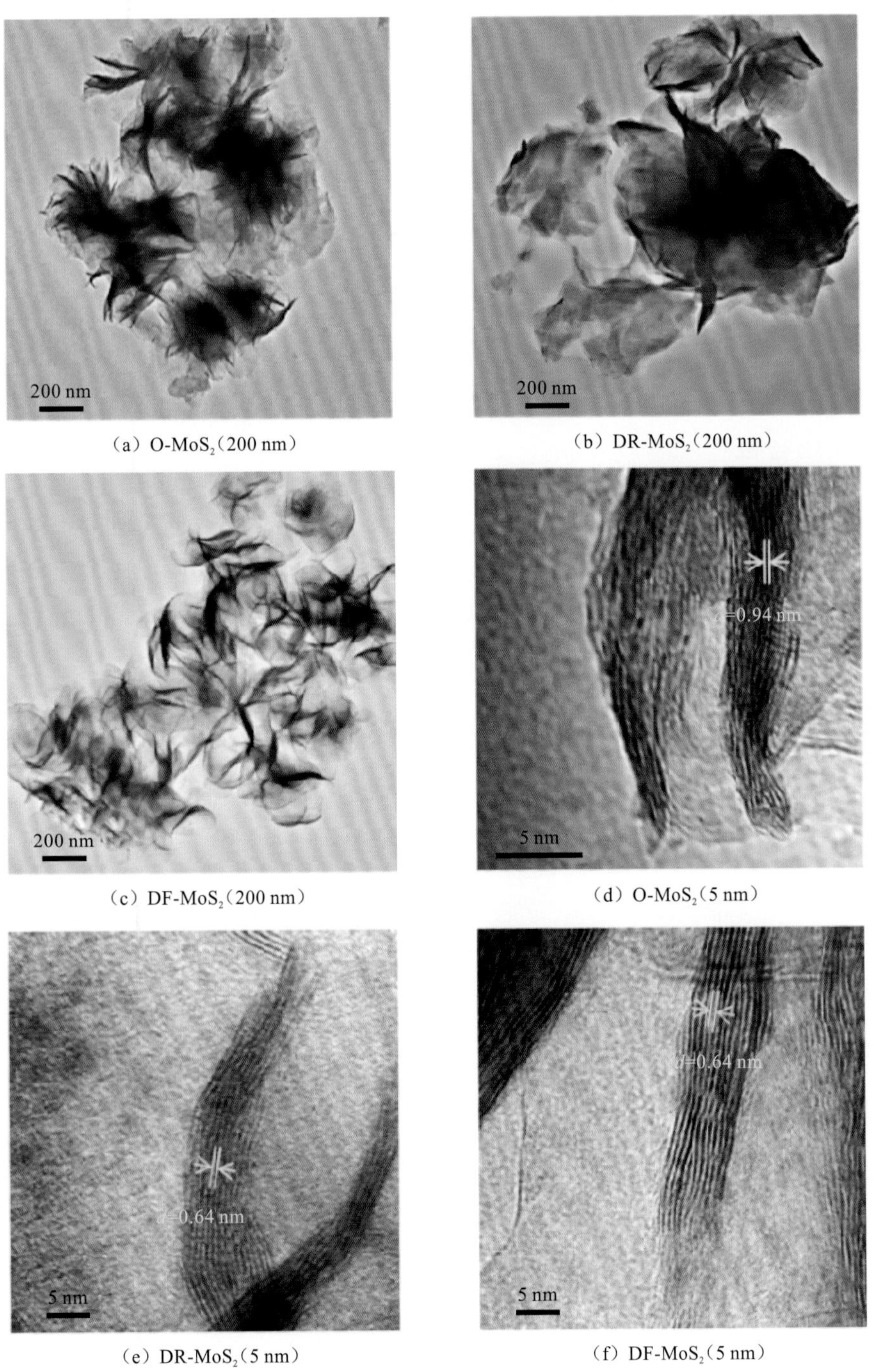

（a）O-MoS_2（200 nm）　（b）DR-MoS_2（200 nm）

（c）DF-MoS_2（200 nm）　（d）O-MoS_2（5 nm）

（e）DR-MoS_2（5 nm）　（f）DF-MoS_2（5 nm）

图 3.45　不同 MoS_2 的 TEM 图

图 3.45 中（d）、（e）与（f），可以看出（d）图中纳米片的边缘没有（e）、（f）清晰，这是因为 O-MoS_2 相比于 DR-MoS_2、DF-MoS_2 合成温度低，纳米片层的结晶度低，片层边缘清晰度降低。

从超薄纳米片的高分辨透射电子显微镜（HRTEM）低倍图中可以看出，纳米基面的尺寸范围从几十到几百纳米，结构与石墨烯相似，为高度分散且稳定的纳米片层结构。从其高倍图可以看出纳米片由几个到十几个 S—Mo—S 层堆积组成，MoS_2 纳米片（002）晶面具有不同的晶面间距，其中 O-MoS_2（002）晶面间距约为 0.94 nm，未扩大层间距的纳米 MoS_2（002）晶面间距约为 0.64 nm。二维 MoS_2 在 S—Mo—S 层间通过弱的范德瓦耳斯力结合，理论估算 S—Mo—S 厚度为 0.317 nm。由于商业 MoS_2 两个相邻层的间距为 0.298 nm，气态单质汞（共价半径为 1.49 Å）很难进入层间与吸附位点接触。但是通过氧插层的方式扩大层间距后，内层空间间距达到 0.94 nm，Hg^0 更易接近内层活性位，为 Hg^0 在层间的吸附和转移提供了有利条件。

3. 热稳定性

通过热重-差热分析（TG-DTA）对四种材料的热稳定性进行表征，如图 3.46 所示。在 100 ℃时，由于水分的蒸发，材料均失重明显；在 100～200 ℃时，物质质量和热容无明显的变化，表明材料的化学组成和结构可在该温度范围内保持稳定；在 200～300 ℃时，材料均有 5%的失重，其原因可能是 MoS_2 热分解导致单质硫挥发。就材料的热容变化对比来看，氧插层 MoS_2 在 232.6 ℃存在最大的吸热峰，而其他材料变化不明显，表明该温度下仅有氧插层 MoS_2 发生了结构转变；在＞300 ℃时，全部的 MoS_2 材料均失稳大量分解。

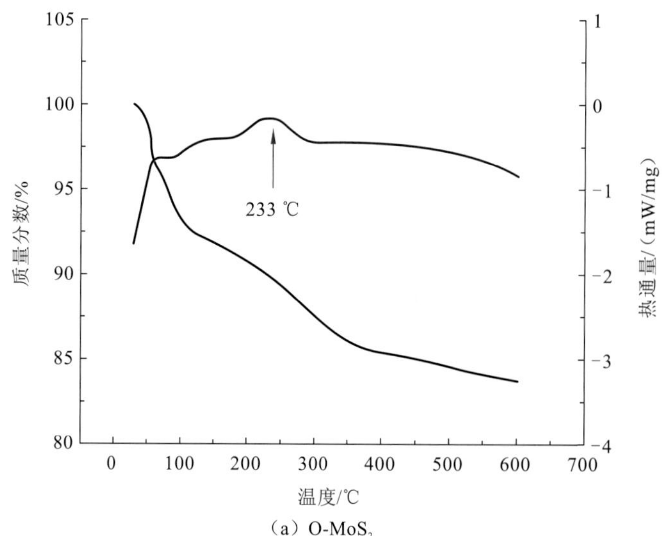

（a）O-MoS_2

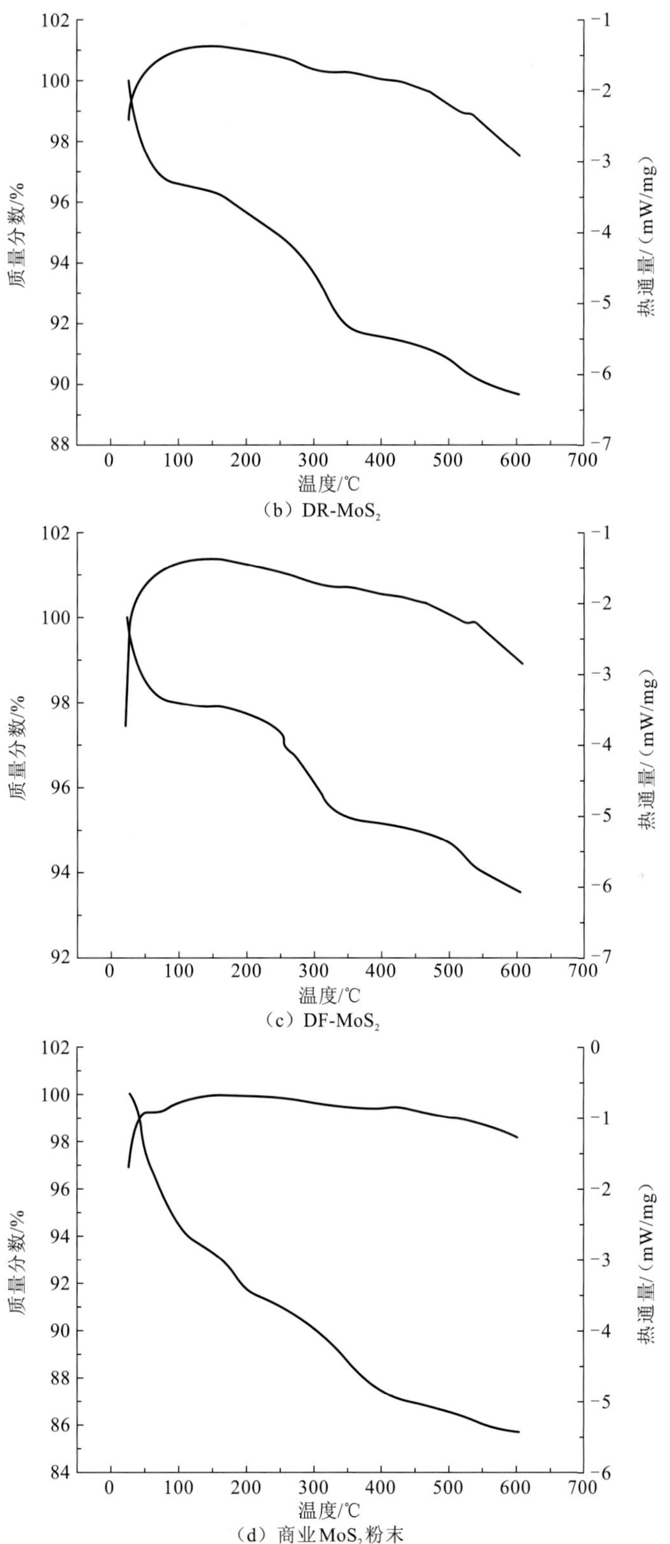

（b）DR-MoS_2

（c）DF-MoS_2

（d）商业MoS_2粉末

图3.46　不同MoS_2样品的TG-DTA图

4. 元素组成

为研究合成产物化学元素组成及分布情况，采用 X 射线光电子能谱（XPS）和 X 射线能谱元素像分析技术（EDS-Mapping）对不同结构的 MoS_2 进行了分析。

图 3.47 为 DF-MoS_2、DR-MoS_2 的 X 射线光电子能谱（XPS）。从图中可以看出，Mo $3d_{5/2}$ 和 $3d_{3/2}$ 轨道的峰位置在 229.6 eV 和 232.8 eV，表明两种材料中 Mo 的存在价态主要为+4 价；S $2p_{3/2}$ 和 $2p_{1/2}$ 轨道的峰位置在 162.5 eV 和 163.7 eV，表明硫以−2 价的形式存在。DF-MoS_2 和 DR-MoS_2 扫描电子显微镜结果及元素表面分布情况如图 3.48 所示，表明两种材料均由钼和硫元素组成，且钼和硫元素在整个纳米片上均匀分布。因此，DR-MoS_2 和 DF-MoS_2 的化合物组成为 MoS_2。

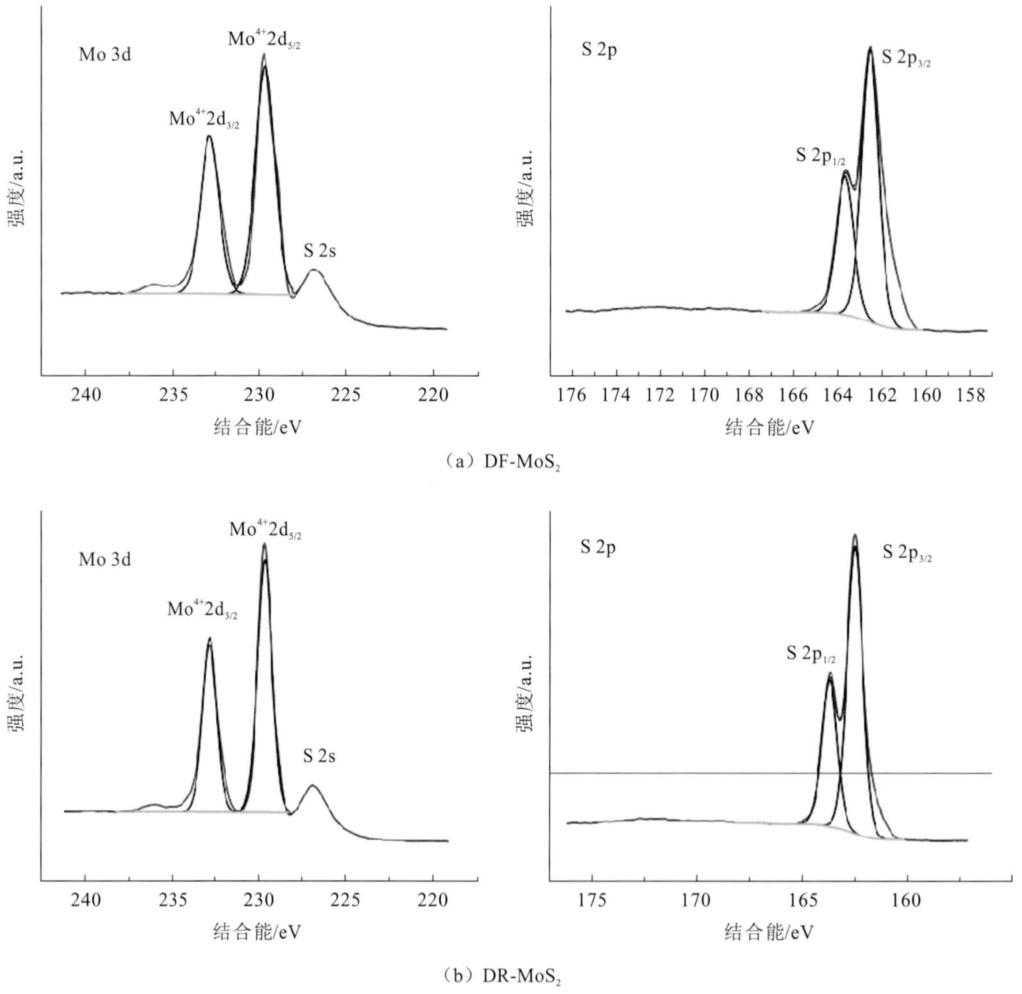

图 3.47　不同结构的 MoS_2 的 XPS Mo 3d 和 S 2p 图谱

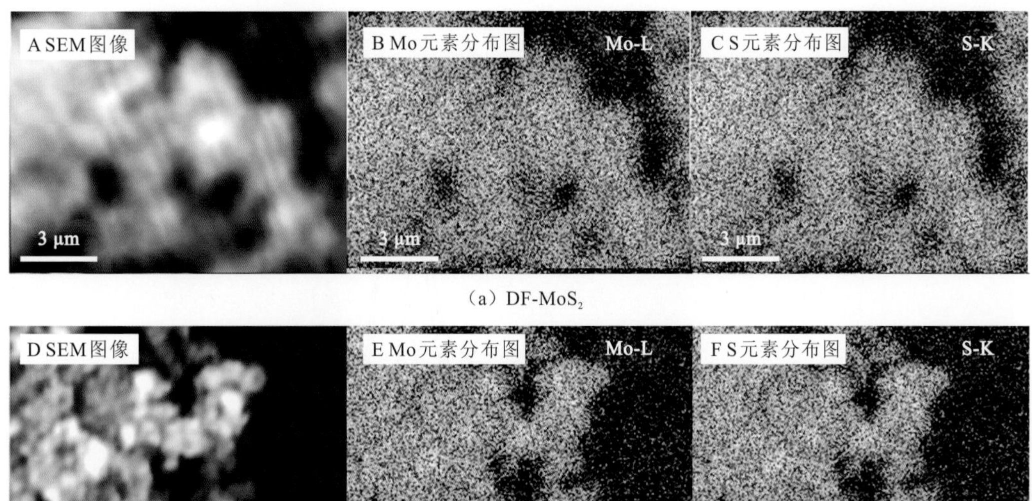

（a）DF-MoS_2

（b）DR-MoS_2

图 3.48　DF-MoS_2 及 DR-MoS_2 扫描电镜形貌及元素分布

图 3.49 为 O-MoS_2 的 X 射线光电子能谱（XPS），Mo 3d 轨道有两组双峰，表明 Mo 存在两种形态。其中 Mo $3d_{5/2}$ 和 $3d_{3/2}$ 轨道的峰位置在 229.04 eV 和 232.24 eV 处，结合一组 S $2p_{3/2}$ 和 $2p_{1/2}$ 轨道的峰位置在 161.88 eV 和 162.96 eV 处，推测材料中含有 MoS_2。另一组 Mo $3d_{5/2}$ 和 $3d_{3/2}$ 轨道特征峰位于 230.29 eV 和 233.57 eV 处，较前一组 Mo 3d 轨道向高结合能方向移动，这是因为氧的氧化性能强于硫。O 1s 轨道结合能位于 530.78 eV，该位置结合能与 MoO_2 中的氧结合能一致，从而证明合成的产物中 Mo—O 键的存在。XPS 图谱中另一组 S $2p_{3/2}$ 和 $2p_{1/2}$ 轨道的峰位置在 163.46 eV 和 164.57 eV，与单质硫的特征峰一致。上述结果如表 3.8 总结所示。综上所述，该材料为氧插层 MoS_2 片层材料（图 3.50）。

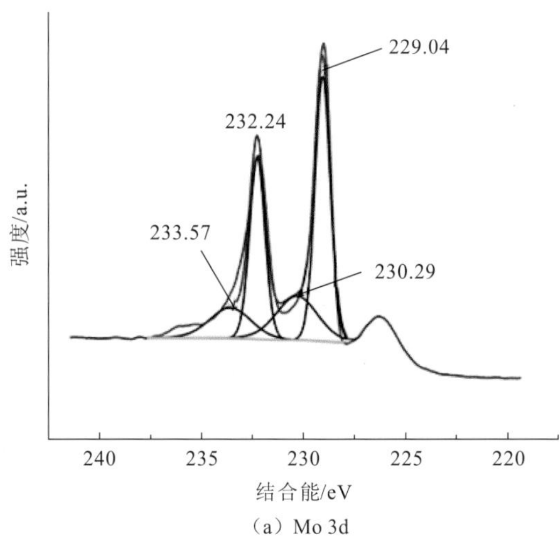

（a）Mo 3d

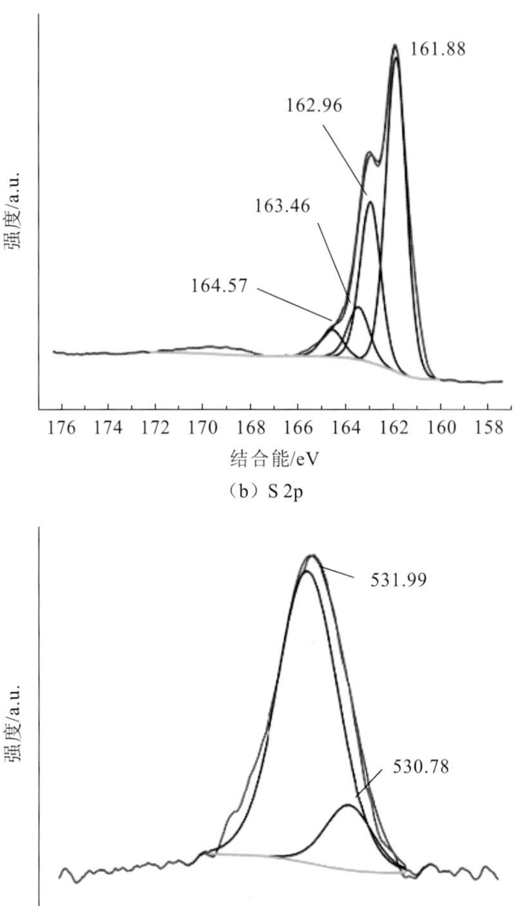

（b）S 2p

（c）O 1s

图 3.49　O-纳米 MoS_2 的 XPS 图谱

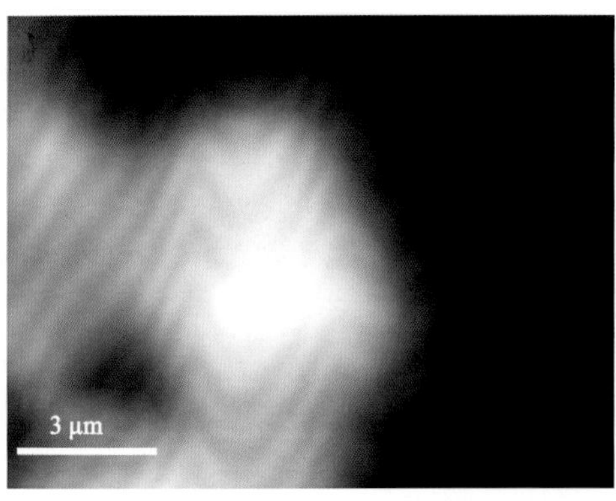

（a）氧插层 MoS_2 SEM 图像

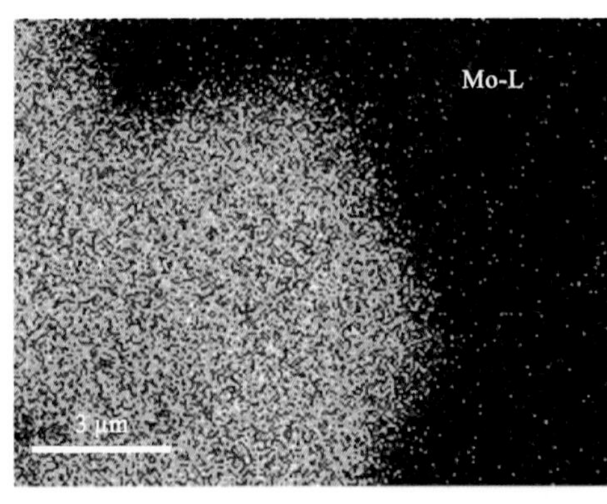

（b）Mo 元素分布图

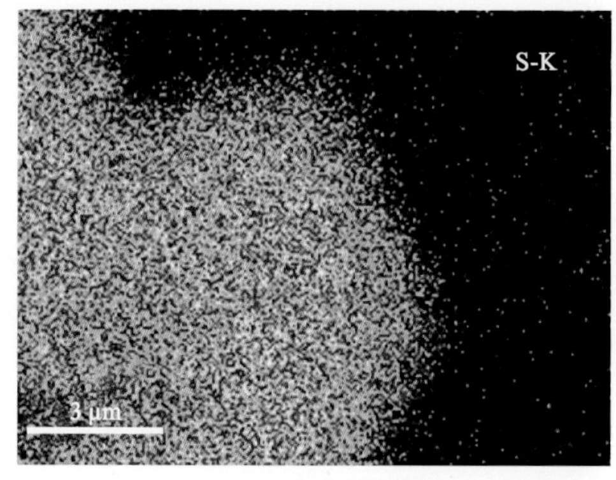

（c）S元素分布图

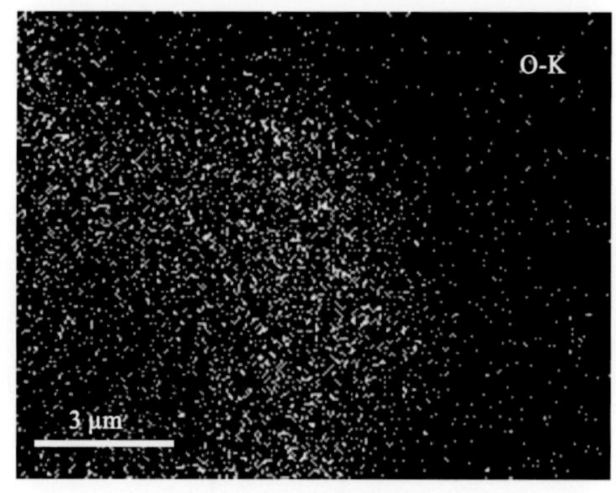

（d）O元素分布图

图 3.50　氧插层 MoS_2 SEM 图像及 Mo、S、O 元素分布图

表 3.8　纳米 MoS_2 特征峰位置与化学组成

样品	轨道	峰位置/eV	对应产物
DF-MoS_2	Mo $3d_{5/2}$	229.62	MoS_2
	S $2p_{3/2}$	162.56	MoS_2
DR-MoS_2	Mo $3d_{5/2}$	229.66	MoS_2
	S $2p_{3/2}$	162.51	MoS_2
O-MoS_2	Mo $3d_{5/2}$	229.04	MoS_2
		230.29	MoO_2
	S 2 $p_{3/2}$	161.88	MoS_2
		163.46	S
	O 1s	530.78	MoO_2

纳米 MoS_2 的化学组成及元素定量分析如表 3.9 所示，三种材料的钼硫原子比的差别不大，但由于 O-MoS_2 反应未完全，使得氧原子取代了一部分硫原子，氧原子在材料表面的占比为 3.88%。

表 3.9　不同 MoS_2 中氧含量和钼硫原子比

样品	氧的原子百分数	Mo∶S 原子比
氧插层 MoS_2	3.88	1∶2.10
富缺陷 MoS_2	0	1∶2.13
DF-MoS_2	0	1∶2.05

3.3.4　MoS_2脱汞性能

首先考察氧插层 MoS_2 在不同气氛下对 Hg^0 的脱除效率，如图 3.51 所示。当只通入 6% O_2 时，MoS_2 对 Hg^0 的脱除效率由 100%迅速下降至 37.5%。在 140 min 时向模拟烟气中加入 10 μL/L HCl，Hg^0 脱除效率迅速升高至 95%，并且连续 4 h 保持稳定，表明 HCl 可促进 MoS_2 对 Hg^0 的脱除。在 380 min 时通入 3% SO_2，MoS_2 对 Hg^0 的脱除效率仅略微降低，表明氧插层 MoS_2 具有良好的脱汞能力及抗硫性能。

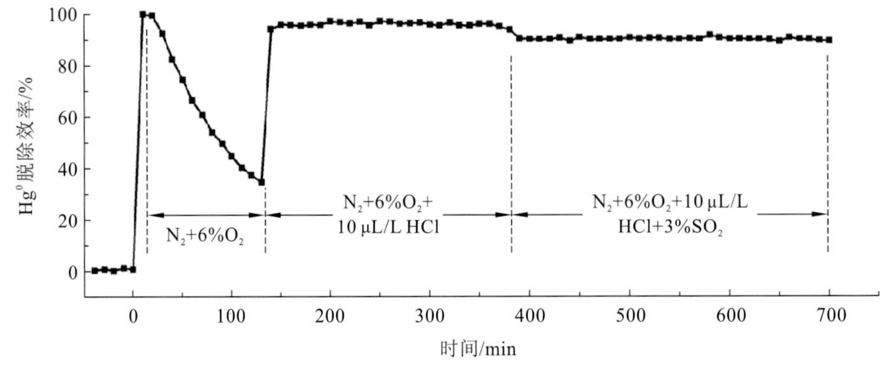

图 3.51　氧插层 MoS_2 在不同气氛下对 Hg^0 的脱除效率

三种不同结构 MoS_2 对 Hg^0 的脱除能力，如图 3.52 所示。当 HCl 浓度为 2 μL/L 时，O-MoS_2、DR-MoS_2 和 DF-MoS_2 三种材料的 Hg^0 脱除效率分别为 89.5%、94.5%和 90.1%，意味着 Hg^0 脱除效率随 MoS_2 材料缺陷程度的增加而升高。继续升高 HCl 浓度至 10 μL/L 后，三种样品对 Hg^0 的脱除效率均有显著的上升，其中 DR-MoS_2 和 DF-MoS_2 的 Hg^0 脱除效率可达 100%，表明 HCl 有利于提高 MoS_2 的脱 Hg^0 能力。通常认为 MoS_2 晶体的（002）基面属于结构稳定的惰性面，MoS_2 表面的主要脱 Hg^0 活性位是边缘位及表面缺陷位。综合上述分析，富缺陷 DR-MoS_2 材料具有最优的脱 Hg^0 能力，后续实验采用 DR-MoS_2 为研究样品。

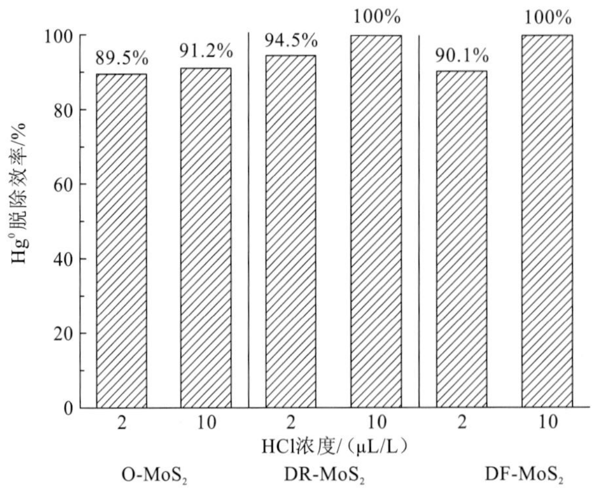

图 3.52　不同 MoS_2 脱 Hg^0 性能对比

不同烟气组成对 DR-MoS_2 脱汞效率的影响，如图 3.53 所示。在纯 N_2 条件下，DR-MoS_2 材料的 Hg^0 脱除效率随时间的延长缓慢下降。当烟气中加入 10 μL/L HCl 后，DR-MoS_2 对 Hg^0 的脱除效率与纯 N_2 条件下相近，表明 HCl 单独存在时对 DR-MoS_2 的脱 Hg^0 能力没有明显影响。当单独加入 6% O_2 后，DR-MoS_2 的 Hg^0 脱除效率快速下降，表明 O_2 可抑制 DR-MoS_2 脱 Hg^0，这可能是表面活性硫被 O_2 氧化造成的。当烟气中同时加入 6% O_2 和 10 μL/L HCl 时，DR-MoS_2 的 Hg^0 脱除效率接近 100%，远优于其他气氛，表明 O_2 和 HCl 共同存在时会形成新的活性位，从而显著提升 DR-MoS_2 的脱 Hg^0 能力。

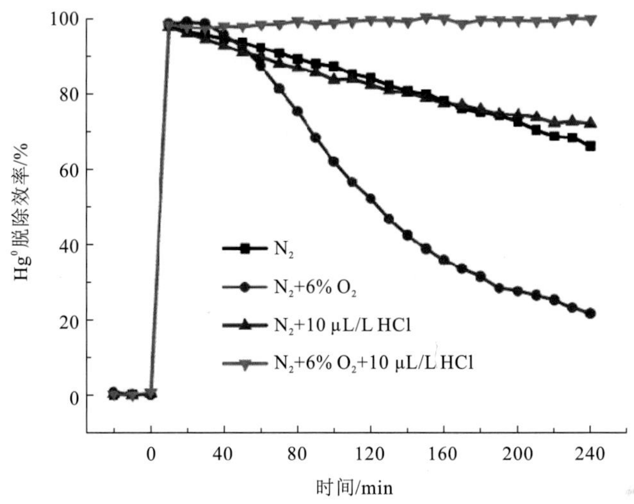

图 3.53　烟气组分对 MoS_2 对汞脱除的影响

进一步深入研究 HCl 对 DR-MoS_2 脱 Hg^0 能力的影响，如图 3.54 所示。当 HCl 浓度从 2 μL/L 上升到 10 μL/L 时，Hg^0 脱除效率从 94.5%上升到 100%，这表明提高 HCl 的浓度有利于 Hg^0 的脱除。继续增加 HCl 浓度至 40 μL/L，Hg^0 的脱除效率仍保持在 100%，基于 Deacon 反应理论，Hg^0 在 DR-MoS_2 活性边缘位点发生的催化反应为

$$Hg_{(g)} \longrightarrow Hg_{(ads)} \tag{3.12}$$

$$4HCl_{(ads)} + O_2 \longrightarrow 4Cl^* + 2H_2O \tag{3.13}$$

$$Cl^* + Hg_{(ads)} \longrightarrow HgCl \tag{3.14}$$

$$HgCl + Cl^* \longrightarrow HgCl_2 \tag{3.15}$$

在反应初始阶段 HCl 需要优先吸附在 MoS_2 活性边缘位点，与 O_2 发生 Deacon 反应形成活性 Cl，生成的活性 Cl 再将 Hg^0 氧化成 $HgCl_2$，从而实现 Hg^0 的脱除，反应过程中活性 Cl 的生成速率直接影响脱汞稳定性和脱除效率。

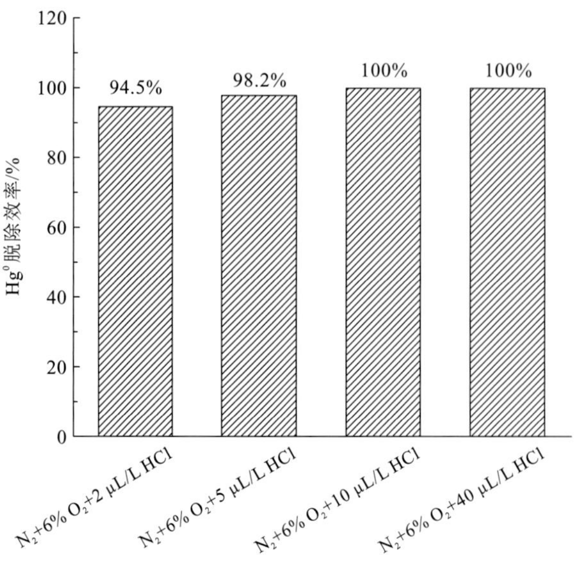

图 3.54　HCl 对 MoS_2 脱汞效率的影响

SO_2 是冶炼烟气的重要组分，有必要研究 SO_2 对 DR-MoS_2 脱汞的影响，结果如图 3.55 所示。随着烟气中 SO_2 的浓度从 0 上升至 3%，Hg^0 的脱除效率变化不大，均保持在 97% 以上。当 SO_2 浓度为 5%时，Hg^0 的脱除效率略微下降至 95.8%。上述结果表明 DR-MoS_2 具有优良的抗硫性。MoS_2（100）晶面活性位与 Hg^0 结合能力强，与 SO_2 结合能力弱，不易与 SO_2 反应生成硫酸盐或亚硫酸盐而导致材料失活。因此，在高 SO_2 浓度下 MoS_2 能保持结构及性质稳定，具有优良的抗 SO_2 中毒能力。

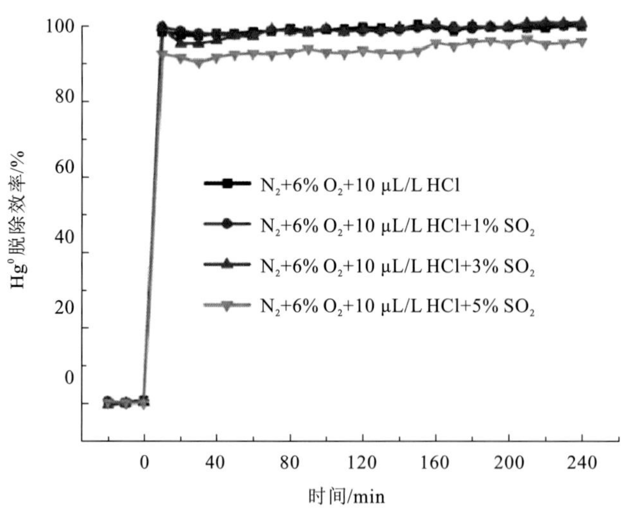

图 3.55　SO_2 浓度对 MoS_2 催化剂汞脱除效率的影响

对 DR-MoS_2 进行了长时间脱汞性能测试，如图 3.56 所示。在反应 30 min 后，DR-MoS_2

对 Hg^0 的脱除效率维持在 100%，且连续反应 60 h 内 DR-MoS_2 的脱 Hg^0 效率保持稳定。连续高效的脱汞效率表明 DR-MoS_2 材料具有高稳定的脱汞性能和长时间的使用寿命，为该材料的工业化应用奠定了基础。

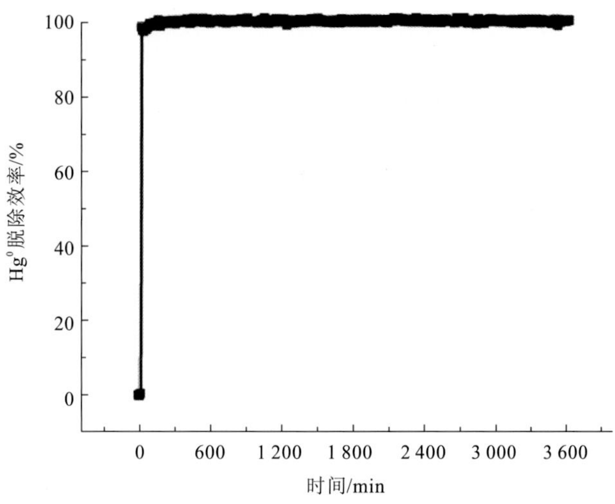

图 3.56　富缺陷 MoS_2 的脱汞稳定性

3.3.5　MoS_2 脱汞机制

1. BET 分析

MoS_2 材料的比表面积是影响其 Hg^0 脱除能力的主要参数。表 3.10 给出了三种纳米 MoS_2 材料脱 Hg^0 前后的比表面积变化。氧插层 MoS_2 比表面积从反应前的 32 m^2/g 迅速降低到反应后的 9 m^2/g，这可能是反应后 O-MoS_2 结构发生改变造成的。未扩大层间距（富缺陷和无缺陷）的纳米 MoS_2 反应前后的比表面积变化不大，表明其结构受温度和气氛的影响不大，可保持稳定的纳米结构。

表 3.10　反应前后 MoS_2 比表面积

样品	反应前的比表面积/(m^2/g)	反应后的比表面积/(m^2/g)
O-MoS_2	32	9
DR-MoS_2	24	21
DF-MoS_2	23	20

2. TEM 分析

反应后 MoS_2 的 TEM 结果如图 3.57 所示。反应后 O-MoS_2 有明显的团聚现象，且颗粒尺寸明显变大。DR-MoS_2和DF-MoS_2具有较完整的片层结构，保持二维纳米片层结构。在200 ℃下O-MoS_2会发生塌陷堆叠，这是其BET比表面积降低的原因。

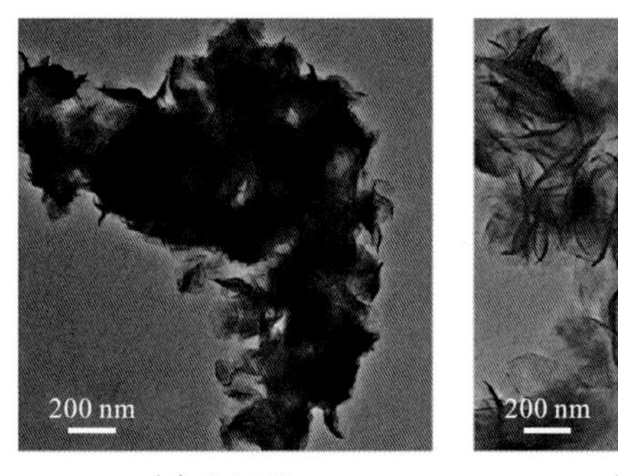

（a）O-MoS_2

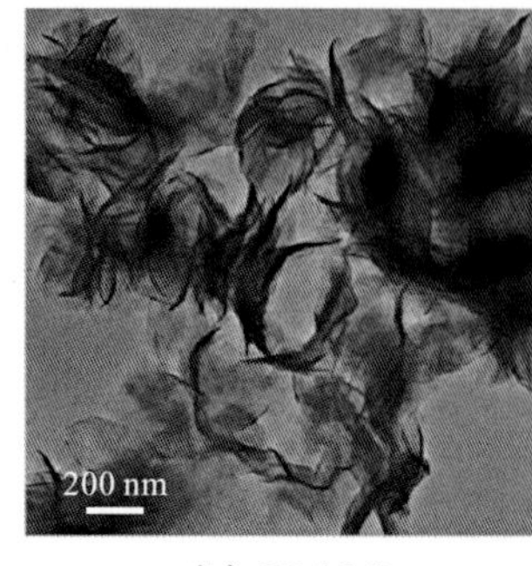

（b）DR-MoS_2

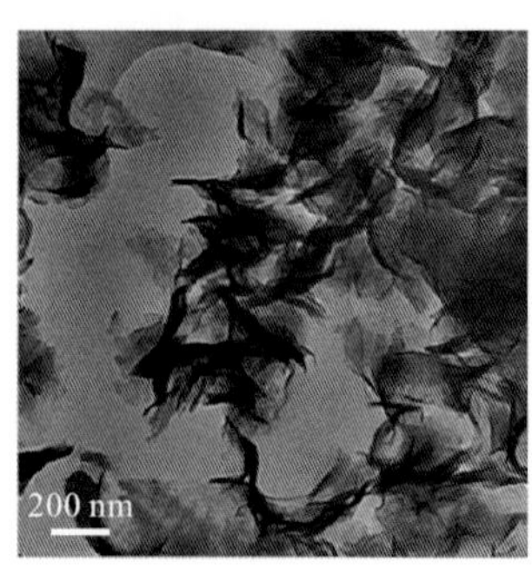

（c）DF-MoS_2

图3.57 反应后MoS_2的TEM图

温度为200 ℃；O_2体积分数为6%；HCl浓度为10 μL/L；时间为4 h

3. XRD分析

为进一步探究反应前后MoS_2的结构变化，对不同MoS_2材料进行XRD分析，如图3.58所示。图3.58 a和b分别为反应前后氧插层MoS_2的XRD图谱，其中低衍射角度为MoS_2（002）晶面的特征衍射峰，且其衍射角度越低代表二维层间距越大。对比两者XRD图谱发现反应前后（002）晶面的特征衍射峰向高角度移动，这表明O-MoS_2层间距减小。DR-MoS_2和DF-MoS_2反应前后（曲线c，d，e和f）（002）特征晶面的衍射角度变化不大，均保持在14.5°左右，这也可以说明两种材料反应前后层间距变化不大。XRD分析结果与MoS_2比表面积的变化一致，说明层间距对维持MoS_2比表面积起到了关键作用。

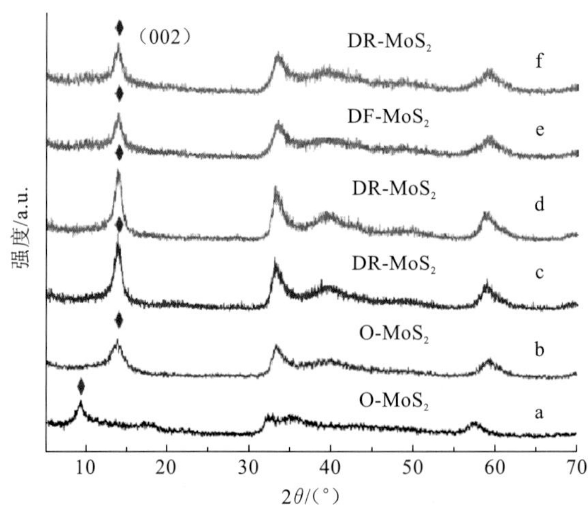

图3.58 不同MoS_2催化反应前后XRD图谱

a、c、e为反应前，b、c、d为反应后

4. 汞程序升温脱附

研究发现当 HCl 和 O_2 同时存在时，DR-MoS_2 表现出更好的脱汞效率。采用升温脱附实验分析 DR-MoS_2 材料中汞的存在形态。实验过程中首先使用 DR-MoS_2 于 200 ℃时在不同气氛下进行脱汞反应，得到不同含汞样品，待温度降至室温后，通入 N_2，以 5 ℃/min 的升温速率从室温升至 600 ℃，得到不同样品的汞脱附曲线，如图 3.59 所示。N_2、O_2 及 HCl 气氛下得到的样品在约 355 ℃得到汞的脱附峰值，表明汞吸附在 DR-MoS_2 表面形成 HgS，证实硫活性位对 Hg^0 的吸附作用。其中 O_2 和 HCl 共存时得到的样品，除在 355 ℃出现汞脱附峰外，还在 280 ℃附近出现一个汞脱附峰，意味着材料表面除吸附的 HgS 外，还有其他化合物存在，可能是 $HgCl_2$。

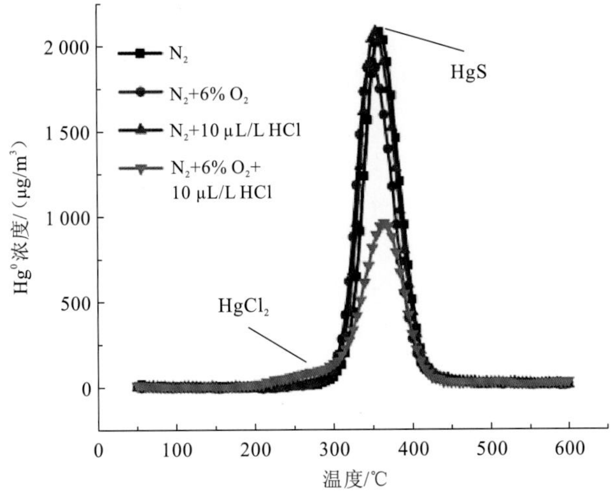

图 3.59　DR-MoS_2 在不同气氛条件下 Hg^0 脱附曲线

对汞的脱附曲线进行积分，可得到不同样品上吸附态汞的含量，并根据脱除的总汞量计算出尾气中被氧化的汞总量，如图 3.60 所示。当 O_2 或 HCl 单独存在时，TPD 实验脱附汞的量和材料脱除汞的量基本相同，表明汞主要以吸附态存在于材料表面。当 O_2

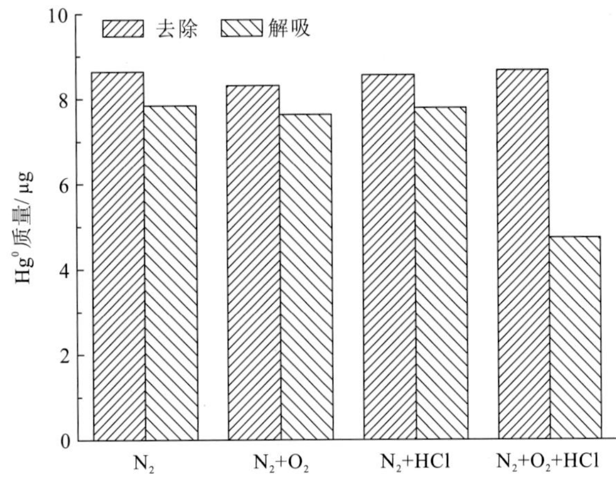

图 3.60　DR-MoS_2 脱除/脱附汞质量

和 HCl 共同存在时，汞的脱除量为 8.75 μg，而材料表面吸附的汞量为 4.67 μg，占脱除总汞量的 53.4%，表明此时材料将烟气 Hg^0 催化氧化为 $HgCl_2$ 并进入尾气中，而以 HgS 为主的吸附态汞则保留在材料表面。

3.4　金属掺杂氧化铈纳米材料催化脱汞性能

纳米 CeO_2 具有独特的萤石型结构，结构中 Ce^{3+}/Ce^{4+} 能够相互转化，有利于氧缺陷的形成，使材料具有良好的储氧性能，同时促进催化反应的进行。近年来氧化铈纳米材料在环境催化领域受到了广泛的关注，在 CO、NO_x 的氧化、脱汞等领域被认为是一种具有良好应用前景的催化剂。但目前氧化铈纳米材料仍然存在催化活性不足、热稳定性差、稀土资源浪费等问题，限制了材料在脱汞领域的实际应用。为提升氧化铈纳米材料的催化活性，需要对其氧化还原性能及储氧量进行调控，目前常用的手段包括形貌、尺寸的调控及金属离子的掺杂。不同形貌结构的氧化铈纳米材料其暴露晶面可能存在差异，而不同的暴露晶面缺陷形成能不同（（111）>（100）>（110）），暴露更多的（100）和（110）晶面有利于催化反应的进行。另外，将金属离子引入氧化铈晶格后，离子尺寸的不同会引起晶格畸变，价态的不同会破坏电荷平衡，这两种作用都能够提高材料的缺陷浓度，有利于储氧量及催化性能的提升。本节将采用金属掺杂的方法，兼顾调控氧化铈纳米材料的尺寸、形状及表面微结构（暴露晶面、缺陷、棱角位点等），研究金属掺杂氧化铈纳米材料的催化脱汞性能，明晰催化剂结构与污染物之间的构效关系，促进有色金属冶炼烟气中汞的高效净化。

3.4.1　金属掺杂氧化铈纳米材料的制备和表征

1. 金属掺杂氧化铈纳米材料的制备

采用水热法合成材料，具体步骤为：在烧杯中加入 0.434 g（1 mmol/L）的 $Ce(NO_3)_3 \cdot 6H_2O$ 作为铈源，0.5 g 聚乙烯吡咯烷酮（polyvinyl pyrrolidone，PVP）作为表面活性剂，量取 30 mL 去离子水后对混合溶液进行磁力搅拌至澄清透明。采用尿素（2.196 g）作为碱源，混入溶液后将烧杯封闭，磁力搅拌 0.5 h。将混合溶液转移至 100 mL 反应釜中放入 150 ℃的烘箱中反应 10 h，反应结束后取出反应釜。采用水和乙醇对水热反应得到的前驱体进行洗涤，洗涤三次后放入 60 ℃的烘箱干燥。干燥后，马弗炉 500 ℃煅烧 4 h 即得到样品 CeO_2。

金属掺杂氧化铈纳米材料的合成方法与纯氧化铈纳米材料相同，仅在第一步中分别加入一定量的 $FeCl_3 \cdot 3H_2O$、$CuCl_2 \cdot 2H_2O$、$CoCl_2 \cdot 6H_2O$ 金属盐作为原料（Ce 与 Fe、Cu、Co 的物质的量比均为 2.5∶1），即可得到 Fe-CeO_2、Cu-CeO_2、Co-CeO_2 三种不同的金属掺杂氧化铈纳米材料。当合成 Ce 和 Co 的物质的量比为 5∶1 的材料时，将材料标记为 Co-CeO_2（1∶5）没有特殊说明时，Co-CeO_2 均代表 Ce 和 Co 的物质的量比为 2.5∶1 的材料。

2. 金属掺杂氧化铈纳米材料的形貌表征

采用扫描电子显微镜（SEM）和透射电子显微镜（TEM）对纯氧化铈材料和掺杂金属离子的氧化铈材料的形貌、尺寸和立体结构进行表征分析，得到的SEM和TEM图像分别如图3.61和图3.62所示。由SEM（图3.61）的表征结果可以看出，通过水热法制备的四种氧化铈材料呈现出明显不同的形貌及尺寸大小。结合TEM（图3.62）表征进一步观察材料，如图3.61（a）所示，纯CeO_2为不规则晶粒组成的团聚体，平均直径约为100 nm。Fe^{3+}掺杂合成的氧化铈材料（Fe-CeO_2）为立体的纳米棒状结构[图3.61（b）]，其长度和直径分别约为450 nm和250 nm，表面附着有部分未组装的片状晶粒。Cu^{2+}掺杂合成的氧化铈材料（Cu-CeO_2）呈现出中空的环状结构[图3.61（c）]，其内径和外径分别约为70 nm和165 nm，并且可以观察到Cu-CeO_2由较小的片状晶粒组装而成，表面呈不平整状。Co^{2+}掺杂合成的氧化铈材料（Co-CeO_2）呈纳米片状结构，平均直径约为250 nm，片状结构由晶粒有序堆叠而成，表面呈凹凸不平状[图 3.62（d）]。四种氧化铈材料的合成过程中表面活性剂用量、反应温度、反应时间等都处于相同条件，因此推测掺杂氧化铈材料（Fe-CeO_2、Cu-CeO_2和Co-CeO_2）形貌、尺寸的改变是掺杂过渡金属离子种类不同所造成的。

（a）CeO_2　（b）Fe-CeO_2
（c）Cu-CeO_2　（d）Co-CeO_2

图3.61　CeO_2、Fe-CeO_2、Cu-CeO_2及Co-CeO_2的SEM图

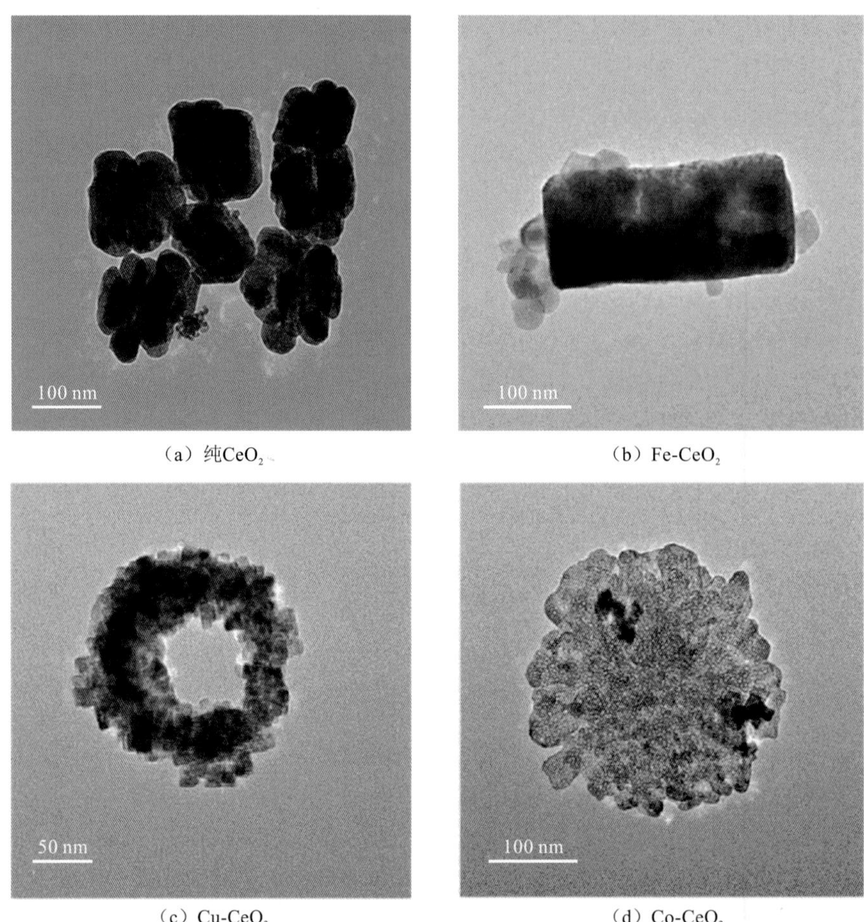

（a）纯CeO_2　（b）Fe-CeO_2

（c）Cu-CeO_2　（d）Co-CeO_2

图 3.62　纯 CeO_2、Fe-CeO_2、Cu-CeO_2 及 Co-CeO_2 的 TEM 图

通过 HRTEM 能够表征纳米材料的表面结构，观察材料表面的晶面间距。常见的具有规则形貌的 CeO_2 的主要暴露晶面为（100）、（110）和（111）三种。氧化铈材料不同晶面对应的晶面间距存在差异，（111）、（100）和（110）晶面所对应的晶面间距分别为 0.31 nm、0.27 nm 和 0.19 nm。Cui 等（2016）通过简单的水热反应可控地制备了由许多纳米片组成的 CeO_2 球形结构，通过 HRTEM 表征发现材料表面存在晶面间距为 0.27 nm 和 0.19 nm 的晶格条纹，推测纳米球表面暴露更多的（110）和（100）晶面。Huang 等（2014）合成了具有空心笼状结构的球形氧化铈纳米材料，其主要暴露晶面为（111）晶面。对四种氧化铈材料具有代表性的 HRTEM 表征结果进行分析，从图 3.63（a）中可以观察到在纯 CeO_2 中出现晶面间距为 0.31 nm 的晶格条纹，对应氧化铈的（111）晶面。从 Fe-CeO_2 的 HRTEM 图[图 3.63（b）]中可以观察到两种晶面间距（0.31 nm 和 0.27 nm），分别对应氧化铈的（111）和（100）晶面。由图 3.63（c）可知，Cu-CeO_2 样品主要存在晶面间距为 0.27 nm 的晶格条纹，推测 Cu-CeO_2 表面暴露更多的（100）晶面。通过图 3.63（d）可以发现 Co-CeO_2 的表面存在晶面间距为 0.27 nm 和 0.19 nm 的晶格条纹，推测 Co-CeO_2

表面暴露晶面中存在（100）和（110）晶面。二氧化铈材料的氧空位浓度具有晶面依赖性。研究表明三种暴露晶面的氧空位形成能为（110）<（100）<（111）。通过上述分析可推测，这 4 种氧化铈材料在催化性能上可能会存在差异，金属掺杂后由于晶面活性提高，其催化性能会有提升。

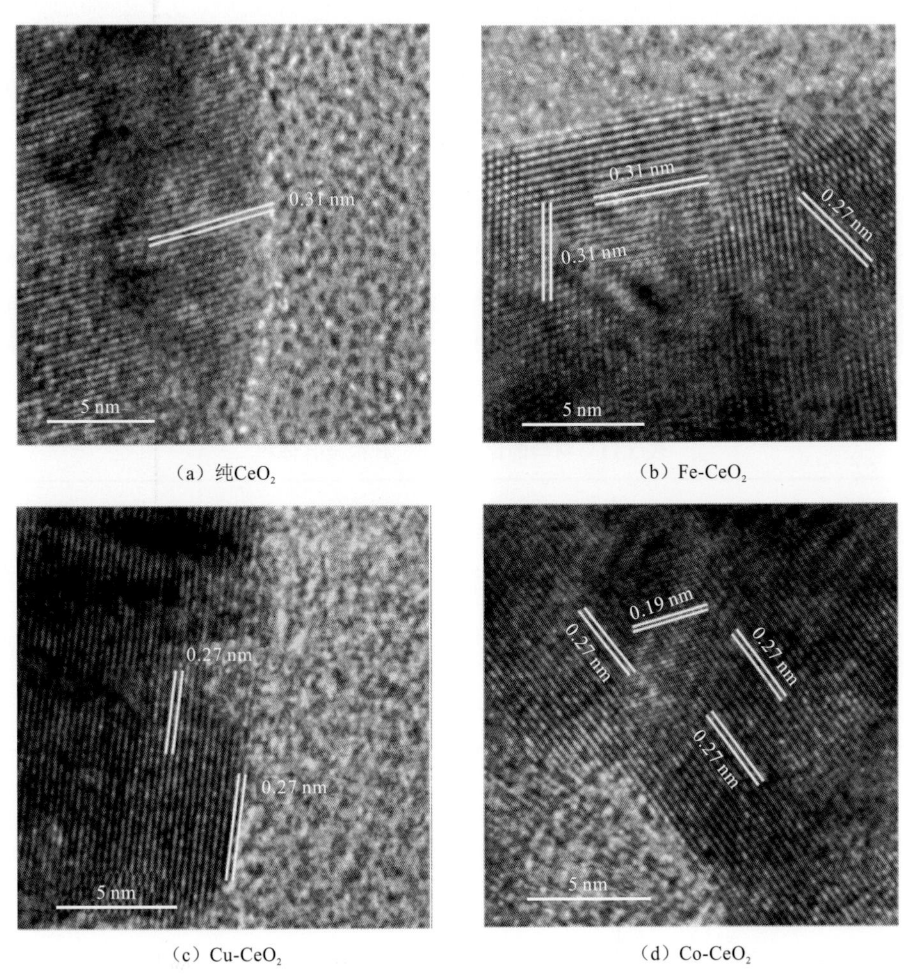

（a）纯 CeO_2　（b）Fe-CeO_2

（c）Cu-CeO_2　（d）Co-CeO_2

图 3.63　纯 CeO_2、Fe-CeO_2、Cu-CeO_2 及 Co-CeO_2 样品的 HRTEM 图

通过以上分析可以发现与纯 CeO_2 相比，Fe-CeO_2、Cu-CeO_2 及 Co-CeO_2 这三种掺杂材料不仅具有完全不同的形貌、尺寸，其暴露晶面可能也存在一定的差异。说明通过外来金属的掺杂能够调控材料的形貌、尺寸及暴露晶面。据报道，不同形貌的氧化物纳米材料催化性能也存在较大差异，Guo 等（2006）用水热法制备的三角形的 CeO_2 纳米微粒与普通的球形材料相比表现出了更优越的催化性能。Wu 等（2015）发现了棒状核壳结构的 Ag@CeO_2 材料催化降解亚甲基蓝的效果要优于球状核壳结构的 Ag@CeO_2 材料，由此推测不同形貌结构的金属掺杂氧化铈纳米材料的催化性能存在差异。

3. 金属掺杂氧化铈纳米材料的结构表征

对产物进行低温 N_2 吸附-脱附实验，测试其比表面积、孔径及空体积，数据总结为表 3.11，图 3.64 的吸附-脱附等温线，插图为产物的 Barret-Joyner-Halenda（BJH）孔径分布曲线。4 种样品的吸附-脱附等温曲线均在相对压力 0.4～1.0 出现滞回环，说明所有样品均呈介孔结构，从图 3.64 中样品的孔径分布曲线图和表 3.11 的平均孔径数据可以看出，4 种样品的孔径差异较明显，但都在介孔范围内，平均孔径为 8.28～15.74 nm，进一步证实了产物主要为介孔结构。对 4 种样品的比表面积和孔体积进行分析，发现纯 CeO_2 的比表面积为 90.70 m^2/g，孔体积为 0.140 cm^3/g；Fe-CeO_2 的比表面积和孔体积分别为 55.20 m^2/g 和 0.057 cm^3/g；Cu-CeO_2 的比表面积和孔体积分别为 95.10 m^2/g 和 0.157 cm^3/g；Co-CeO_2 的比表面积为 90.70 m^2/g，孔体积为 0.140 cm^3/g。与纯 CeO_2 相比，Fe-CeO_2 和 Co-CeO_2 的比表面积和孔体积明显减少，但 Cu-CeO_2 的比表面积和孔体积略有增加，这可能是因为 Cu-CeO_2 的晶粒堆叠较为紧密且表面粗糙。以上结果说明金属离子的掺杂对材料的比表面积、平均孔径和孔体积都存在一定的影响。

表 3.11　材料的比表面积、孔径及孔体积

样品	S_{BET}/(m^2/g)	平均孔径/nm	平均孔体积/(m^3/g)
纯 CeO_2	90.70	14.13	0.140
Fe-CeO_2	55.20	15.74	0.057
Cu-CeO_2	95.10	8.28	0.157
Co-CeO_2	65.22	10.01	0.111

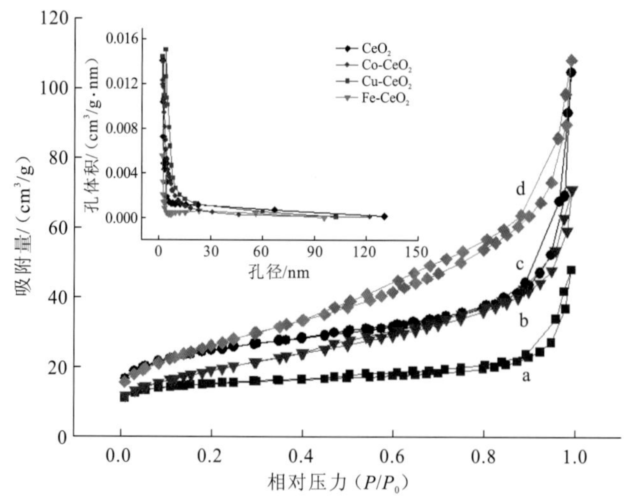

图 3.64　不同样品的 N_2 吸附-脱附等温线图

a 为 Fe-CeO_2；b 为 Co-CeO_2；c 为 Cu-CeO_2；d 为纯 CeO_2；小图为样品的 BJH 孔径分布曲线图

采用 XRD 对 4 种样品的物相结构和结晶状况进行表征，结果如图 3.65 所示。从图 3.65（a）中可以看出，4 个样品的衍射图谱都显示出 8 组衍射峰，分别与萤石立方结构氧化铈（JCPDS NO.34-0394）的{111}、{200}、{220}、{311}、{222}、{400}、{331}、{420}晶面相对应，这说明金属掺杂并没有改变物相结构，4 种样品最终物相均为萤石结构氧化铈。此外，图谱中没有观察到明显的与掺杂金属 M（Fe、Cu 和 Co）相关的杂峰，这可能是因为金属离子已经均匀分散在氧化铈晶体中。从放大的{111}晶面衍射图 3.65（b）中可以看出，相比纯 CeO_2，掺杂金属离子后样品的峰位置发生偏移，峰强也存在差异，说明掺杂使材料的晶格结构发生了一定的变化。

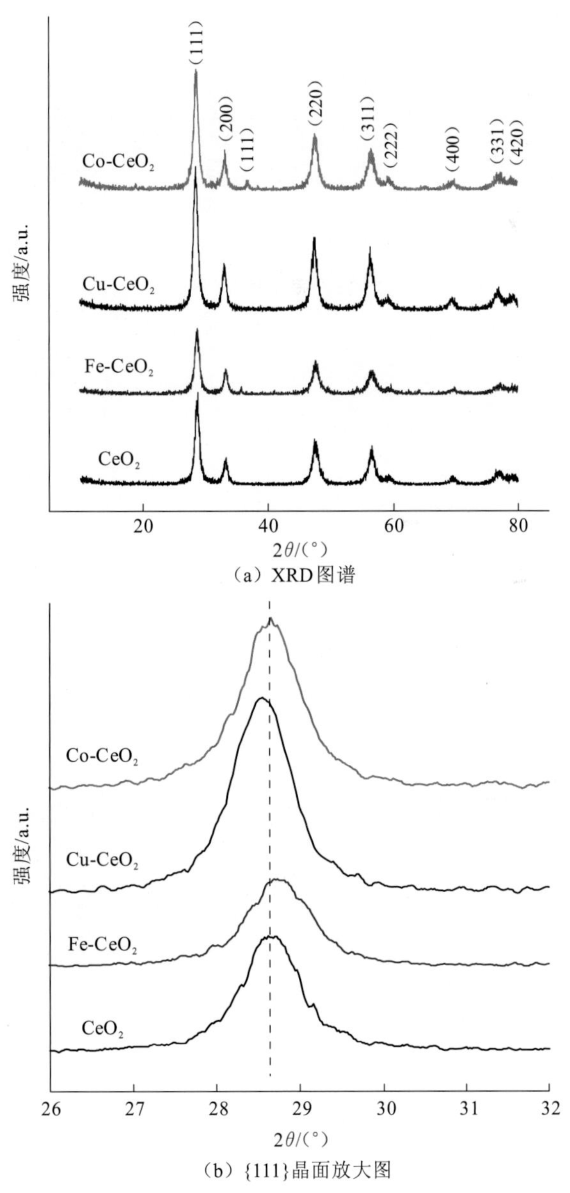

（a）XRD图谱

（b）{111}晶面放大图

图 3.65　纯 CeO_2、Fe-CeO_2、Cu-CeO_2 及 Co-CeO_2 的 XRD 图谱及{111}晶面的放大图

采用 EDS 的元素面扫描方法对三种掺杂金属元素在氧化铈纳米材料中的分布进行了分析，如图 3.66 所示，结果表明三种掺杂氧化铈上 Ce 与掺杂金属元素 M（Fe、Cu、Co）是高度均匀分布的，进一步证实了掺杂的过渡金属离子已经均匀分散在氧化铈晶体中。掺杂元素的高度均匀分布能够充分发挥氧化铈纳米材料的结构优势，从而更好地提升材料的氧化还原性能及储氧量。为得到样品中掺杂金属离子的含量，将样品进行浓硫酸-浓磷酸消解，得到的溶液采用 ICP-AES 分析（表 3.12），从测试结果可知，样品中 Fe、Cu 和 Co 的质量分数分别为 8.81%、1.40%和 7.64%（表 3.12），三种金属的含量接近于文献中报道掺杂金属离子含量的水平，从上述分析结果可以推测掺杂的过渡金属离子被成功地引入氧化铈晶格结构中。

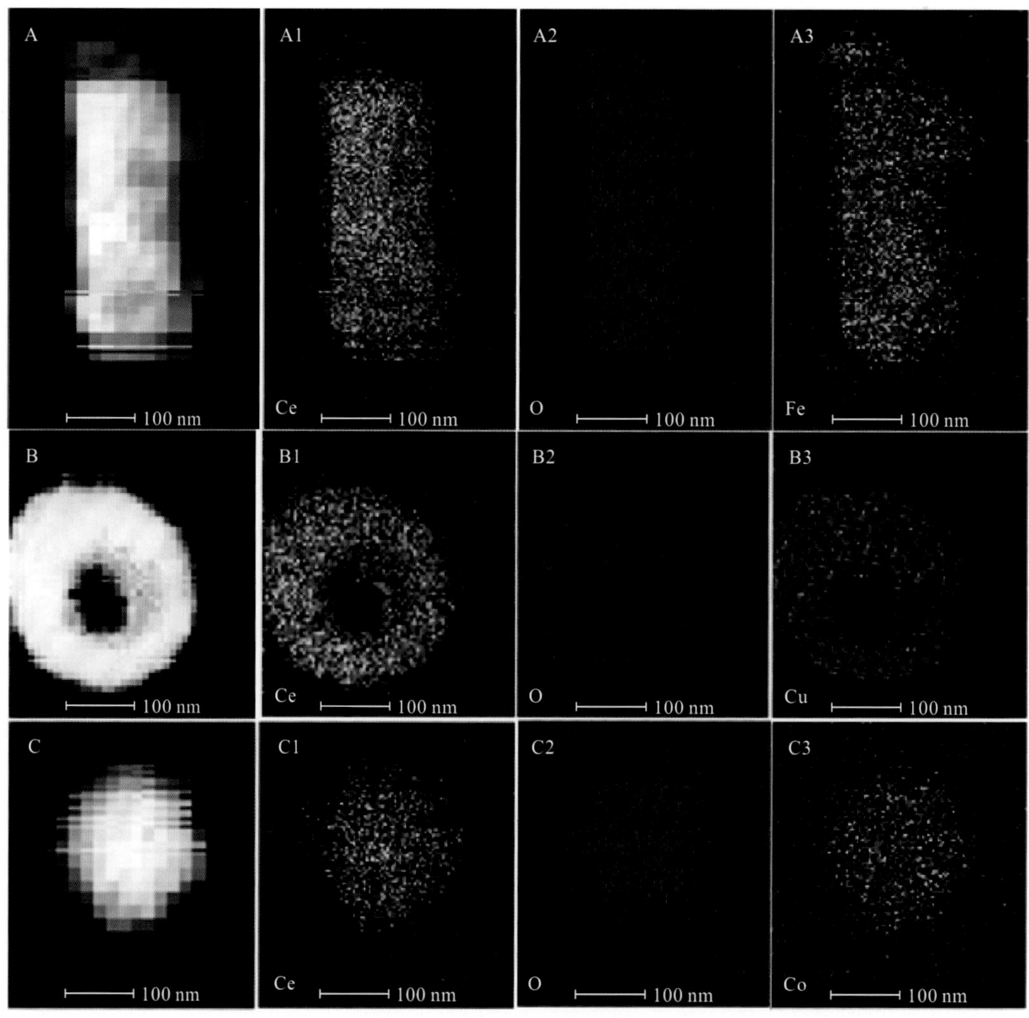

图 3.66　EDS 元素分布图（TEM）

（A1，A2，A3）Ce，O，Fe（Fe-CeO_2）；（B1，B2，B3）Ce，O，Cu（Cu-CeO_2）；（C1，C2，C3）Ce，O，Co（Co-CeO_2）

表 3.12　材料元素组成及结构参数

样品	Ce 质量分数/%	M 质量分数/%	晶格参数/nm	平均晶粒粒径/nm
纯 CeO_2	80.4	—	0.540	9.77
Fe-CeO_2	67.9	8.81	0.538	8.90
Cu-CeO_2	78.2	1.40	0.541	9.43
Co-CeO_2	69.4	7.64	0.538	8.99

注：元素质量分数为 ICP-AES 测试结果；M 代表 Fe、Cu 或 Co；晶格参数和平均晶粒粒径为 XRD 数据分析结果：晶格参数由 MDI jade 软件计算拟合；平均晶粒粒径由谢乐公式计算。

通过软件拟合及公式计算材料的晶粒尺寸及晶胞参数，结果如表 3.12 所示。纯 CeO_2、Fe-CeO_2、Cu-CeO_2 和 Co-CeO_2 的晶粒粒径分别为 9.77 nm、8.90 nm、9.43 nm 和 8.99 nm。掺杂样品的晶粒粒径均小于纯 CeO_2，说明掺杂样品中存在一定的晶格应变，这是因为掺杂金属进入氧化铈结构后产生晶格畸变及缺陷所致。分析材料的晶胞参数，纯 CeO_2 的晶胞参数为 5.40 nm，掺杂后的材料晶胞参数发生一定的变化，存在晶格扩张或收缩的现象。研究表明，掺杂过程中影响晶格扩张或收缩的主要因素包括金属离子半径，氧空穴及晶粒大小：①当半径较小/较大的金属离子进入氧化铈晶格中时，容易相对应地产生晶格收缩/扩张的效应；②体系中形成的氧缺陷会将四价铈转化为三价铈，三价铈离子半径大于四价铈，容易导致晶格扩张；③晶粒变大或变小会引发晶格扩张或收缩。Fe-CeO_2 和 Co-CeO_2 的晶胞参数约为 5.38 nm，与纯 CeO_2 相比略有减小，表明在半径较小的 Fe^{3+}（0.64 Å）和 Co^{2+}（0.65 Å）离子取代晶格中的 Ce^{4+}（0.87 Å）时发生了晶格收缩，同时掺杂后材料的晶粒粒径减小，进一步加剧了晶格收缩效应，而形成氧缺陷所造成的晶格扩张现象对其存在影响较小。Cu-CeO_2 的晶胞参数为 5.41 nm，与纯 CeO_2 相比略有增加，这可能是因为 Cu^{2+}（0.73 Å）的离子半径与 Ce^{4+}相差较小，同时材料晶粒尺寸较为接近，引发的晶格收缩作用较小，最终在氧缺陷的作用下产生晶格扩张效应。如上所述，通过掺杂的方式，将 Fe^{3+}、Cu^{2+}和 Co^{2+}成功引入 CeO_2 晶格中，导致材料发生晶格畸变，引发结构中有利于催化反应的缺陷的形成。

进一步采用拉曼散射对材料的结构进行表征，同时通过图谱初步分析其缺陷结构。如图 3.67（a）所示，所有样品在 460 cm^{-1} 附近均有一个强的吸收峰，这与萤石型结构氧化铈的 F_{2g} 谱带相对应。引入金属离子后，Fe-CeO_2、Cu-CeO_2、Co-CeO_2 样品的振动峰与纯 CeO_2 相比均存在一定的红移现象，说明 Fe^{3+}、Cu^{2+}和 Co^{2+}进入 CeO 晶格中引发了晶格畸变，这与 XRD 分析结果一致。由图 3.67（a）可以看出，纯 CeO 在 600 cm^{-1} 处的谱带强度较弱，基本观察不到，而 Fe-CeO_2、Cu-CeO_2 和 Co-CeO_2 在 600 cm^{-1} 处谱带的相对强度均高于纯 CeO 材料。CeO_2 晶格中存在的 Ce^{3+}及材料晶粒的小尺寸效应会使其产生更多的晶格缺陷及氧空位，从而导致 600 cm^{-1} 处峰强度的增加。而 Fe-CeO_2、Cu-CeO_2、Co-CeO_2 掺杂样品的晶粒粒径如表 3.12 所示，均小于纯 CeO_2。另外，研究表明 F_{2g} 峰的宽化也与材料的缺陷形成相关，4 种材料的最高谱带的半高宽规律为：Co-CeO_2＞Cu-CeO_2＞Fe-CeO_2＞CeO_2，以上可以推测金属阳离子的引入促进了材料结构中缺陷的形成，而 4 种样品中 Co-CeO_2 的缺陷浓度最高。

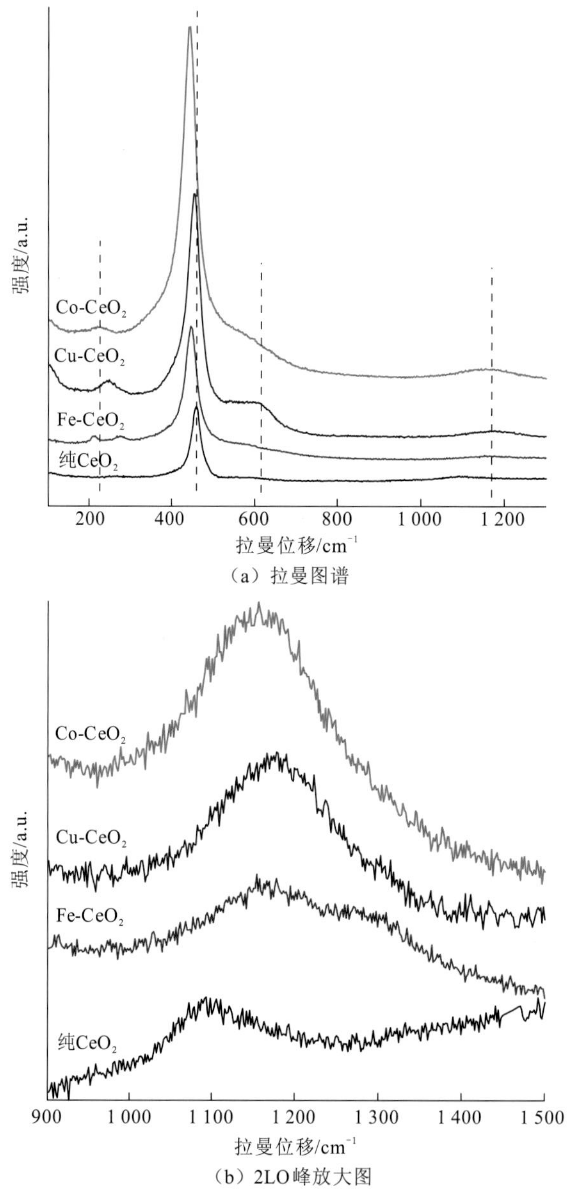

图 3.67　纯 CeO_2、Fe-CeO_2、Cu-CeO_2 及 Co-CeO_2 拉曼图谱及 2LO 峰放大图

图谱中 250 cm^{-1} 和 1170 cm^{-1} 两处谱带的产生可以归因于拉曼振动峰的二阶振动（2LO）模式，其主要与材料表面吸附的超氧物种（O^{2-}）中的 O—O 伸缩振动模式相关。有研究表明 1170 cm^{-1} 处谱带的增强与材料表面吸附氧浓度的上升密切相关，从图 3.67（b）中可知，三种掺杂材料在 1170 cm^{-1} 处的谱带强度均有所增加，说明掺杂金属离子后，材料的

表面活性氧浓度升高，其中 Co-CeO_2 的效果最为明显。材料缺陷浓度及表面活性氧含量与其催化氧化能力密切相关，通过拉曼光谱的分析推测 Co-CeO_2、Cu-CeO_2 和 Fe-CeO_2 相比纯氧化铈材料具有更优越的氧化还原性能及催化活性。

3.4.2　金属掺杂氧化铈纳米材料的缺陷浓度

为进一步表征材料的缺陷结构及浓度，采用光致发光谱（photoluminescence spectrum，PL 光谱）和电子顺磁共振（electron paramagnetic resonance，EPR）对材料进行分析。

1. PL 光谱分析

PL 光谱可以表征材料中存在的结构缺陷、掺杂引起的带隙变化等，图 3.68 为室温条件下纯 CeO_2、Fe-CeO_2、Cu-CeO_2 和 Co-CeO_2 的 PL 光谱。图谱中 400～500 nm 的峰强很大程度上取决于材料的缺陷浓度，一般情况下缺陷浓度越低峰的强度越高。与纯 CeO_2 相比，掺杂外来金属后的几种材料峰的强度都急剧下降，这可以归因于金属离子的掺杂及由掺杂引发的结构缺陷（如氧空位等）。以上分析验证了掺杂离子进入氧化铈晶格同时引入更多结构缺陷的结论。

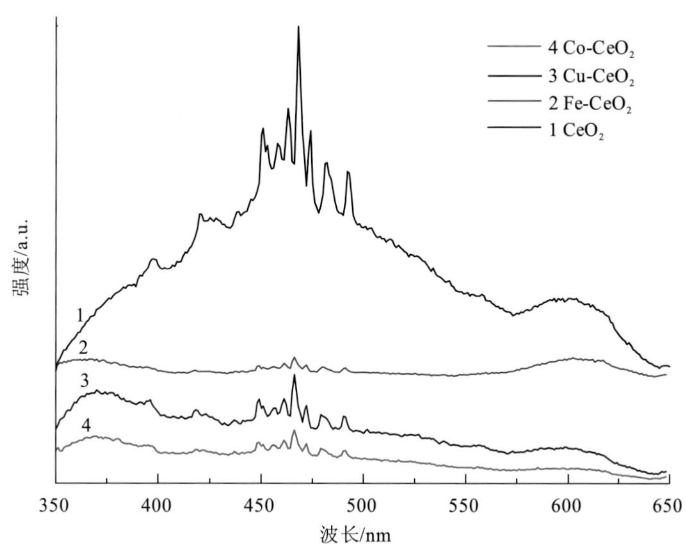

图 3.68　纯 CeO_2、Fe-CeO_2、Cu-CeO_2 和 Co-CeO_2 的 PL 光谱

2. EPR 分析

纯 CeO_2、Fe-CeO_2、Cu-CeO_2 和 Co-CeO_2 的 EPR 光谱如图 3.69 所示。4 种材料均在 g[①]=2.004 附近出现 EPR 信号，这是氧化铈纳米材料结构中不成对电子被其氧缺陷捕

① g 因子是一个与原子内部运动及磁矩有关的重要物理量。

获所产生的，因此 EPR 信号的强度与材料氧缺陷浓度相对应。图中 EPR 信号强度呈现 Co-CeO_2＞Cu-CeO_2＞Fe-CeO_2＞CeO_2 的规律，说明 4 种材料的缺陷浓度排序也呈现这一规律，与拉曼光谱中得到的结果相吻合。进一步观察发现掺杂材料的 g 值与纯 CeO_2 的 g 值略有不同，这是因为材料表面的超氧类基团（O_2^-）会出现电子耦合的现象，影响其出峰位置，表明掺杂材料表面出现存在活性较强的吸附氧物质。EPR 的分析结果进一步验证了金属离子的掺杂使材料产生了氧缺陷，同时引入了表面活性氧，能够促进材料的氧化还原性能及储氧量的提升。

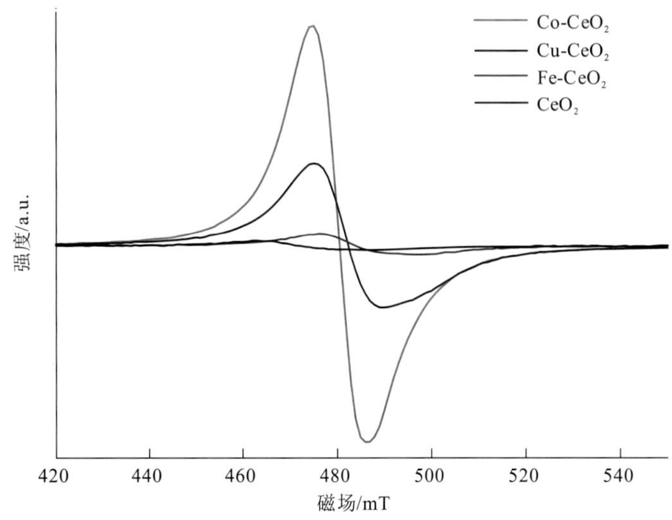

图 3.69　纯 CeO_2、Fe-CeO_2、Cu-CeO_2 及 Co-CeO_2 的 EPR 光谱图

3.4.3　金属掺杂氧化铈纳米材料催化活性增强机制

1. 不同金属掺杂氧化铈纳米材料的脱汞效果

4 种材料在 200 ℃条件下，气氛为纯 N_2 或 N_2+4% O_2 时的脱汞性能如图 3.70 所示。从 4 种材料的脱汞曲线图可以看出，4 种材料的脱汞效果相差较大，掺杂金属离子的氧化铈材料的脱汞效果均要优于纯氧化铈材料。由图 3.70（a）可知，在纯 N_2 或 N_2+4%O_2 气氛下，纯 CeO_2 催化剂的 Hg^0 脱除效率都非常低。Fe-CeO_2 在纯 N_2 气氛中的脱汞效率较低[图 3.70（b）]，但在通入 4%O_2 后其脱汞效率能够得到提升，最终汞脱除效率可达 45%左右。图 3.70（c）中，在纯 N_2 条件下，Cu-CeO_2 反应体系中的汞浓度先迅速下降后缓慢上升，出口处的汞浓度先下降至 10.9 μg/m^3，6 min 内上升至 16.5 μg/m^3。在向反应体系中通入 4% O_2 后，其汞浓度下降到 2 μg/m^3 左右并保持此浓度不变，O_2 的存在有效促进了 Hg^0 的氧化脱除，使其脱汞效率达到 97%左右。与前面几种材料不同的是，Co-CeO_2 在纯 N_2 条件下脱汞效率即可达到 98%，表现出优越的脱汞性能[图 3.70（d）]。

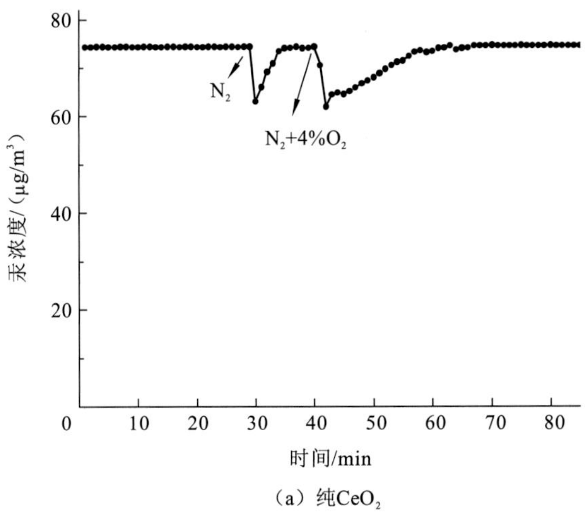

（a）纯CeO_2

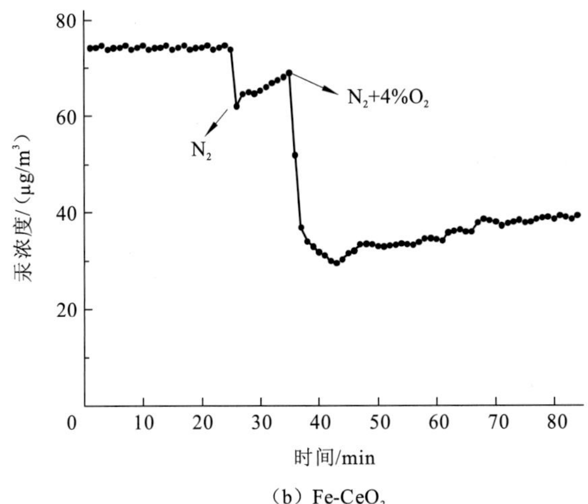

（b）Fe-CeO_2

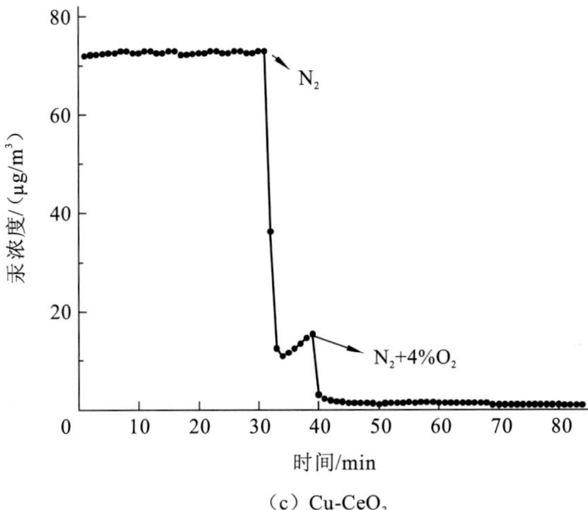

（c）Cu-CeO_2

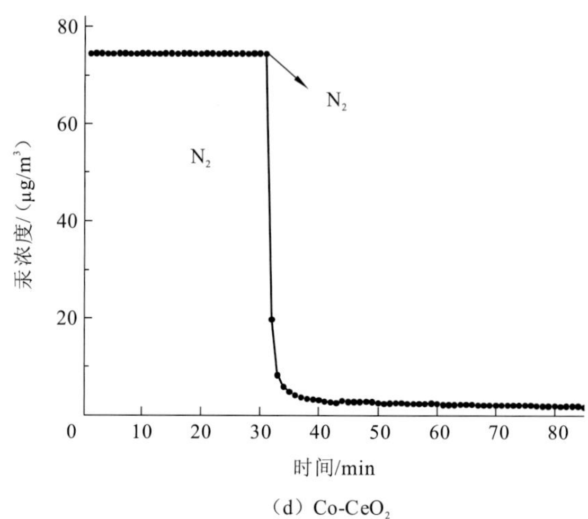

（d）Co-CeO_2

图 3.70　纯 CeO_2、Fe-CeO_2、Cu-CeO_2 及 Co-CeO_2 的脱汞曲线图

200 ℃，初始 Hg^0 浓度约为 75 μg/m^3，催化剂用量均为 0.3 g

一般来说，材料对汞的吸附量随其比表面积的增大而增大，但比表面积最大的 Cu-CeO_2 脱汞效率并不是最好，且其脱汞效率要在 O_2 存在时才能得到明显提高。由此，可以推测材料对 Hg^0 的脱除是催化氧化作用。对氧化铈材料脱汞的研究表明，CeO_2 之所以可以降低烟气中 Hg^0 的浓度，主要是通过材料中存在的活性氧物质（[O]，包括活性晶格氧和化学吸附氧）氧化已经吸附在 CeO_2 表面的 Hg^0，并将其转化为 Hg^{2+}，同时，当烟气中有 O_2 存在时，O_2 也可以转化生成[O]，促进 Hg^0 的氧化脱除。因此推测纯 CeO_2、Fe-CeO_2 和 Cu-CeO_2 材料在纯氮气条件下脱汞效果的差异主要是材料本身能够进行催化氧化反应的活性氧（[O]）在数量上有一定的限制。通入 4% O_2 后 Fe-CeO_2 和 Cu-CeO_2 材料脱汞效率提升幅度明显大于纯 CeO_2 材料，这说明金属离子的掺杂能够促进气相中的 O_2 向材料中的活性氧转化，活性氧可以作为 Hg^0 氧化过程中的氧化剂，促进脱汞反应的进行。与前面几种材料不同的是，Co-CeO_2 在纯 N_2 条件下脱汞效率即可达到 98%，表现出优越的脱汞性能，推测这是因为 Co-CeO_2 材料本身就含有大量的活性氧，对 Hg^0 的氧化作用较强。综合以上分析可以得出四种材料对 Hg^0 的催化氧化性能排序为 Co-CeO_2＞Cu-CeO_2＞Fe-CeO_2＞纯 CeO_2。

2. 金属掺杂氧化铈纳米材料催化活性增强机制

1）H_2-TPR 和 O_2-TPD 分析

氧化铈材料的氧化还原性能对其储氧量和催化活性都有重要的影响，通过 H_2 气氛下的程序升温还原反应（H_2-TPR）对产物的氧化还原性能进行测试，升温区间为 100～900 ℃，实验结果如图 3.71 所示。从图 3.71 中可以看出，纯氧化铈在 500 ℃和 800 ℃左右存在两个显著的峰。据文献报道，氧化铈的还原过程由两个阶段组成：首先，在 500 ℃左右，表面的氧化铈结构被还原，接着体相氧化铈结构在更高的温度（800 ℃）下被还原。因此，氧化铈在 500 ℃和 800 ℃左右的两个还原信号峰分别对应表面氧原子和体相氧原子的还原。

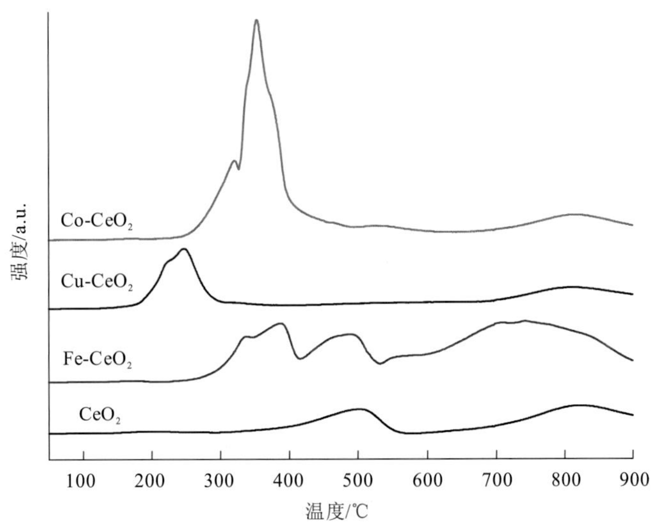

图 3.71　纯 CeO_2、Fe-CeO_2、Cu-CeO_2 及 Co-CeO_2 的 H_2-TPR 效果图

Co-CeO_2、Cu-CeO_2、Fe-CeO_2 三种掺杂氧化铈材料的 H_2-TPR 曲线也包括这两个阶段：低温阶段和高温阶段。与纯氧化铈相比，其低温阶段的还原峰均向低温方向发生了偏移，峰面积也显著增加，这说明掺杂氧化铈材料上的氧具有更强的反应活性，这可能是因为 Fe、Cu 和 Co 的掺杂首先造成了氧化铈的晶格畸变，从而导致材料缺陷浓度及表面活性氧浓度的提升。另一方面，掺杂金属离子取代了部分氧化铈结构中的铈离子，Ce-O-M 体系中对氧原子的束缚比 Ce-O-Ce 体系中的小，因此掺杂金属离子后晶格氧的迁移能力上升，O^{2-}在晶格内的扩散速率提高，活跃的体相氧能够迅速迁移到表面，补充反应中消耗的表面氧，使其氧化还原能力进一步增强。低温阶段的峰强代表材料表面活性物种在反应过程中对氢气的消耗能力，因此根据峰面积的顺序可推测其活性氧浓度顺序为 Co-CeO_2＞Cu-CeO_2＞Fe-CeO_2＞纯 CeO_2，这与脱汞实验结果一致，进一步证明 Hg^0 的催化氧化脱除与材料的表面活性氧浓度密切相关。Fe-CeO_2 材料在 300～550 ℃拥有多个还原峰，这可能是材料表面出现一定数量与铁相关的氧化物物种所造成的，这与 Sahoo 等（2017）和 Liu 等（2016）的研究结果相类似，但并不影响我们对材料表面活性氧浓度及其氧化还原能力的判断。

为更加直观地研究材料中各种形式氧的活性剂迁移率，对 4 种材料进行了 O_2-TPD 的测试，结果如图 3.72 所示。纯 CeO_2 在 200～300 ℃和 400～650 ℃的峰，分别代表材料表面上存在的弱表面结合氧和化学吸附氧，这两种形式都属于材料的表面活性氧。与纯 CeO_2 相比，Fe-CeO_2、Cu-CeO_2 及 Co-CeO_2 在 100～500℃峰都向低温方向偏移，同时峰面积也有所增加，说明掺杂能够提升材料的表面活性氧浓度。值得注意的是，Cu-CeO_2 及 Co-CeO_2

这两种材料在 700～800 ℃出现明显的特征峰，这个温度范围的峰与材料体相中晶格氧的释放有关，这进一步证实了 H_2-TPR 中的推测，说明铜和钴的掺杂使材料体相中晶格氧活性增强，具有良好的迁移能力，能够快速补充表面活性氧的消耗。表面活性氧浓度的升高和晶格氧迁移能力的提升有利于材料在 Hg^0 氧化中体现出优异的催化性能。

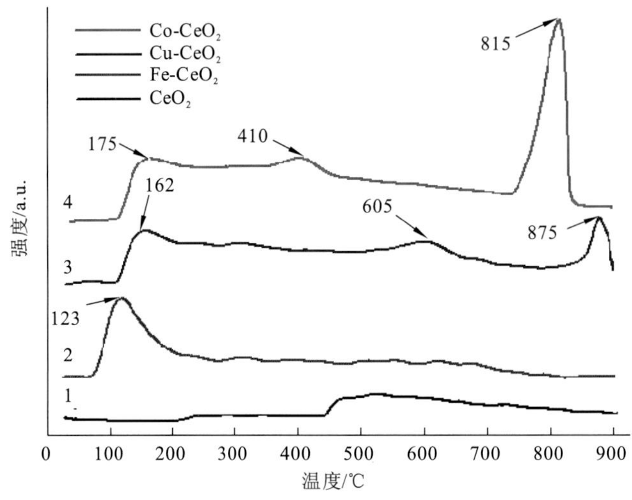

图 3.72　纯 CeO_2、Fe-CeO_2、Cu-CeO_2 和 Co-CeO_2 的 O_2-TPD 效果图

2）XPS 及 STEM-EELS 分析

采用 XPS 分析材料的表面元素组成，元素的质量分数通过峰面积计算得来。图 3.73（a）是 4 种材料的 Ce 3d 能谱图，由 Ce $3d_{3/2}$ 和 Ce $3d_{5/2}$ 两组自旋分裂耦合峰组成。表 3.13 为 Ce 3d 的 XPS 拟合参数，如图 3.73（a）所示，u‴、u″、u 和 v‴、v″、v 分别代表 Ce^{4+} $3d_{3/2}$ 和 Ce^{4+} $3d_{5/2}$ 的自旋分裂耦合峰，而 u′和 v′这两个峰分别归属于 Ce^{3+} $3d_{3/2}$ 和 Ce^{3+} $3d_{5/2}$，

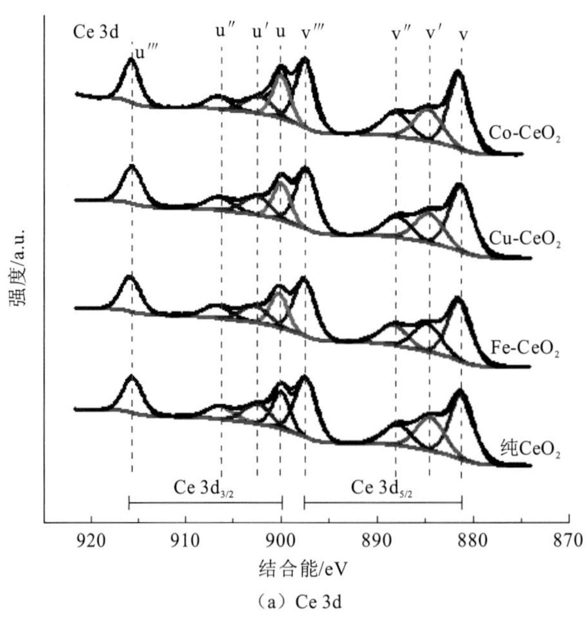

（a）Ce 3d

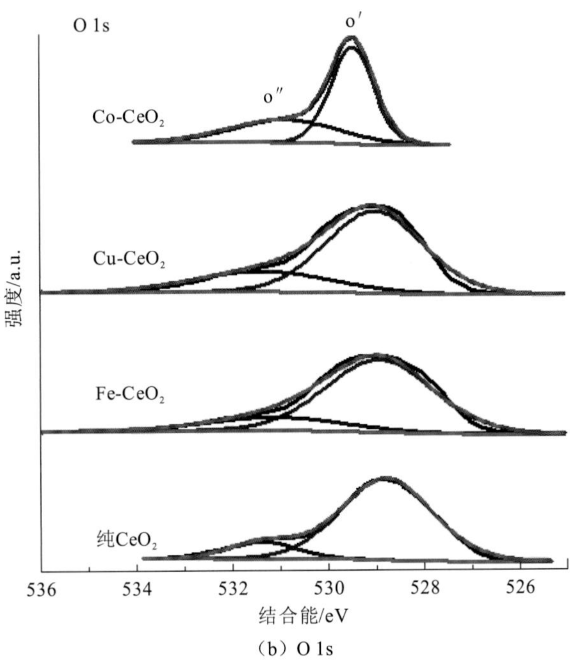

（b）O 1s

图 3.73　纯 CeO_2、Fe-CeO_2、Cu-CeO_2 和 Co-CeO_2 的 XPS 图谱

由此可知，4 种材料中铈都主要以正四价的形态存在，但 $Ce^{3+}/(Ce^{3+}+Ce^{4+})$ 的比例略有不同。如表 3.14 所示，与纯 CeO_2 相比，除 Fe-CeO_2 之外，Cu-CeO_2 和 Co-CeO_2 中 $Ce^{3+}/(Ce^{3+}+Ce^{4+})$ 的比例均有一定的提升，Co-CeO_2 比例最高，约为 21.05%，材料中三价铈比例的上升有利于结构中氧缺陷的形成，但几种材料三价铈比例相差较小，因此推测其不是影响材料缺陷浓度及表面活性氧上升的主要原因。

表 3.13　Ce 3d 的 XPS 拟合参数

自旋分裂耦合峰	峰	结合能/eV	半高宽/eV	价态
v	Ce $3d_{5/2}$	881.20±0.2	2.80±0.2	Ce (IV)
v″	Ce $3d_{5/2}$	888.00±0.2	3.60±0.2	Ce (IV)
u	Ce $3d_{3/2}$	900.00±0.2	2.40±0.2	Ce (IV)
u″	Ce $3d_{3/2}$	906.40±0.2	3.60±0.2	Ce (IV)
u‴	Ce $3d_{3/2}$	915.60±0.2	2.40±0.2	Ce (IV)
v′	Ce $3d_{5/2}$	884.50±0.2	3.40±0.2	Ce (III)
u′	Ce $3d_{3/2}$	902.45±0.2	3.40±0.2	Ce (III)

表 3.14　材料表面组分的 XPS 分析

样品	$Ce^{3+}/(Ce^{3+}+Ce^{4+})$/%	表面原子百分数/%			O/(Ce+M)/%	$O_{(ads)}/(O_{(latt)}+O_{(ads)})$/%
		Ce	M	O		
纯 CeO_2	19.51	31.72	—	68.28	2.15	14.53
Fe-CeO_2	18.72	20.61	12.93	66.46	1.98	18.03
Cu-CeO_2	20.58	28.79	3.07	68.14	2.13	23.66
Co-CeO_2	20.60	10.72	20.59	68.69	2.20	40.83

注：M 代表 Fe、Cu 和 Co。

图 3.73（b）是纯 CeO_2、Fe-CeO_2、Cu-CeO_2 和 Co-CeO_2 的 O 1s 能谱图，能谱图不同的峰对应氧化铈材料上不同的表面氧物种。如图所示，528.8～529.5 eV 的主峰可以归因于与金属阳离子结合的表面晶格氧（$O_{(latt)}$），而位于 530.1～531.4 eV 的峰值被认为是来源于氧缺陷等表面缺陷结构所捕捉的表面吸附氧（$O_{(ads)}$），即表面活性氧。如表 3.14 所示，掺杂的氧化铈材料中 $O_{(ads)}$/（$O_{(latt)}+O_{(ads)}$）的比例明显高于纯 CeO_2。几种材料表面吸附氧的比例为：Co-CeO_2＞Cu-CeO_2＞Fe-CeO_2＞纯 CeO_2，与之前 H_2-TPR 的表征结果相同。Co-CeO_2 中 $O_{(ads)}$/（$O_{(latt)}+O_{(ads)}$）的比例为 40.83%，远高于 Cu-CeO_2 和 Fe-CeO_2，甚至是纯 CeO_2 的三倍，因此推测材料的高储氧量和优越的氧化还原性能主要与其丰富的表面活性氧相关。

Fe-CeO_2 的 Fe 2p 光谱[图 3.74（a）]中峰值为 723 eV 和 714 eV 的两个峰分别对应 Fe $2p_{1/2}$ 和 Fe $2p_{3/2}$ 的自旋轨道峰。在 709.7 eV 和 717.6 eV 附近的两个峰可以说明材料中存在 Fe^{2+} 和 Fe^{3+} 两种价态，CeO_2 结构与掺杂的铁离子之间存在相互作用。Cu-CeO_2 位于 932.2 eV 和 954.2 eV 的两个主峰是 Cu^{2+} 的特征信号峰[图 3.74（b）]，分别对应 Cu $2p_{3/2}$ 和 Cu $2p_{1/2}$ 的自旋轨道峰，表明材料表面只存在二价铜一种形态的铜离子。

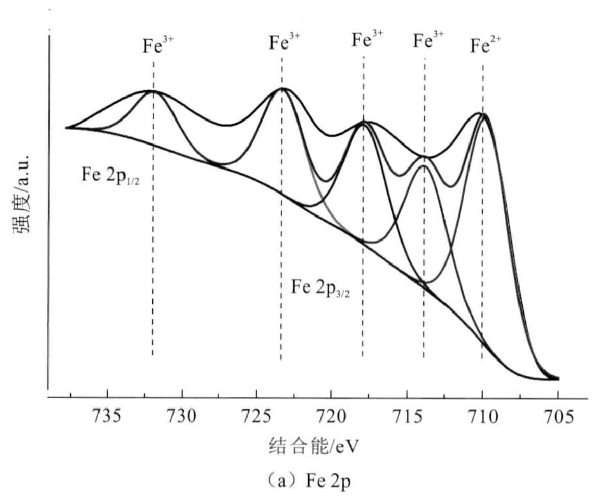

（a）Fe 2p

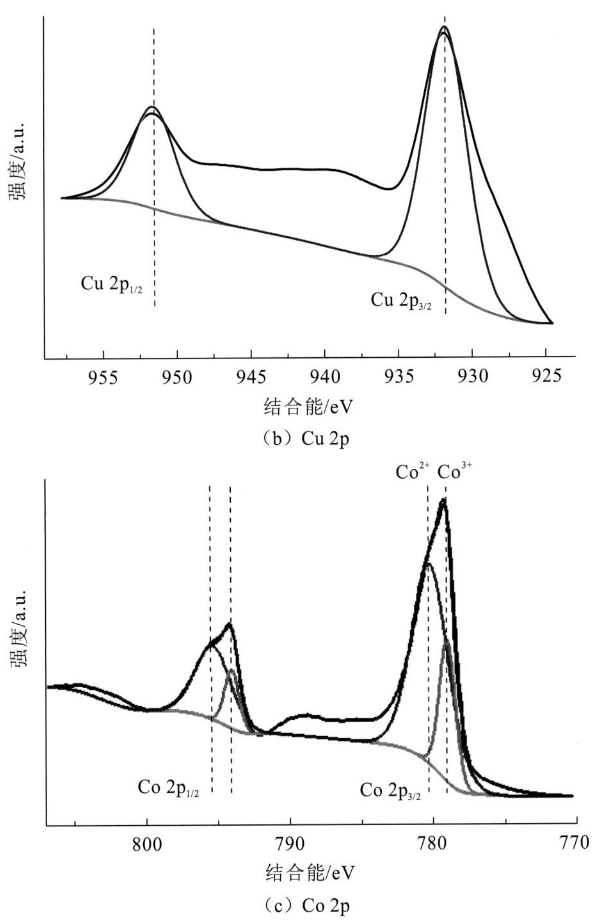

（b）Cu 2p

（c）Co 2p

图 3.74　Fe-CeO_2、Cu-CeO_2和 Co-CeO_2（1∶2.5）的 XPS 图谱

Co-CeO_2（1∶2.5）的 Co 2p 光谱[图 3.74（c）]显示出 Co $2p_{3/2}$和 Co $2p_{1/2}$这两个自旋轨道的强峰。两个峰之间的能量差为 15.2 eV，说明材料表面存在Co^{2+}和Co^{3+}两种形态的钴离子。对 Co $2p_{3/2}$的峰进行更近一步的拟合，可以将其分别对应Co^{2+}（具有 780.2 eV 的高结合能的峰）和Co^{3+}（具有 779.1 eV 的低结合能的峰）的两个特征峰。从峰面积的对比中可以看出Co^{2+}/Co^{3+}的比例高达 3.80，表明材料表面含有丰富的Co^{2+}。在 González-Prior 等（2016）和 Epifani 等（2012）的研究中，Co^{2+}/Co^{3+}的比例对材料中氧缺陷具有一定的影响，Co^{2+}比例越高材料缺陷浓度越高。结构缺陷的产生有利于材料将环境中的氧气转化为表面活性氧。

因此，推测 Co-CeO_2表面上高含量的Co^{2+}可能是其具有高浓度的表面活性氧和突出的催化性能的重要原因。为验证这一结论，对 Co-CeO_2（1∶5）材料进行 XPS 表征分析，结果如图 3.75 所示，首先对 Co-CeO_2（1∶5）材料的 Ce 3d 能谱进行分峰拟合，拟合过程及分峰规则按照与 3.4.3 小节相同的方法进行，结果如图 3.75（a）所示。计算峰面积的比值得到 Co-CeO_2（1∶5）材料中$Ce^{3+}/(Ce^{3+}+Ce^{4+})$的比例约为 20.56%，略小于 Co-$CeO_2$

（1∶2.5）材料中 21.05%的比例，说明钴掺杂含量的提升并没有对三价铈的比例产生明显的改变。进一步对 Co-CeO_2（1∶5）材料的 O 1s 能谱进行分析，结果如图 3.75（b）所示，拟合后计算 $O_{(ads)}$/（$O_{(latt)}$+$O_{(ads)}$）的比例可知，Co-CeO_2（1∶5）中表面活性氧的比例约为 24.24%，明显小于 Co-CeO_2（1∶2.5）中的 40.83%。

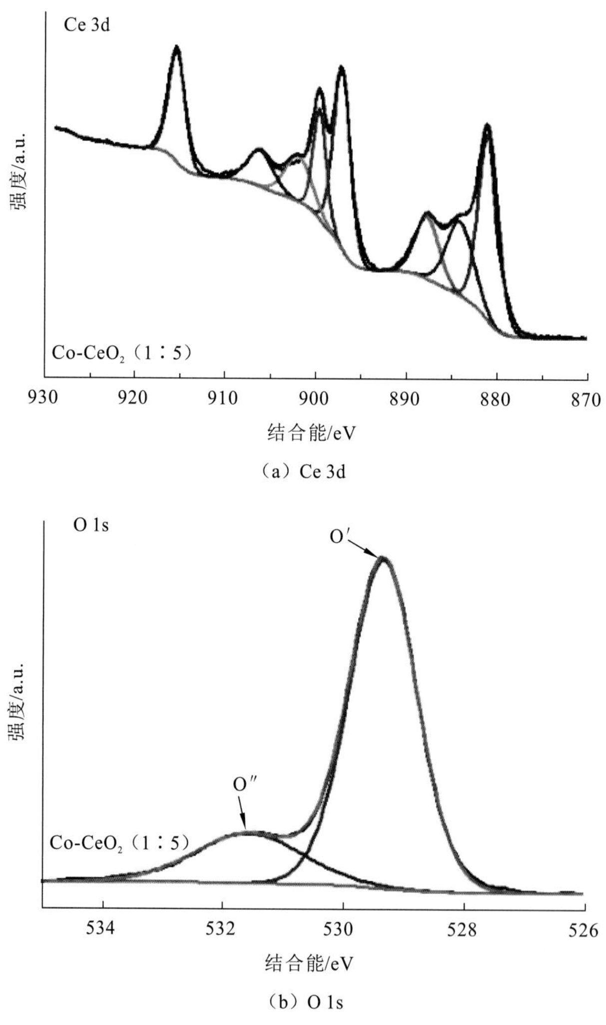

图 3.75　Co-CeO_2（1∶5）的 XPS 图谱

对钴元素的价态进行分析，由于 Co-CeO_2（1∶5）材料中存在的钴元素比例较小，通过 XPS 难以分析其价态比值，故采用电子能量损失谱（electron energy loss spectroscopy，EELS）对纯 CeO_2、Co-CeO_2（1∶5）及 Co-CeO_2（1∶2.5）三种材料的元素价态进行进一步的表征和分析，结果如图 3.76 所示。

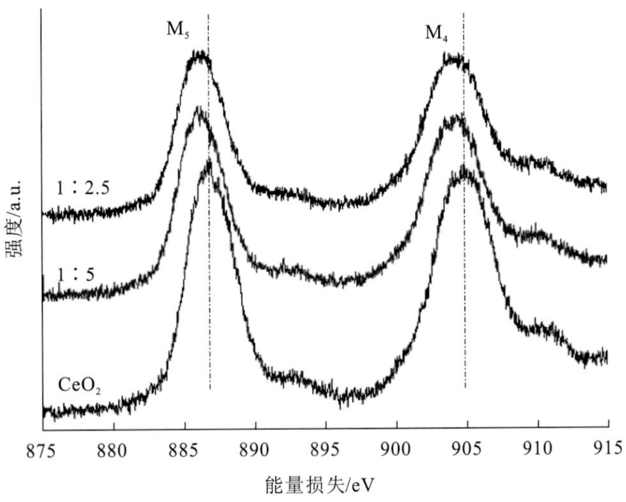

图 3.76　纯 CeO_2、Co-CeO_2（1∶5）和 Co-CeO_2（1∶2.5）中铈元素的 EELS 图谱

从图 3.76 中对铈元素的 EELS 分析可以看出，钴掺杂的样品 M_5 及 M_4 两个峰均向能量较低的方向发生一定的偏移，表明材料中铈元素的价态降低。大量研究表明，氧化铈材料中 I_{M5}/I_{M4}（I 代表强度）数值的大小与其价态相关，数值越小，价态越低，材料中三价铈比例越高。计算三种氧化铈材料中 I_{M5}/I_{M4} 的数值，发现纯 CeO_2、Co-CeO_2（1∶5）及 Co-CeO_2（1∶2.5）三种材料 I_{M5}/I_{M4} 的比值分别为 1.009、1.024 和 1.030。上述结果说明钴掺杂材料中三价铈的比例有一定的上升，增加掺杂量能够提升氧化铈中三价铈的比例，这与 XPS 分析结果相符合。同时三价铈比例的升高有利于氧化铈结构缺陷的形成，从而促进汞的催化效率。

图 3.77 为两种钴掺杂材料中钴元素的 EELS 能谱图，钴元素主要存在的峰有 L_2 和 L_3，但从图中没有发现明显的峰的偏移，计算两个峰的峰强比值，Co-CeO_2（1∶5）及

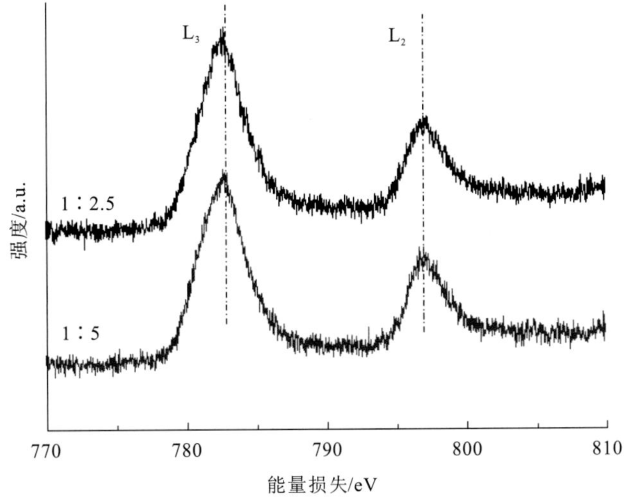

图 3.77　Co-CeO_2（1∶5）和 Co-CeO_2（1∶2.5）中钴元素的 EELS 图谱

$Co\text{-}CeO_2$（1∶2.5）材料的 I_{L3}/I_{L2} 比值分别为 1.6034 和 1.794 1。文献报道显示，I_{L3}/I_{L2} 比值越小则钴元素价态越低，结构中存在更多 Co^{2+}，Co^{2+}的存在结构中氧缺陷的形成，能够提升材料表面活性氧浓度，推测结构中钴离子的增加，特别是 Co^{2+}比例的提升是铈 $Co\text{-}CeO_2$（1∶2.5）材料表面活性氧浓度高于 $Co\text{-}CeO_2$（1∶5）的主要原因。

综合以上分析，可以推测钴离子的掺杂一方面使材料具有独特的片状纳米结构，暴露缺陷形成能较低，反应活性较强的（110）和（100）晶面；另一方面，钴离子进入氧化铈晶格后引发晶格畸变，破坏电荷平衡，进一步降低材料的缺陷形成能，通过对其结构的调控来提升材料的缺陷浓度，高浓度的缺陷有利于材料捕获空气中的氧气，转化成表面活性氧，提升材料的氧化还原性能和储氧量。钴离子自身存在 Co^{2+}与 Co^{3+}价态的转换，有利于材料结构中氧缺陷的形成，能够增强材料中的氧转移效率，改善材料储氧量。

3.4.4　$Co\text{-}CeO_2$ 材料脱汞机理

经过脱汞反应后的 $Co\text{-}CeO_2$ 材料的 O 1s 和 Hg 4f 的分峰图谱如图 3.78 所示。从图 3.78（a）中可以看出，与反应前的材料相同，反应后的 $Co\text{-}CeO_2$ 材料表面的氧可以被分为晶格氧和表面吸附氧两种类型，通过峰面积的拟合计算后发现，材料的表面活性氧含量从 40.83%下降到 28.25%，说明表面活性氧在脱汞过程中参与了反应的进行。对 Hg 4f 进行分峰拟合[图 3.78（b）]可以发现，位于 102.6 eV 和 101.6 eV 的这两个特征峰可以归属于 HgO，反应后的材料表面存在少量的 HgO。但在图谱中不存在单质汞的特征峰，由此可以推断脱汞反应过程中在催化剂的作用下，Hg^0 被氧化成 HgO，然后脱除。

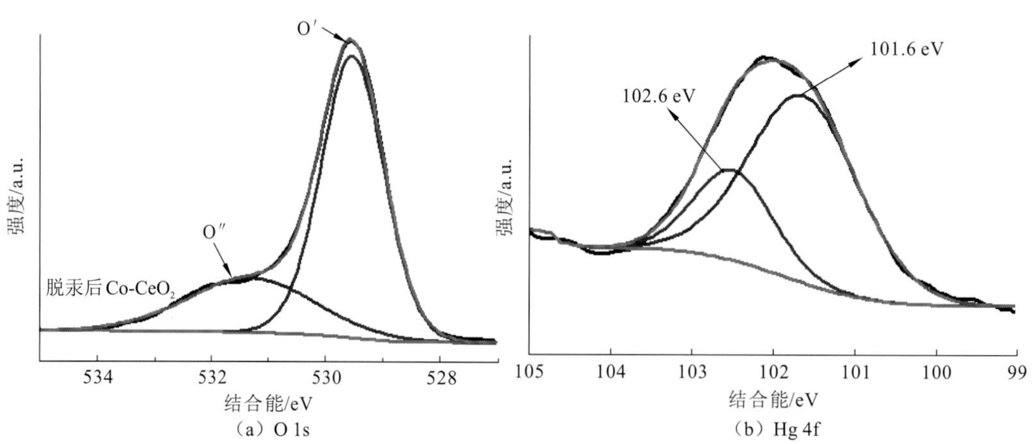

图 3.78　脱汞反应后 $Co\text{-}CeO_2$ 材料的 XPS 元素分析图

基于以上分析推测该实验中 $Co\text{-}CeO_2$ 材料对 Hg^0 的催化氧化反应遵循 Mars-Maessen 反应机理，即反应过程中气态单质汞（$Hg^0_{(g)}$）首先吸附在材料表面形成吸附态的 $Hg^0_{(ads)}$，接着 $Hg^0_{(ads)}$与材料表面的活性氧物质（[O]）反应，生成吸附态的 $HgO_{(ads)}$，最后 $HgO_{(ads)}$ 脱附成为 $HgO_{(g)}$，最终达到脱汞的效果。当体系中存在 O_2 的时候，O_2 能够在反应过程中转化成为表面活性氧，使材料保持活性，促进 Hg^0 的脱除。Co-CeO_2 材料脱汞反应过程可以用图 3.79 和式（3.16）～（3.22）表示：

$$Hg^0_{(g)} + 材料表面 \longrightarrow Hg^0_{(ads)} \tag{3.16}$$

$$2CeO_2 \longrightarrow Ce_2O_3 + [O] \tag{3.17}$$

$$Co_3O_4 \longrightarrow 3CoO + [O] \tag{3.18}$$

$$[O] + Hg^0_{(ads)} \longrightarrow HgO_{(ads)} \tag{3.19}$$

$$HgO_{(ads)} \longrightarrow HgO_{(g)} \tag{3.20}$$

$$Ce_2O_3 + [O] \longrightarrow 2CeO_2 \tag{3.21}$$

$$3CoO + [O] \longrightarrow Co_3O_4 \tag{3.22}$$

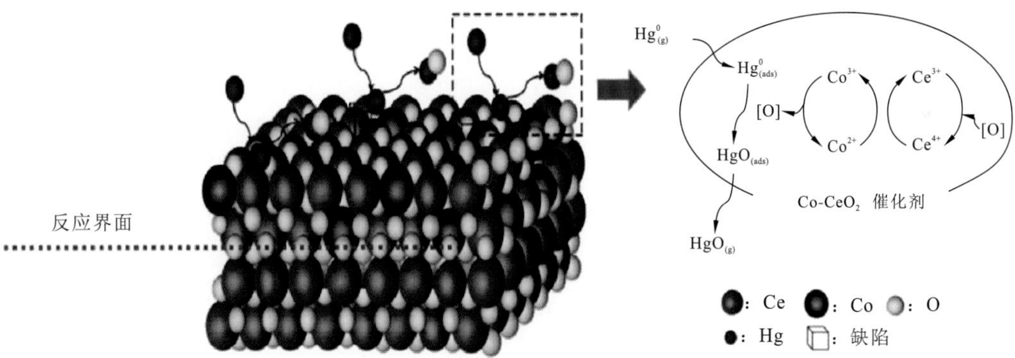

图 3.79　Co-CeO_2 材料的脱汞反应过程示意图

第 4 章　有色冶金烟气湿法洗涤脱汞技术

湿法洗涤净化技术在有色金属冶炼行业应用广泛，传统方法可以脱除烟气中大部分的颗粒态汞（Hg_P）和离子态汞（Hg^{2+}），但对单质汞（Hg^0）基本没有脱除效果。洗涤后 Hg^0 会进入制酸系统，形成含汞硫酸，造成二次汞污染，因此强化湿法洗涤过程对 Hg^0 的脱除具有重要意义。现有的冶炼烟气 Hg^0 脱除技术中 $HgCl_2$ 吸收法（玻利登-诺津克技术）应用最为广泛，该法利用 $HgCl_2$ 与单质 Hg^0 生成难溶的 Hg_2Cl_2 沉淀，Hg_2Cl_2 一方面可以作为汞产品出售，另一方面能够用 Cl_2 氧化形成 $HgCl_2$ 后返回吸收过程重复利用，在一定程度上实现了烟气中 Hg^0 的脱除和资源化。但高硫冶炼烟气脱汞需要实现 Hg^0 的选择性氧化，$HgCl_2$ 吸收法无法满足需求，因此亟须开发适用于高硫冶炼烟气的新型湿法洗涤脱汞技术。为实现高硫冶炼烟气中汞的选择性氧化，强化湿法洗涤过程对 Hg^0 的脱除，本章将介绍硫脲配位氧化脱汞、硫化铜胶体强化脱汞、纳米硫磺分散液捕获汞这三种湿法洗涤新技术。

4.1　硫脲配位氧化脱除零价汞

配位氧化技术是一种高效的液相氧化方法，通过加入配合剂与反应物生成高配合系数的化合物，达到有效降低处理对象氧化还原电势的目的，从而提高氧化反应速率，实现对反应物的选择性氧化。硫脲作为配合剂可以降低金属的氧化电位，已经广泛应用于金、银等贵金属的提取。本节将以硫脲为研究对象，考察硫脲对汞氧化电位及脱汞性能的影响，揭示高硫气氛下 Hg^0 选择性氧化机制，实现零价汞的高效洗涤脱除。

4.1.1　硫脲体系中汞的氧化电位

硫脲对汞有很强的亲和力，可以与 Hg^{2+}形成稳定的配合物。对于 Hg-Tu 配合物（其中 Tu 表示硫脲），$Hg(Tu)_2^{2+}$、$Hg(Tu)_3^{2+}$ 和 $Hg(Tu)_4^{2+}$ 的稳定常数（$\lg\beta$）分别为 22.1、24.7 和 26.8（Liu et al.，2017a）。反应过程中硫脲相对汞远远过量，因此溶液中在汞的最终存在形态应为 $Hg(Tu)_4^{2+}$。上述反应过程为以如式（4.1）所示。

$$2Hg^0 + 8Tu + O_2 + 4H^+ \longequal 2Hg(Tu)_4^{2+} + 2H_2O \tag{4.1}$$

查阅硫脲与汞的稳定配合常数，结合能斯特方程计算出硫脲体系汞的标准氧化电位。

$$E^{\ominus}[Hg(Tu)_4{}^{2+}/Hg] \longequal E^{\ominus}[Hg^{2+}/Hg] - RT\ln\beta/nF \tag{4.2}$$

式中：R 为气体常数，n 为电子转移数，F 为法拉第常数。

将 $E^{\ominus}[Hg^{2+}/Hg]$和 $\ln\beta$ 代入式（4.2）中可以得出汞在硫脲溶液中的标准氧化电位为 0.058 V（溶液中硫脲浓度设置为 1 mol/L）。查阅资料可知单质汞的标准氧化电位为 0.85 V，对比发现溶液中稳定形成的 $Hg(Tu)_4^{2+}$ 可以降低汞氧化电位，利于提升单质汞的氧化速率，实现汞的氧化脱除。进一步分析发现烟气中 SO_2 的标准氧化电位 $E^{\ominus}[SO_4^{2-}/SO_2]$为 0.17 V，显著高于硫脲体系中汞的 0.058 V。从电位角度分析，Hg^0 在硫脲溶液中的氧化顺序优先于 SO_2，这也是硫脲体系能够实现 Hg^0 选择性氧化脱除的原因。

4.1.2　硫脲配位氧化脱汞性能

1. 硫脲浓度对脱汞性能的影响

探究硫脲浓度对烟气中 Hg^0 脱除效率的影响，结果如图 4.1 所示。不添加硫脲时，Hg^0 的脱除效率几乎为 0；当硫脲浓度从 0 逐渐升高到 0.2 mol/L 时，Hg^0 的脱除效率逐渐上升至 62.6%，说明硫脲的加入有效促进了 Hg^0 的脱除，且在一定范围内硫脲浓度越高 Hg^0 的脱除效果越好；当硫脲浓度从 0.2 mol/L 升高到 0.4 mol/L 时，Hg^0 的脱除效率略有上升，从 62.6%升高到 65.6%，当硫脲浓度超过 0.2 mol/L 时，进一步提升其浓度无法有效提高 Hg^0 的脱除效率。

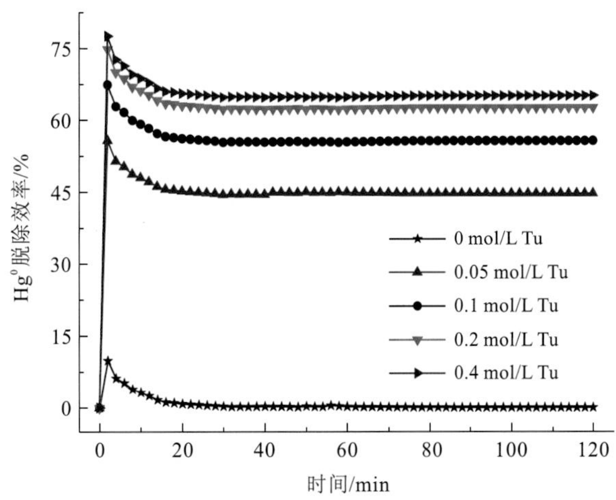

图 4.1　不同硫脲浓度的 Hg^0 脱除效率

pH 为 1.0；温度为 40 ℃；烟气流速为 600 mL/min；O_2 体积分数为 8%；SO_2 体积分数为 2%

2. 不同类型氧化剂对硫脲体系脱汞性能的影响

从上述的实验结果可知，单一的硫脲溶液对 Hg^0 的脱除效率最高只能达到 65.6%左右，无法满足 Hg^0 的高效脱除。添加部分氧化剂能够提高硫脲溶液体系中汞的氧化电位，达到进一步提升 Hg^0 脱除效率的目的。本小节将选取 H_2O_2、Fe^{3+}和 Cu^{2+}作为氧化剂，考察不同类型氧化剂对 Hg^0 脱除效果的影响。

以 H_2O_2 作为氧化剂，考察其浓度对硫脲体系 Hg^0 脱除效果的影响，如图 4.2（a）所示。当 H_2O_2 加入量为 3 mmol/L 时，Hg^0 的脱除效率从单一硫脲体系的 62.6%上升到 74.3%；当 H_2O_2 浓度增加至 6 mmol/L 时，脱汞效率可达 82.9%，但当 H_2O_2 浓度进一步增加至 12 mmol/L 时，Hg^0 的脱除效率下降到 78.3%。以上现象说明加入适量 H_2O_2 作为氧化剂可以有效提高硫脲体系的脱汞效率，但 H_2O_2 很容易与硫脲发生氧化还原反应，过量的 H_2O_2 会导致硫脲的快速消耗，不利于烟气中 Hg^0 的脱除，因此需要控制 H_2O_2 的加入量才能较好地发挥其氧化剂的作用。

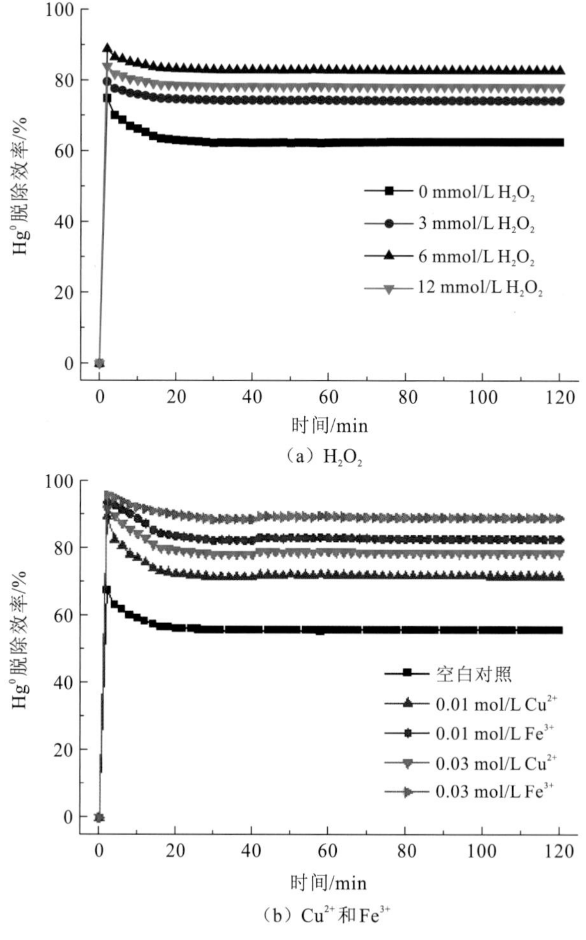

图 4.2　H_2O_2、Cu^{2+}和 Fe^{3+}作为氧化剂的 Hg^0 脱除效率

pH 为 1.0；温度为 40 ℃；烟气流速为 600 mL/min；O_2 体积分数为 8%；SO_2 体积分数为 2%

金属离子 Fe^{3+}、Cu^{2+}作为氧化剂时，硫脲体系的 Hg^0 脱除效率如图 4.2（b）所示。当 Cu^{2+}浓度分别为 0.01 mol/L 和 0.03 mol/L 时，Hg^0 脱除效率分别稳定在 71.5%和 78.4%；当 Fe^{3+}浓度分别为 0.01 mol/L 和 0.03 mol/L 时，Hg^0 脱除效率分别稳定在 82.5%和 88.7%。由此可知，金属离子 Fe^{3+}和 Cu^{2+}作为氧化剂能够有效促进 Hg^0 的脱除，其中 Fe^{3+}具有更好的

促进作用。进一步对比 H_2O_2 和 Fe^{3+} 作为氧化剂时的脱汞效率可知 Fe^{3+} 氧化效果最好，且不同于 H_2O_2，高浓度 Fe^{3+} 不会造成脱汞效率的下降。这是因为硫脲溶液中 Fe^{3+} 主要以金属配合离子 $Fe(Tu)_2^{3+}$［式（4.3）］的形式存在，稳定的配合离子与硫脲的反应速率较慢，不会造成硫脲的过度消耗。在 0.2 mol/L Tu 和 0.03 mo/L Fe^{3+} 的条件下进行长时间脱汞实验，发现经过 8 小时后 Hg^0 的脱除效率保持在 85%以上，这说明 Fe^{3+}-Tu 体系具有较高的脱汞稳定性。

$$Fe^{3+} + 2Tu = Fe(Tu)_2^{3+}, \quad \lg\beta = 8.44 \tag{4.3}$$

实际应用中高硫冶炼烟气洗涤后要保证 SO_2 能够顺利进入后续制酸系统，因此在强化脱除 Hg^0 的同时还要做到 Hg^0 的选择性氧化，避免 SO_2 的过度消耗。考察单一硫脲、H_2O_2-Tu、Fe^{3+}-Tu 和 Cu^{2+}-Tu 体系中 SO_2 的损失率，结果如图 4.3 所示。各体系反应初期 SO_2 的损失率均较高，因为部分 SO_2 会以 H_2SO_3 的形式快速溶解到溶液中。随着反应的进行，由于溶解度的限制，SO_2 损失率逐渐降低并稳定。对比不同体系的 SO_2 损失率：单一硫脲体系中 SO_2 的损失率最终约为 4.63%；H_2O_2-Tu 体系反应初期，H_2O_2 会提高 SO_2 损失率，随着溶液中 H_2O_2 的消耗，SO_2 损失率逐渐降低，反应后期维持在 4.67%左右；Cu^{2+} 的加入对 SO_2 的损失率影响不大，与硫脲体系基本一致；Fe^{3+} 在整个反应过程中都会小幅度提高 SO_2 的损失率，反应结束时损失率约为 6.82%。由以上分析可知，适量的氧化剂不会造成 SO_2 的大量损失，影响后续制酸工艺。三种氧化剂中 Fe^{3+} 既可以保证 Hg^0 的高效脱除，又不会大幅度增加 SO_2 的消耗，是硫脲体系的最佳氧化剂。

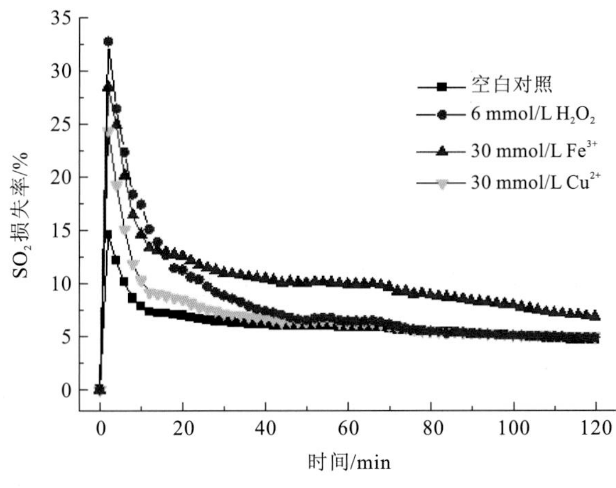

图 4.3 不同氧化剂脱汞过程中的 SO_2 损失率

3. pH 和温度对脱汞性能的影响

高硫冶炼烟气净化过程中溶液通常为酸性，本实验考察 pH 在 1～9 时 Hg^0 脱除效率的变化规律，结果如图 4.4（a）所示。随着 pH 的上升，Hg^0 的脱除效率逐渐下降，当 pH 为 9 时，Hg^0 脱除效率仅为 63.4%。造成上述情况的原因主要有：①酸性溶液中，硫脲（$CS(NH_2)_2$）分子中的 C═S 键容易转化成稳定性更高的 C—SH，形成硫脲的同分异构体（HSC(=NH)NH_2），在酸性条件下稳定存在并发挥配合氧化作用；②SO_2在中性和碱性溶液中溶解度更大，会生成大量SO_3^{2-}与被氧化的Hg^{2+}发生氧化还原反应，造成Hg^0的再释放。

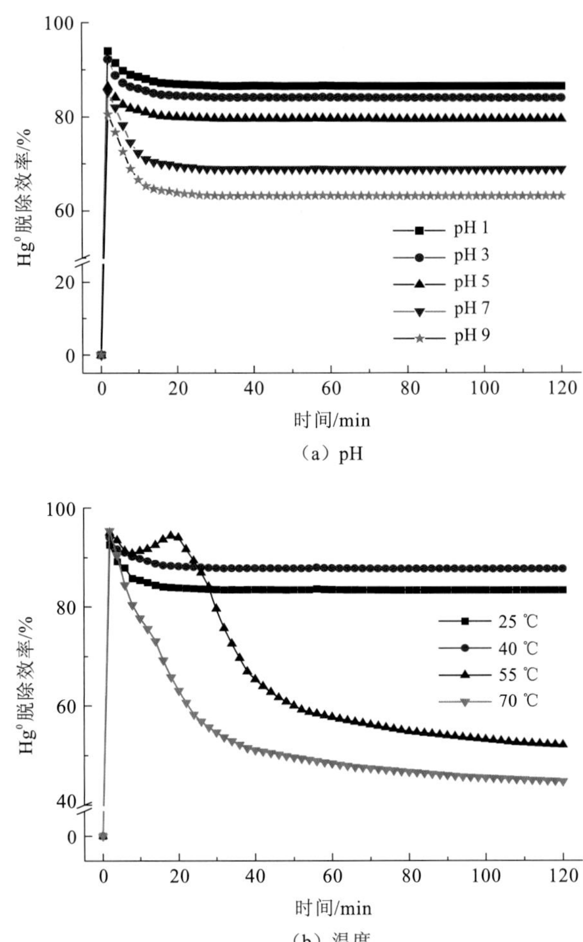

（a）pH

（b）温度

图 4.4　不同 pH 和温度条件下硫脲体系的Hg^0脱除效率

温度对Hg^0脱除效率的影响如图 4.4（b）表示。温度从 25 ℃升高到 40 ℃，Hg^0的脱除效率从 83.4%上升到 88.7%，说明在一定范围内，温度上升有利于Hg^0的氧化；55 ℃时，Hg^0的脱除效率先上升至 95%左右，后迅速下降；70 ℃时，Hg^0的脱除效率从反应开始就迅速下降。以上现象表明高温不利于Hg^0的脱除，造成该现象的原因可能有：①温度升高Hg^0溶解度降低，限制了气相Hg^0进入液相的传质过程，不利于氧化反应的进行；②高温条件下硫脲分解，其浓度降低导致Hg^0的脱除效果减弱。

进一步对不同温度下反应后的溶液进行 FTIR 表征，结果如图 4.5 所示。硫脲在 1 485 cm^{-1}、1 404 cm^{-1}、和 1 084 cm^{-1}处的特征峰随反应温度的升高逐渐降低，说明高温加速了硫脲的分解。2 242 cm^{-1}和 1 668 cm^{-1}处的特征峰分别代表氨腈（$SC(NH_2)_2$）上 CN 和NH_2的振动峰。随着反应温度的升高，CN 和NH_2振动峰增强，说明溶液中氨腈浓度上升。红外分析表明硫脲高温稳定性较差，易分解氧化形成对 Hg^0 氧化没有促进作用的氨腈物质。

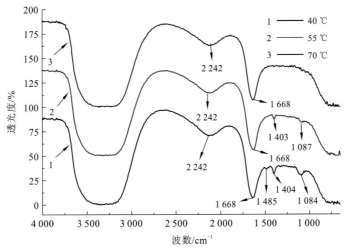

图 4.5　不同温度下硫脲溶液的红外表征图谱

当反应温度为 55 ℃时，Hg^0 脱除效率呈现先上升后下降的趋势。图 4.6 为硫磺胶体的汞程序升温热解曲线。从图 4.6 可知，在 173 ℃和 275 ℃两个温度分别出现汞热解特征峰，其分别对应着黑色 HgS 和红色 HgS，这说明硫脲胶体中存在 HgS。结合图 4.5 红外分析结果得知，在反应初期，硫脲会被氧化分解成 S^0 和 $CNNH_2$，反应初期新生态胶体 S^0 活性较强，可以与 Hg^0 结合生成 HgS，从而促进了汞的去除，具体反应过程如式（4.4）和式（4.5）所示。随着反应时间的延长，不断形成的胶体硫磺会发生团聚并转化成惰性的黄色硫沉淀，溶液中硫脲浓度下降，从而导致脱汞效率的下降。

$$2SC(NH_2)_2 + O_2 = 2S^0 + 2CNNH_2 + 2H_2O \tag{4.4}$$

$$S^0 + Hg^0 = HgS \tag{4.5}$$

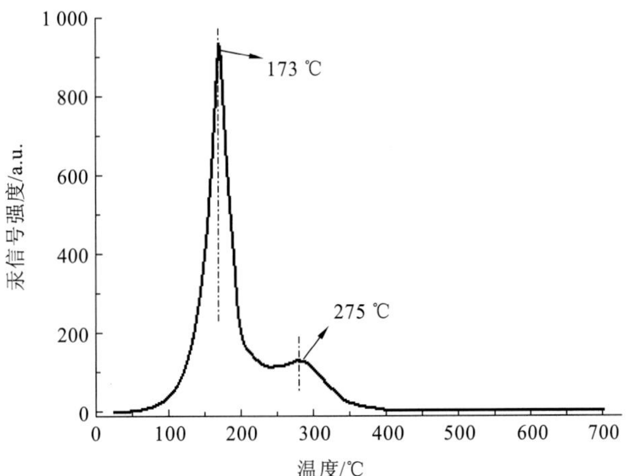

图 4.6　55 ℃下硫脲脱汞过程中沉淀的汞程序升温热解图

4. 烟气中 SO_2 和 O_2 浓度对脱汞性能的影响

考察烟气中 SO_2 和 O_2 浓度变化对 Hg^0 脱除效率的影响，结果如图 4.7 所示。SO_2 浓度从 0.5%上升到 2%时，Hg^0 的脱除效率有小幅度上升；SO_2 浓度增加至 4%时，Hg^0 的脱除效率变化不大。通常烟气中 SO_2 的存在会阻碍 Hg^0 的选择性氧化，也会导致溶液中 Hg^{2+}的还原再释放，但本实验发现浓度低于 2%的 SO_2 反而会促进 Hg^0 的氧化。从图 4.7（b）可知，烟气中 O_2 含量从 0 增加至 12%的过程中，Hg^0 的脱除效率变化不大，说明 O_2 对汞脱除效果没有明显的促进作用。

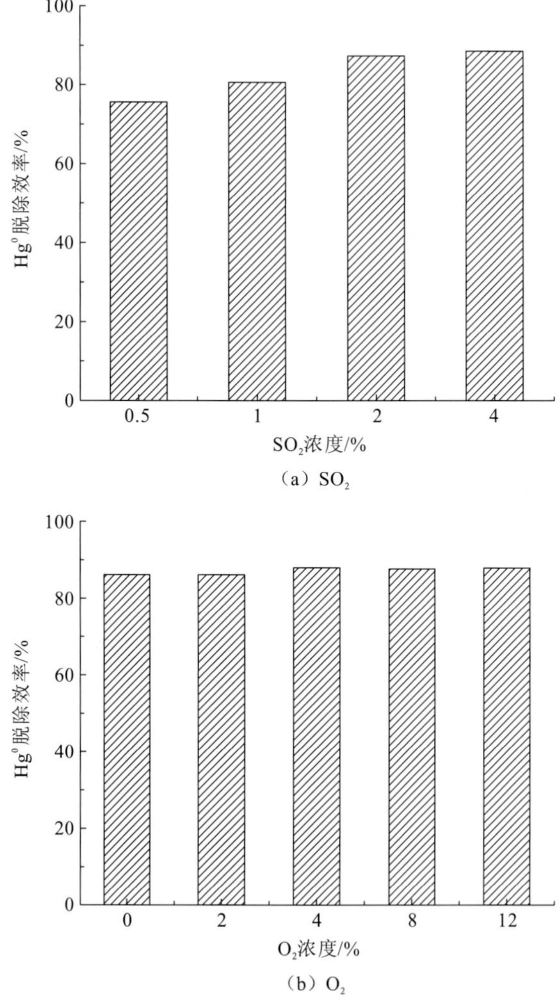

（a）SO_2

（b）O_2

图 4.7　不同 SO_2 和 O_2 条件下硫脲体系的 Hg^0 脱除效率

硫脲浓度为 0.2 mol/L；Fe^{3+}浓度为 0.03 mol/L；温度为 40 ℃；pH 为 1；反应时间为 2 h

5. 杂质元素对脱汞性能的影响

实际洗涤过程中，烟气中的杂质离子不可避免地会进入洗涤液中，对 Hg^0 的脱除造成一定的影响。本小节主要研究杂离子 SO_3^{2-}、Cl^-、F^-和 Zn^{2+}对硫脲体系 Hg^0 脱除性能的影响，结果如图 4.8 所示。为避免金属离子氧化剂影响研究，选择 3 mmol/L 的 H_2O_2 作为氧化剂。

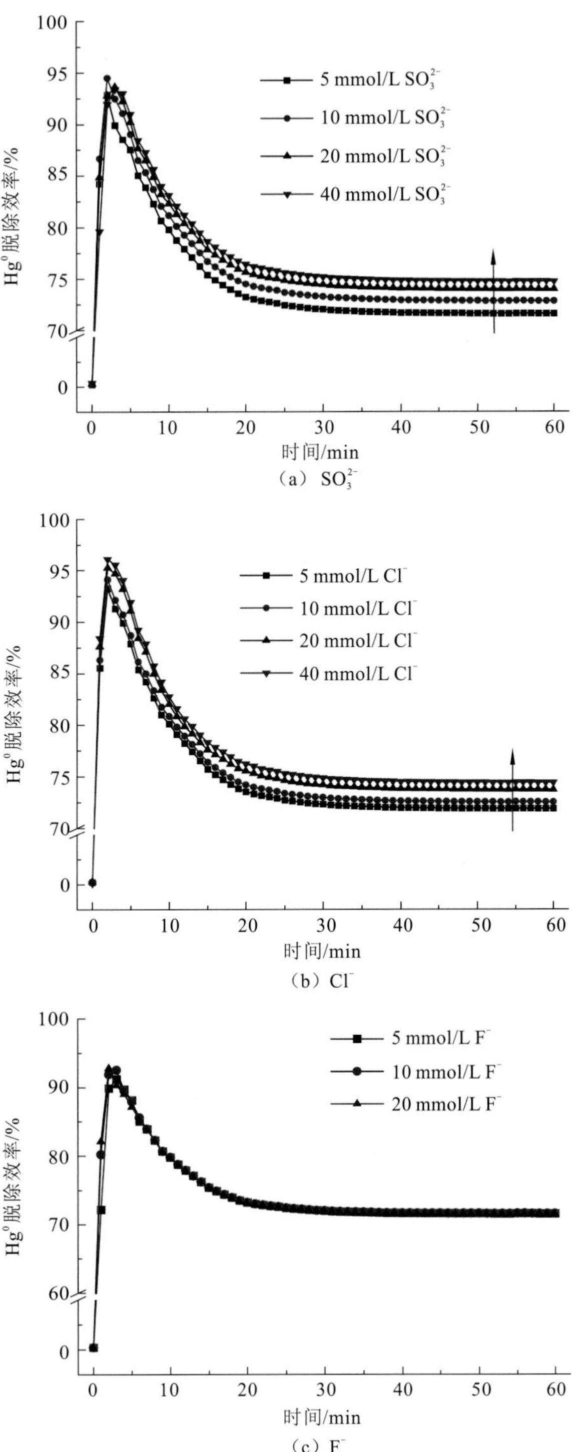

（a）SO_3^{2-}

（b）Cl^-

（c）F^-

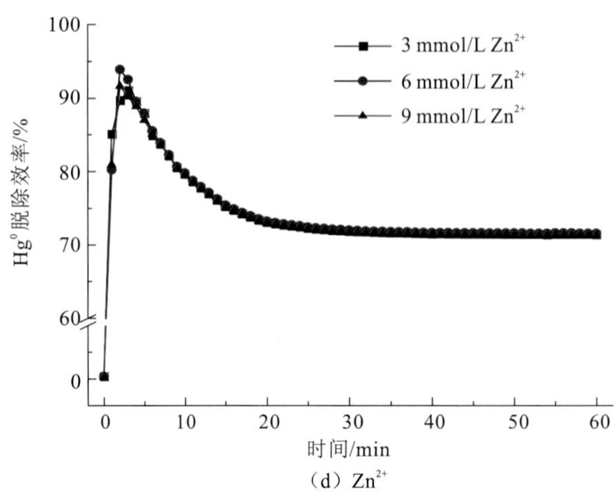

（d）Zn^{2+}

图 4.8　不同浓度 SO_3^{2-}、Cl^-、F^-和 Zn^{2+}条件下硫脲体系的 Hg^0 脱除效率

从图 4.8（a）和（b）中可以看出，随着 SO_3^{2-} 和 Cl^-浓度的升高，硫脲体系脱汞效率有小幅度的上升，说明这两种离子的存在可以促进 Hg^0 的配位氧化脱除。SO_3^{2-} 含量的增加促进 Hg^0 氧化的原因是 SO_3^{2-} 有利于硫脲或硫脲氧化中间产物的稳定性，其原因将在后续的硫脲选择性脱汞机制研究中详细介绍。Cl^-与 Hg^{2+}有较强的亲和力，因此反应过程中可能出现 $HgTu_2Cl_2$ 等多配体汞配合物[式（4.6）]，配合物的生成提高硫脲体系中 Hg^0 的氧化速率，有利于 Hg^0 脱除效率的提升。

$$Hg^0 + 2Tu + 2Cl^- + 2H^+ + H_2O_2 \Longrightarrow Hg(Tu)_2Cl_2 + 2H_2O \tag{4.6}$$

从图 4.8（c）和（d）中可以看出，溶液中 F^-浓度在 5～20 mmol/L 和 Zn^{2+}浓度在 3～9 mmol/L 时，F^-和 Zn^{2+}的存在对 Hg^0 的脱除效率影响不大。酸性条件下，溶液中 F^-主要以 HF 形态存在，不会与 Hg^{2+}形成配合物，对其配位氧化没有影响。虽然 Zn^{2+}可以与硫脲形成 $Zn(Tu)_x^{2+}$ 配合物，降低游离硫脲分子的浓度，但是由于脱汞过程中硫脲浓度远远过量，少量的 Zn^{2+}不会影响 Hg^0 的脱除。

4.1.3　硫脲配位氧化脱汞的机制

1. 硫脲和汞配位产物的表征

硫脲分子中硫、碳、氮原子之间都存在平行的 p 轨道，可以连贯重叠形成一个整体，这样 p 电子可以在多个原子之间运动形成大 π 键。p 电子活动区域的变化可以使硫脲分子出现离域效应，降低体系的能量，提高分子的稳定性。硫脲分子中的硫原子和氮原子上都存在孤对电子，硫脲分子中大 π 键和孤对电子使其容易与含有空位轨道的金属离子形成配合物。Hg^{2+}存在 1 个 6p、1 个 6d 和 2 个 6s 空轨道，可以和硫脲上的孤对电子重叠杂化，形成 Hg-Tu 配合物。

为确定硫脲与汞离子配位的配位原子，对与不同浓度汞离子反应的 Hg-Tu 体系进行红外和拉曼表征，结果如图 4.9 所示。添加汞离子后，1 482 cm^{-1} 处硫脲的 C═S（ν-CS）键的振动峰消失，且 1 410 cm^{-1} 处 C═S（δ-CS）的振动峰减弱，这说明溶液中 Hg^{2+}与硫脲中硫原子进行配位，从而导致 C═S 振动峰的消失和减弱[图 4.9（a）]。724 cm^{-1}、1 125 cm^{-1} 和 1 753 cm^{-1} 处为硫脲特征峰，其中 724 cm^{-1} 处为 ν2-SCN_2H_4 振动峰，1125 cm^{-1} 处为 ν-SC 振动峰，1 753 cm^{-1} 处为 δNH_2 振动峰，当溶液中加入 Hg^{2+}后，1 753 cm^{-1} 处未变化，1 125 cm^{-1} 处左移到 1 052 cm^{-1} 处，724 cm^{-1} 处发生轻微左移[图 4.9（b）]。上述结果表明 Hg^{2+}与 Tu 分子 C═S 键上的硫原子配位。

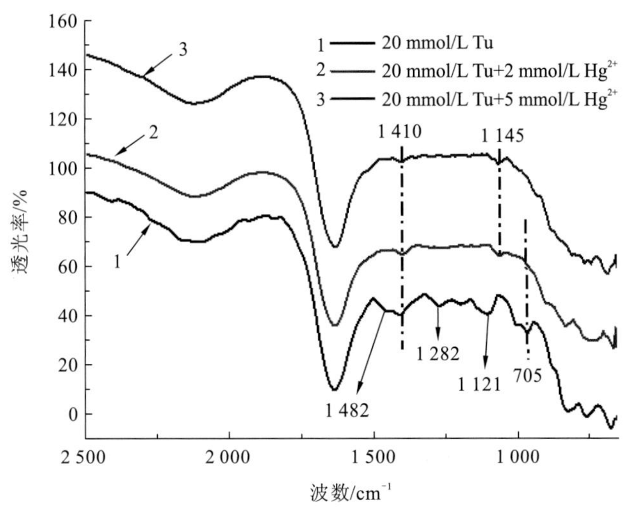

（a）红外表征分析图谱

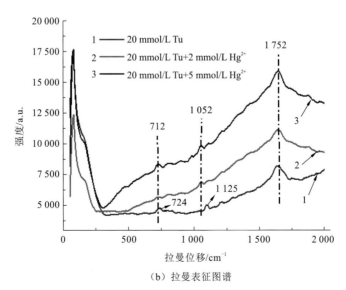

（b）拉曼表征图谱

图 4.9　Hg-Tu 配合物的红外表征分析图谱和拉曼表征图谱

2. 硫脲体系中汞的氧化机制

图 4.10 为无氧和无氧化剂条件下纯硫脲溶液对 Hg^0 的脱除效率，表明纯硫脲溶液（0.1 mol/L、0.3 mol/L）不能实现 Hg^0 的脱除。图 4.11 显示仅存在氧化剂溶液对 Hg^0 的脱除效果，5 mmol/L Fe^{3+}和 3 mmol/L H_2O_2 对 Hg^0 几乎没有脱除效率。上述结果表明，纯硫脲和纯氧化剂均不能实现 Hg^0 的脱除。为解释 Hg^0 在硫脲体系中的氧化机制，本小节提出了硫脲中间产物氧化机制，即硫脲在氧化剂存在的条件下被氧化成一种有氧化性的中间产物，这种中间产物可以直接氧化 Hg^0，从而实现 Hg^0 的氧化脱除。

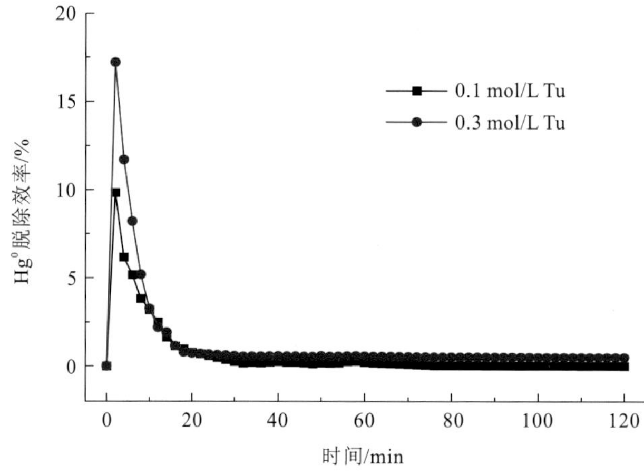

图 4.10　无氧条件下 0.1 mol/L 和 0.3 mol/L 纯硫脲溶液的 Hg^0 脱除效率

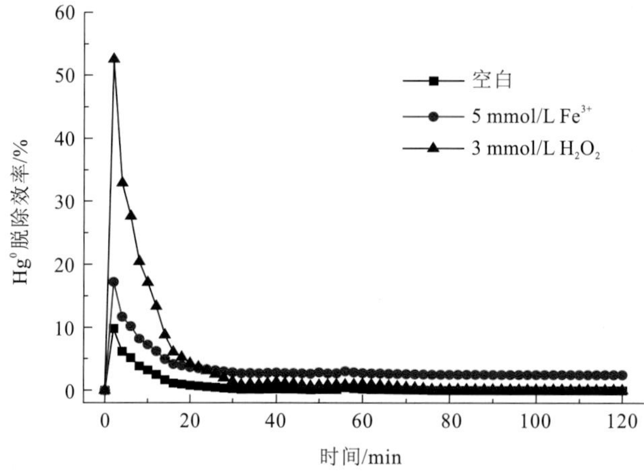

图 4.11　无硫脲条件下 5 mmol/L Fe^{3+}和 3 mmol/L H_2O_2 溶液的 Hg^0 脱除效率

为验证上述假设的机制，首先利用循环伏安法确定硫脲的氧化中间产物。本实验过程采用铂片电极作为工作电极，甘汞电极为参比电极、石墨电极为对电极。图 4.12 中曲线 1 表示硫酸浓度为 0.1 mol/L 条件下 0.1 mol/L 硫脲在−1 V 到 1 V 电流随电势的变化曲线。在电势 0.59 V 和 0.76 V 分别为硫脲对应的阳极峰（A）和阴极峰（C）。曲线 2 对应 0.1 mol/L 硫酸下 0.02 mol/L 二硫甲脒（分子式为 $NH_2NHCSSCNHNH_2$，简写为 FDS）的循环伏安曲线，同样在相同的位置出现阳极峰和阴极峰。两种化合物出峰位置相同说明两者对应的电化学氧化还原反应相同，即氧化峰对应 Tu 氧化成 FDS 和还原峰对应 FDS 还原成 Tu[式（4.7）]，这也说明 Tu 和 FDS 的转化是可逆反应。Tu 被分子氧、Fe^{3+}等温和氧化物氧化的第一个产物为 FDS，并且 FDS/Tu 的标准氧化电位为 0.42 V。硫脲溶液中有氧化产物 FDS 产生后，其氧化电位远高于 $Hg(Tu)_4^{2+}$/Hg 的氧化电位，说明中间产物 FDS 可以起到氧化 Hg^0 的作用，这与硫脲中间产物氧化脱除 Hg^0 的假设一致。

$$2SC(NH_2) \rightleftharpoons NH_2(=NH)CSSC(=NH)NH_2 + 2H^+ + 2e \tag{4.7}$$

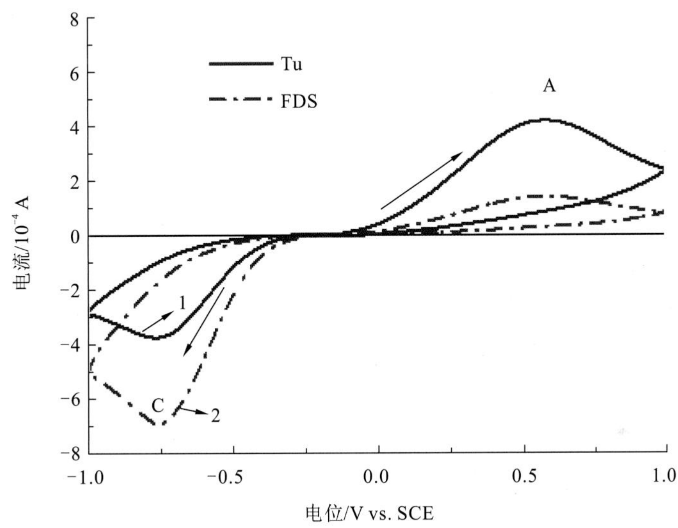

图 4.12　0.1 mol/L 硫酸溶液中硫脲和二硫甲脒的循环伏安曲线

扫描速率为 100 mV/s

采用银基汞膜电极作为工作电极模拟 Hg^0 在硫脲溶液中的溶解行为，以掌握 Hg^0 氧化的反应机制。图 4.13（a）为硫脲溶液不同扫描次数下的循环伏安曲线，在第一次扫描过程中，只在 0.56 V 出现硫脲的氧化峰。随着扫描次数的增加，在 0.02 V 左右出现一个新的氧化峰。该体系中只有硫脲和汞可以被氧化，因此 0.02 V 出现的峰为汞的氧化峰。图 4.13（b）为 FDS 和 Tu 混合溶液的循环伏安曲线，首次扫描就出现汞和硫脲两个氧化峰。以上结果表明二硫甲脒是汞氧化的关键物质。当溶液中仅存在 FDS 时，开始时只会在 0.02 V 出现一个对应的氧化峰，这证明了 0.02 V 对应为汞的氧化峰。通过上述对比实验可以得出结论：Tu 可以被氧化成 FDS，在单独 Tu 溶液中，开始在工作电极上氧化产物 FDS 的生成量很少，此时汞无法被氧化，即不会出现汞的氧化峰；随着扫描次数的增多，在工作电极上积累较多的 FDS 后在 0.02 V 位置才会出现汞的氧化峰，即溶液中必须有 FDS 生成才可能出现汞的氧化。

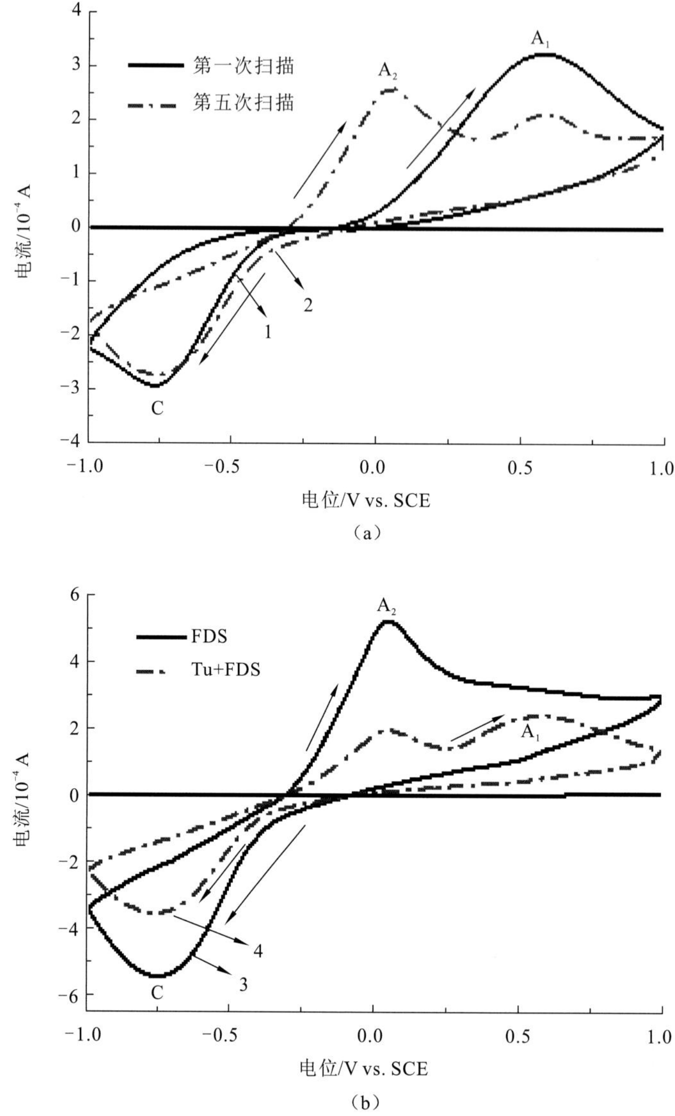

图 4.13　硫脲溶液不同扫描次数下的循环伏安曲线及 FDS 和 Tu 混合溶液的循环伏安曲线

0.1 mol/L H_2SO_4 和 0.1 mol/L Tu 混合溶液汞膜电极上第一次和第五次扫描的循环伏安曲线（a）；0.05 mol/L FDS 和 0.05 mol/L Tu 混合溶液的循环伏安曲线（b）

为进一步验证 FDS 的作用，进行 Tu 和 FDS 混合溶液脱汞实验，结果如图 4.14 所示。当洗涤液中含有 5 mmol/L 的 FDS 时，溶液在不含有其他氧化剂的条件下脱汞效率可达 78.7%，这说明 FDS 可以作为 Hg^0 的氧化剂，其在溶液中存在与否是硫脲溶液能否实现 Hg^0 脱除的关键因素。

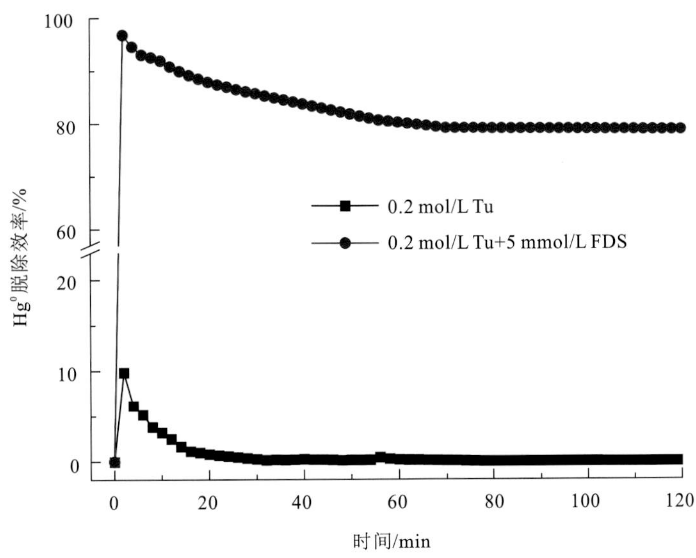

图 4.14　二硫甲脒硫脲体系 Hg^0 脱除效率的影响

3. 二氧化硫强化硫脲溶液体系中汞的氧化机制

通过 4.1.2 小节结果可知，烟气中 SO_2 的存在会促进 Hg^0 的脱除。根据汞的氧化机制研究，发现硫脲中间产物 FDS 对 Hg^0 的氧化起到关键作用，因此需要探讨 FDS 和 SO_2 之间的关系，以确定 SO_2 促进 Hg^0 脱除的机制。在酸性条件下 SO_2 在水溶液中以 H_2SO_3 的形式存在，因此可以研究溶液中 FDS 在 H_2SO_3 条件下的稳定性来表示酸性硫脲体系中 FDS 和 SO_2 的关系。

图 4.15 为 Tu 和 FDS 的 UV-vis 吸收光谱随时间的变化图。在 200～280 nm 的紫外光区域，由于 Tu 和 FDS 结构相似导致在 235 nm 处有相同的吸收峰。随着时间的延长，Tu 在 235 nm 处的吸收度并不会随时间而变化。FDS 的吸光度逐渐增强，10 min 之内吸光度从 1.35 上升到 2.11，这表明 FDS 的含量发生变化，FDS 分解成其他物质。对于 FDS 在水中的分解过程，FDS 首先分解成硫脲和亚磺酸化合物，然后亚磺酸再分解成硫磺、尿素等产物。FDS 吸光度的增强是由于分解产物硫脲在 235 nm 处吸光度比 FDS 强，可以通过 FDS 在 235 nm 处吸光度变化速率来判断其分解速率。

将一定浓量的 H_2SO_3 分别加入 FDS 溶液中，对 FDS 的稳定性进行研究。从图 4.15（b）可知，在溶液不存在 H_2SO_3 时，10 min 内 FDS 在 235 nm 处的特征吸光度增加了 0.76，假设其为等速变化，则吸光度变化速率为 0.076 min^{-1}；从图 4.16（a）可知，当溶液中添加 2 mmol/L 的 H_2SO_3 后，在 235 nm 处的吸光度变化速率下降为 0.031 min^{-1}；从图 4.16（b）可知，增加 H_2SO_3 的浓度至 20 mmol/L 后，在 235 nm 处吸光度的变化速率继续降低，为 0.012 min^{-1}，其中在 200～210 nm 出现波动大且变化无规律的吸收区，这是因为高浓度 H_2SO_3 引起低紫外区吸光度不稳定，其不会影响 FDS 的特征吸收峰。显然，

H_2SO_3 的加入有利于 FDS 的稳定，H_2SO_3 可以抑制 FDS 的分解，这也是 SO_2 促进 Hg^0 去除的原因。

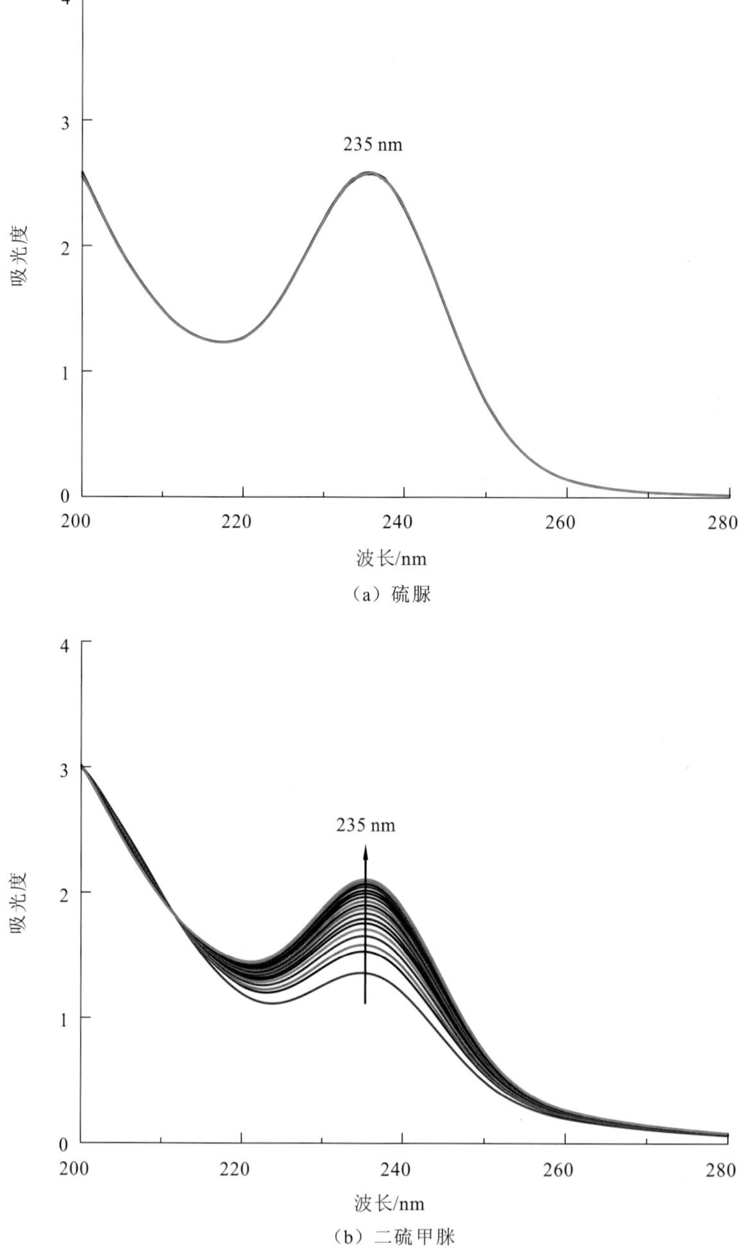

图 4.15　硫脲和二硫甲脒的 UV-vis 变化曲线

硫脲、二硫甲脒浓度为 0.125 mmol/L；pH 为 2.0；液温度为 20 ℃；扫描间隔为 30 s

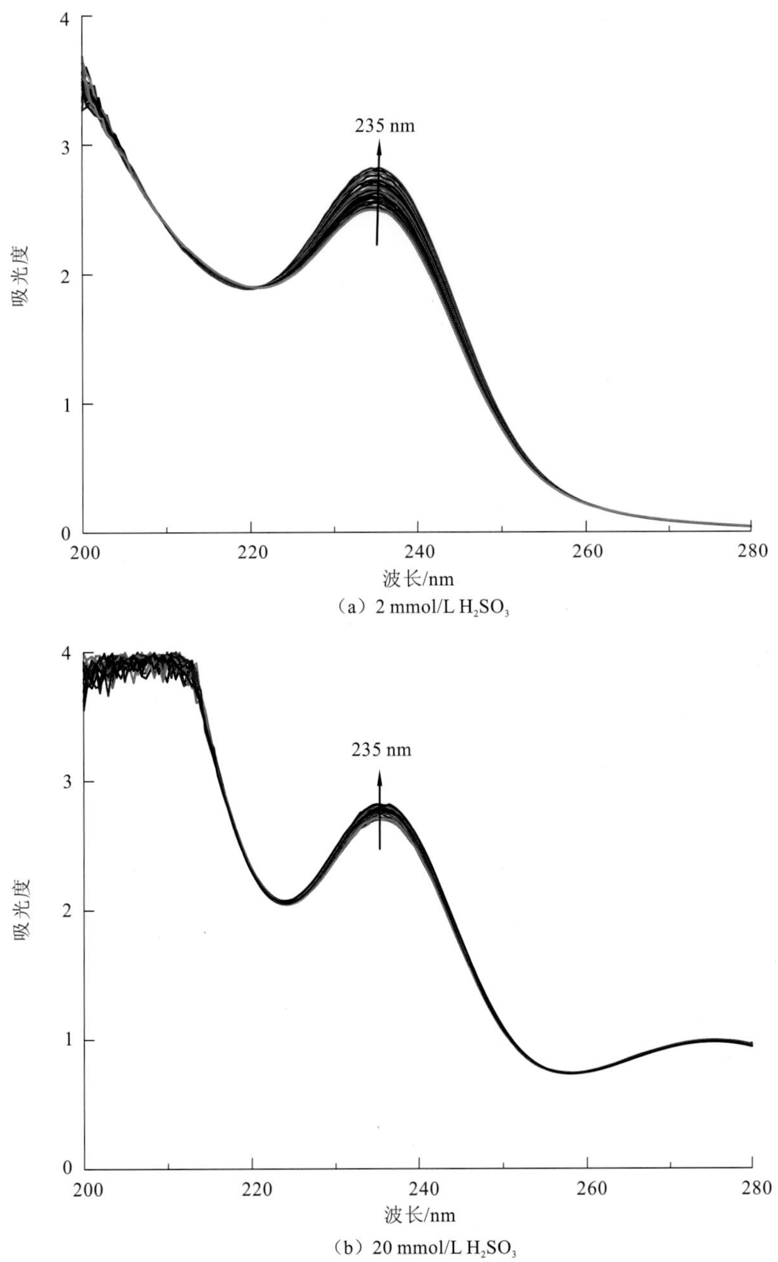

（a）2 mmol/L H_2SO_3

（b）20 mmol/L H_2SO_3

图 4.16　H_2SO_3 浓度为 2 mmol/L 和 20 mmol/L 时二硫甲脒的 UV-vis 变化曲线

二硫甲脒浓度为 0.125 mmol/L；pH 为 2.0；溶液温度为 20 ℃；扫描间隔为 30 s

上述结果表明 Tu 氧化的中间产物 FDS 在汞的氧化过程起到关键作用，二氧化硫有利于 FDS 的稳定。硫脲体系中汞的氧化脱除经历两个过程：硫脲首先被氧化成中间产物 FDS，然后中间产物 FDS 再与单质汞反应生成 Hg-Tu 配合物，且只有生成中间产物 FDS 后单质汞才可被氧化，反应机理过程如图 4.17 所示。

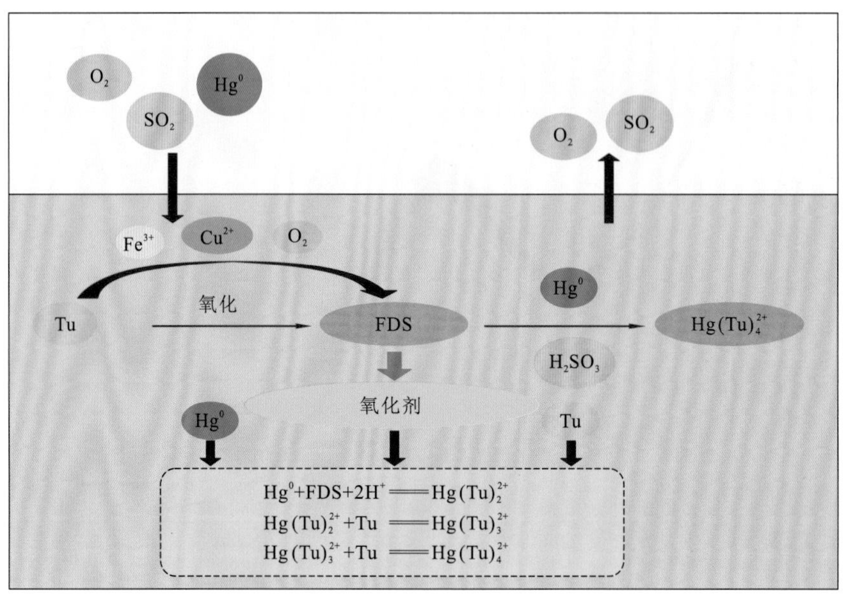

图 4.17　硫脲脱汞体系反应机制图

4.1.4　硫脲体系汞配位氧化热力学

1. 硫脲体系中汞氧化的吉布斯自由能计算

单质汞在硫脲溶液中氧化反应为电化学腐蚀过程，以 Fe^{3+}-Tu 溶液为例，Hg^0 氧化的原电池反应如下。

阴极（正极）反应：　$Fe^{3+}\ e = Fe^{2+}$　（4.8）

$$\Phi_{Fe^{3+}/Fe^{2+}} = \Phi^{\ominus}_{Fe^{3+}/Fe^{2+}} + \frac{2.303RT}{nF}\lg([Fe^{3+}]/[Fe^{2+}])$$

阳极（负极）反应：　$Hg^0 - 2e + 4Tu = Hg(Tu)_4^{2+}$　（4.9）

$$\Phi_{Hg(Tu)_4^{2+}/Hg^0} = \Phi^{\ominus}_{Hg^{2+}/Hg^0} + \frac{2.303RT}{nF}\lg([Hg(Tu)_4^{2+}]/[Tu]^4)$$

总的电池反应：　$2Fe^{3+}\ Hg^0 + 4Tu = Hg(Tu)_4^{2+} + 2Fe^{2+}$　（4.10）

对于总的电池反应的电动势 E 可以利用反应式（4.8）和式（4.9）获得

$$\begin{aligned} E &= 2\Phi_{Fe^{3+}/Fe^{2+}} - \Phi_{Hg(Tu)_4^{2+}/Hg^0} \\ &= 2\Phi^{\ominus}_{Fe^{3+}/Fe^{2+}} - \Phi^{\ominus}_{Hg^{2+}/Hg^0} + \frac{2.303RT}{2F}\lg\left(\frac{[Fe^{3+}]^4[Tu]^4}{[Fe^{2+}]^4[Hg(Tu)_4^{2+}]}\right) \end{aligned} \tag{4.11}$$

实验过程中 Fe^{3+}和硫脲的浓度分别为 0.03 mol/L 和 0.1 mol/L。反应初期并没有检测到 Fe^{2+}的存在，随着烟气中 Hg^0 和部分的 SO_2 的氧化，溶液中会出现 Fe^{2+}。在反应 1 h 后溶液中 Fe^{3+}和 Fe^{2+}的浓度分别为 0.001 75 mo/L 和 0.001 25 mol/L，此时对应溶液中

$Hg(Tu)_4^{2+}$ 的浓度为 1.5×10^{-7} mol/L。由于溶液中 $Hg(Tu)_4^{2+}$ 浓度极低，可以认为溶液中硫脲浓度仍为 0.1 mol/L。Fe^{3+}/Fe^{2+}和 Hg^{2+}/Hg^0 的标准电位分别为 0.77 V 和 0.85 V。反应的吉布斯自由能 ΔG_T 与电动势 E 对应的关系为

$$\Delta G_T = nFE \tag{4.12}$$

将上述值代入式（4.12），并结合式（4.13）可得出 Hg^0 在硫脲体系中氧化的 ΔG_T。

$$\Delta G_T = -133170 - 65.26T \tag{4.13}$$

当温度为 298 K（约 25 ℃）时，反应的 ΔG_T 为−152.62 kJ/mol，其值远远小于 0，这说明 Hg^0 在硫脲体系中的氧化反应为自发行为。

2. Hg-Tu-H_2O 体系的 Eh-pH 图

通过研究硫脲脱汞机理可知，二硫甲脒对 Hg^0 氧化起到关键作用。本小节拟建立 Hg-Tu-H_2O 的 Eh-pH 图，以确定 Hg^0 在硫脲溶液中氧化的优势区域。

Hg-Tu-H_2O 体系中可能发生的反应如表 4.1 所示。

表 4.1　Hg-Tu-H_2O 体系可能发生的反应

序号	化学反应
1	$O_2+4H^++4e = 2H_2O$
2	$2H^++2e = H_2$
3	$FDS+2H^++2e = 2Tu$
4	$FDS+2H^+ = FDS^{2+}$
5	$Hg(Tu)_4^{2+}+2e = Hg+4Tu$
6	$Hg(OH)^++H^++e = Hg+H_2O$
7	$Hg(OH)_2+2H^++2e = Hg+2H_2O$
8	$Hg(OH)^++H^++Tu = Hg(Tu)_4^{2+}+H_2O$
9	$Hg(OH)_2+H^+ = Hg(OH)^++H_2O$

根据能斯特方程式可以计算上述反应的电位 Eh 与溶液 pH 的关系方程，如表 4.2 所示。

表 4.2　Hg-Tu-H_2O 体系发生反应对应的 Eh-pH 方程

序号	Eh-pH 方程
1	E=1.228−0.0591pH
2	E=−0.0591pH
3	E=0.42−0.0671pH−0.059 1lg[Tu]
4	pH=4.01−0.5lg([FDS^{2+}]/[FDS])

续表

序号	Eh-pH 方程
5	E=0.058+0.0297lg[$Hg(Tu)_4^{2+}$]−0.118lg[Tu]
6	E=1.809−0.151pH+0.0591lg[$Hg(OH)^+$]
7	E=1.422−0.1168pH
8	E=10.712−lg[$Hg(Tu)_4^{2+}$]+lg[$Hg(OH)^+$]
9	E=11.404−lg[$Hg(OH)^+$]

实验体系中初始 Tu 的浓度为 0.1 mol/L，溶液中 FDS、FDS^{2+}、$Hg(OH)^+$、$Hg(Tu)_4^{2+}$ 等可以忽略不计。将这些数值代入表 4.2 的公式中并绘制成 Hg-Tu-H_2O 体系的 Eh-pH 图，如图 4.18 所示。阴影区为硫脲体系 Hg^0 氧化的优势区域（既可以实现 Hg^0 的氧化又可以保证 Tu 的稳定性）。硫脲体系脱除 Hg^0 的理论区域为：氧化还原电位控制在 0.07～0.426 V 和 pH 控制在 1～4。

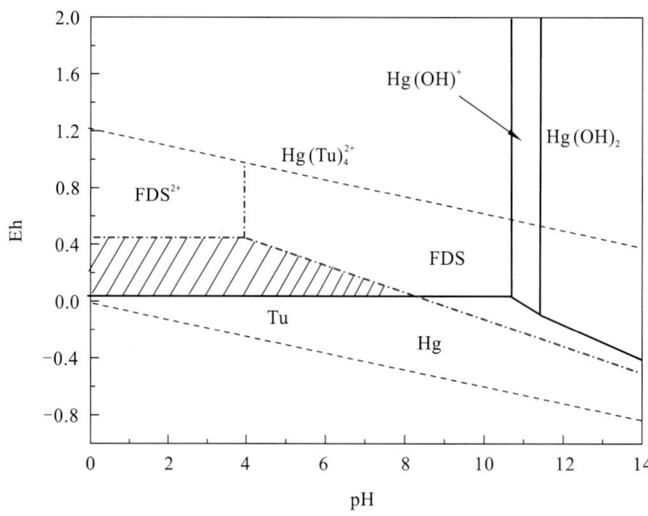

图 4.18　硫脲浓度为 0.1 mol/L 条件下 Hg-Tu-H_2O 体系的 Eh-pH 图（25 ℃）

3. 氧化剂存在时硫脲体系汞氧化的优势区域

实验过程中使用 Fe^{3+}和 Cu^{2+}（用 Me 表示）作为 Hg^0 的氧化剂。Fe^{3+}和 Cu^{2+}在硫脲溶液中并不是以单独金属离子存在，而是以金属硫脲配合物形式存在，此时溶液中 $Fe(Tu)_2^{3+}$/$Fe(Tu)_2^{2+}$ 和 $Cu(Tu)_2^{2+}$/$Cu(Tu)_2^{+}$的电势分别为

$$E^{\ominus}(Fe(Tu)_2^{3+} / Fe(Tu)_2^{2+}) = E^{\ominus}(Fe^{3+} / Fe^{2+}) - 0.0591\ln\beta_{Fe(Tu)_2^{3+}} / \beta_{Fe(Tu)_2^{2+}} \quad (4.14)$$

$$E^{\ominus}[Cu(Tu)_2^{2+} / Cu(Tu)_2^{+}] = E^{\ominus}(Cu^{2+} / Cu^{+}) - 0.0591\ln\beta_{Cu(Tu)_2^{2+}} / \beta_{Cu(Tu)_2^{+}} \quad (4.15)$$

其中：$E^{\ominus}(Fe^{3+}/Fe^{2+})$和 $E^{\ominus}(Cu^{2+}/Cu^{+})$分别为 0.77 V 和 0.159 V；$\beta(Fe(Tu)_2^{3+})$、$\beta(Fe(Tu)_2^{3+})$、$\beta(Fe(Tu)_2^{2+})$、$\beta(Cu(Tu)_2^{2+})$、$\beta(Fe(Tu)_2^{+})$分别为 2.75×10^8、1.65×10^3、7.76×10^8、2.24×10^{13}。将其代入得 Fe^{3+}和 Cu^{2+}在硫脲溶液中的标准电势分别为 0.461 V 和 0.423 V。

在硫脲浓度为 0.1 mol/L、Fe^{3+}和 Cu^{2+}加入量均为 0.03 mol/L 条件下，$Fe(Tu)_2^{3+}/Fe(Tu)_2^{2+}$和 $Cu(Tu)_2^{2+}/Cu(Tu)_2^{+}$的电势分别为 0.371 V 和 0.333 V。图 4.19 为采用 Fe^{3+}和 Cu^{2+}作为氧化剂时 Hg^0 在硫脲中氧化的优势区域，具体区域为图中阴影部分。在酸性体系下（pH 为 0～4），Fe^{3+}作为氧化剂时 Hg^0 的优势氧化电位为 0.070～0.371 V，Cu^{2+}作为氧化剂时 Hg^0 的优势氧化电位为 0.070～0.333 V。

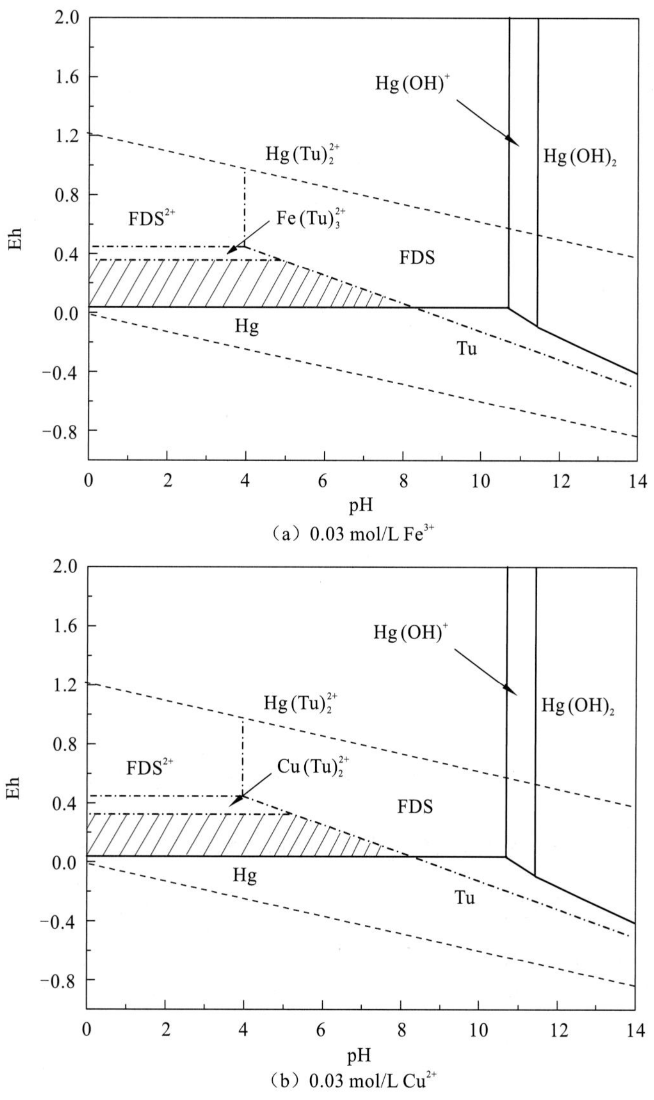

图 4.19　0.03 mol/L Fe^{3+}和 0.03 mol/LCu^{2+}为氧化剂时 Hg-Tu-H_2O 的优势区域图

4.2　硫化铜溶胶强化湿法洗涤净化脱汞

纳米硫化铜对水溶液中的二价汞离子和 Hg^0 都具有一定的吸附能力，是目前较有潜力的一种脱汞吸附剂。但将粒径较大的硫化铜颗粒应用在液相洗涤脱汞中存在材料分散稳定性差的问题，无法高效脱除 Hg^0。本节将通过合成溶胶态的硫化铜，实现硫化铜颗粒在介质中的稳定存在及高度分散，对 Hg^0 的脱除效率可达 95%以上，吸附后胶体颗粒团聚沉降，易于回收，不会发生二次污染，具有较高的实际应用潜力。

4.2.1　硫化铜溶胶的制备

由于合成过程中反应前驱体的浓度与硫化铜形态密切相关，为得到胶体态硫化铜，对前驱体（铜源、硫源的）浓度进行调控，反应现象及样品状态列于表 4.3。当前驱体浓度介于 0.01～0.1 mol/L 时，反应迅速生成棕褐色沉淀；当浓度降低至 0.001 mol/L 时，溶液缓慢转变为棕褐色沉淀；当浓度为 0.000 5 mol/L 时，溶液由透明状态缓慢转变为金黄色溶胶[图 4.20（a）]，70 ℃加热后最终形成绿色溶胶[图 4.20（b）]。

表 4.3　不同前驱体浓度下合成反应现象及样品形态

Cu^{2+}浓度/(mol/L)	S^{2-}浓度/(mol/L)	反应现象及样品形态
0.1	0.1	反应速度快，生成大量的棕褐色沉淀
0.01	0.01	反应速度快，生成棕褐色沉淀
0.001	0.001	缓慢生成少量的棕黄色沉淀
0.000 5	0.000 5	缓慢生成金黄色溶胶，无沉淀

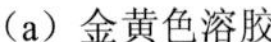
（a）金黄色溶胶

（b）绿色溶胶

图 4.20　反应物浓度为 0. 5 mmol/L 的反应过程中生成的金黄色溶胶和绿色溶胶的丁铎尔效应图

对两种溶胶的胶体颗粒进行 XRD 表征，结果如图 4.21 所示。XRD 衍射峰表明金黄色溶胶颗粒和绿色溶胶颗粒主要为无定形的非晶状态。但绿色溶胶颗粒在 29.2°、31.7°和 47.9°处出现较弱的特征峰，分别对应硫化铜标准图谱中的（102）（103）（110）晶面特征峰（PDF 06-0464），说明通过铜源和硫源浓度的调控成功获得了硫化铜溶胶。

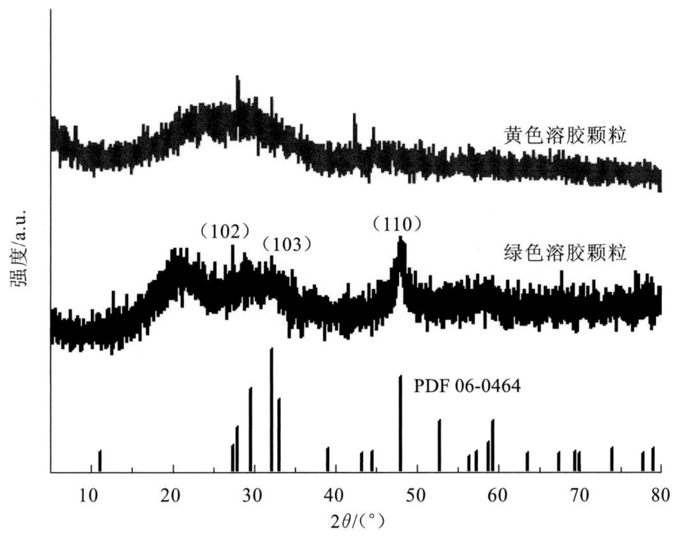

图 4.21　黄色溶胶颗粒和绿色溶胶颗粒 XRD 图

进一步对不同前驱体浓度的样品进行 SEM 和 TEM 表征，结果如图 4.22 所示。当前驱体浓度为 0.1 mol/L［图 4.22（a）］和 0.01 mol/L［图 4.22（b）］时，得到的棕褐色沉淀均为板结块状；当浓度为 0.001 mol/L 时［图 4.22（c）］，沉淀物颗粒尺寸较小，但团聚现象明显；当浓度降低至 0.000 5 mol/L 时［图 4.22（d）］，硫化铜溶胶颗粒的粒径约为 20 nm，且分散较为均匀。由此可见，通过铜源和硫源浓度的调控可以得到粒径较小，且稳定分散硫化铜溶胶。

（a）前驱体浓度为 0.1 mol/L 的 SEM 图

（b）前驱体浓度为 0.01 mol/L 的 SEM 图

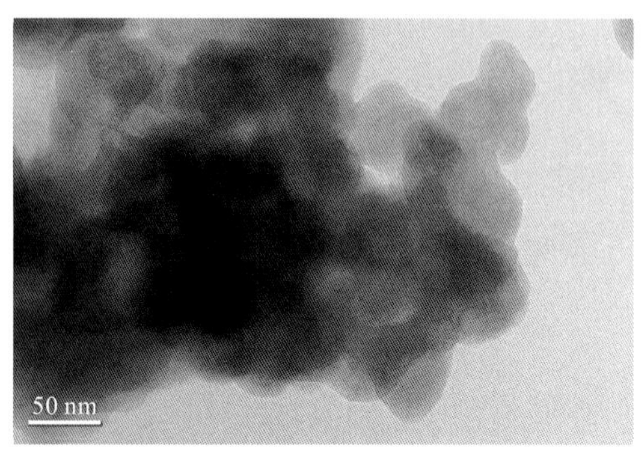

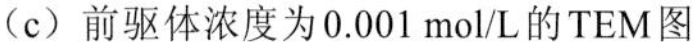

（c）前驱体浓度为0.001 mol/L的TEM图

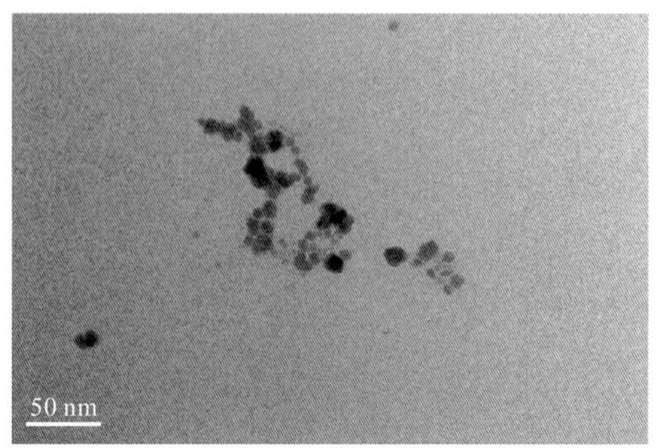

（d）前驱体浓度为0.000 5 mol/L的TEM图

图 4.22　样品的 SEM 图和 TEM 图

4.2.2　硫化铜溶胶制备条件的优化

为进一步优化硫化铜溶胶的制备条件，保持铜源和硫源浓度在 0.000 5 mol/L，调控合成过程中的铜硫比。采用拉曼光谱及 TEM 分别对铜硫比为 1∶1、1∶1.2、1∶1.5 和 1∶2 的胶体颗粒进行结构和形貌表征。从拉曼光谱（图 4.23）中可以看出，四种胶体颗粒在 475 cm^{-1} 处均出现较强的特征峰，与 CuS 的特征峰相对应，说明铜硫比的变化不影响胶体颗粒的物相。

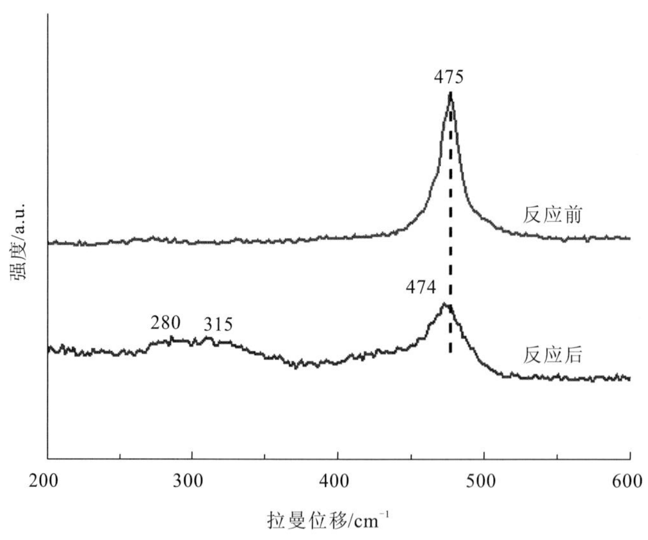

图 4.23　不同硫化铜胶体颗粒的拉曼光谱

从 TEM（图 4.24）中可知，当铜硫比为 1∶1 时[图 4.24（a）、（e）]，胶体颗粒较小，90%左右的颗粒粒径为 6～18 nm，10%左右的颗粒粒径为 40～70 nm，分散不均；

当铜硫比为 1∶1.2 时[图 4.24（b）、（f）]，胶体颗粒粒径维持在 10～22 nm 的小尺寸内，分布均匀且分散性良好；随着硫比例的进一步增加，铜硫比为 1∶1.5 时[图 4.24（c）、（g）]，胶体颗粒的粒径分布在 12～30 nm，粒径增大且开始出现团聚现象；铜硫比为 1∶2 时[图 4.24（d）、（h）]，胶体的颗粒明显增大，在 10～100 nm 内均有分布，团聚现象明显。由此可知，铜硫比对胶体颗粒的粒径及分散性都有一定的影响，铜硫比为 1∶1.2 时材料粒径较小，分散性良好，推测其更有利于脱汞反应的进行。

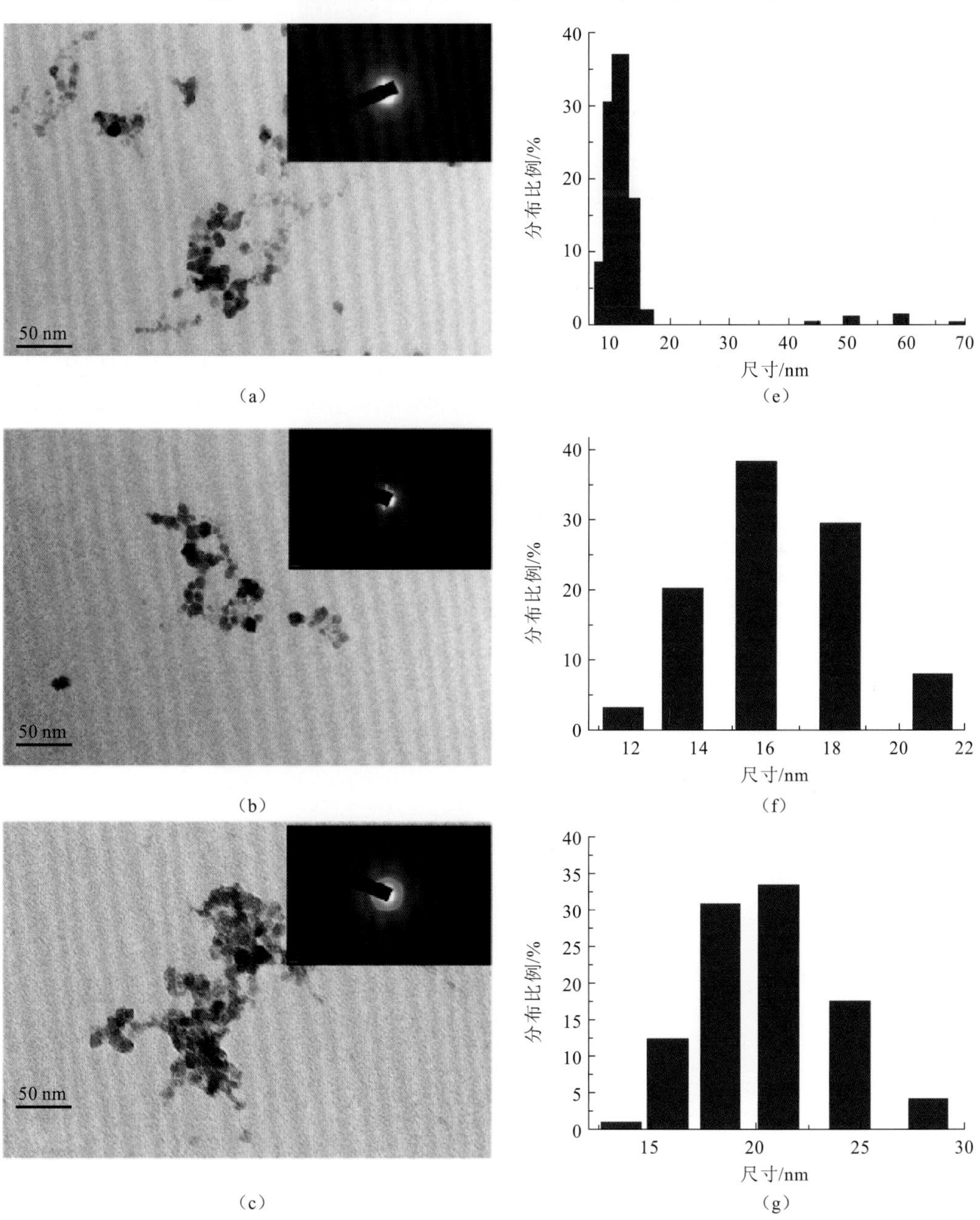

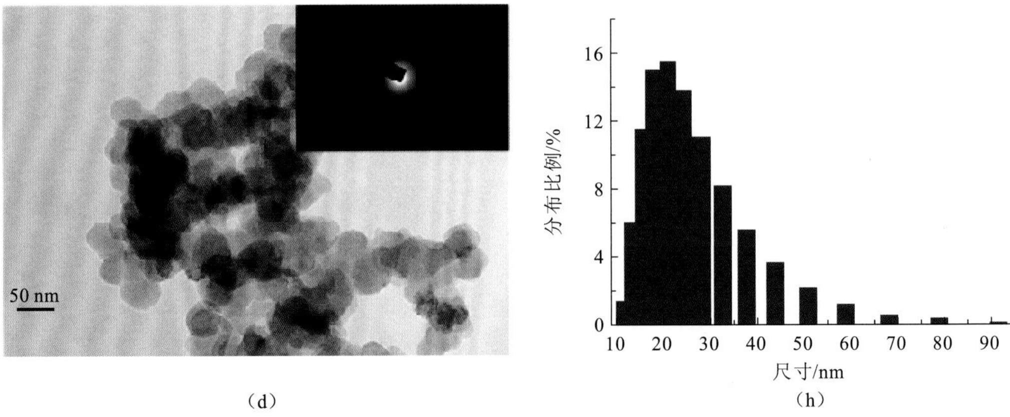

（d）　（h）

图 4.24　不同成硫化铜胶体颗粒的 TEM（a，b，c，d）及粒径分布图（e，f，g，h）

$n(Cu^{2+})$∶$n(S^{2-})$=1∶1（a，e），1∶1.2（b，f），1∶1.5（c，g），1∶2（d，h）

考察不同硫化铜溶胶的脱汞效率，结果如图 4.25 所示，4 种硫化铜溶胶在反应前 10 min 均出现微弱的下降趋势。由于载汞气体开始通入溶液时存在较大的传质阻力，气体中的汞无法快速穿透溶液与硫化铜溶胶接触反应，导致脱汞效率在一开始呈现微弱的下降趋势。随着反应的进行，单质汞与硫化铜溶胶充分接触，脱汞效率逐渐回升并趋于平衡。在相同条件下，当铜硫比分别为 1∶1、1∶1.2、1∶1.5 和 1∶2 时，脱汞效率分别约为 89%、96%、88%和 85%，由此可知四种硫化铜溶胶中，硫铜比为 1∶1.2 时，溶胶的脱汞效率最高。从 TEM 的表征中可知硫铜比为 1∶1.2 的硫化铜溶胶颗粒粒径较小，且分散性良好，这有利于脱汞反应中溶胶颗粒与单质汞的充分接触，能够有效提升脱汞效率。

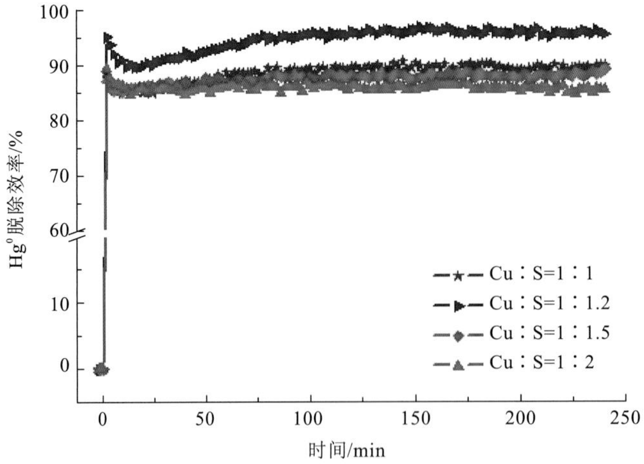

图 4.25　不同铜硫比条件下合成的硫化铜纳米溶胶对 Hg^0 的脱除效果影响

4.2.3　硫化铜溶胶的脱汞性能

根据 4.2.2 小节的实验研究，选择硫铜比为 1∶1.2 的硫化铜溶胶进一步考察其脱汞性能。

1. 溶胶形貌尺寸的影响

考察块状硫化铜、纳米硫化铜及硫化铜溶胶的脱汞性能，结果如图 4.26 所示。当载汞气体通过块状硫化铜形成的分散液时，Hg^0 浓度在前 100 min 呈下降趋势，随着反应时间的延长 Hg^0 的浓度逐渐上升，且增速逐渐放缓至趋于稳定，600 min 时，Hg^0 浓度为 170 μg/m³，此时 Hg^0 的脱除效率仅为 27%；当载汞气体通过纳米硫化铜形成的分散液时，Hg^0 浓度在反应初期阶段也出现了缓慢下降，110 min 后，Hg^0 浓度缓慢上升，600 min 时，Hg^0 浓度为 59.9 μg/m³，此时 Hg^0 的脱除效率为 74.2%；当载汞气体通过硫化铜纳米溶胶后，Hg^0 浓度在前 100 min 缓慢下降，后趋于稳定，Hg^0 的脱除效率稳定在 96%左右。因此，相比于颗粒较大且分散稳定性差的块状硫化铜及纳米硫化铜，硫化铜溶胶脱汞具有显著优势。

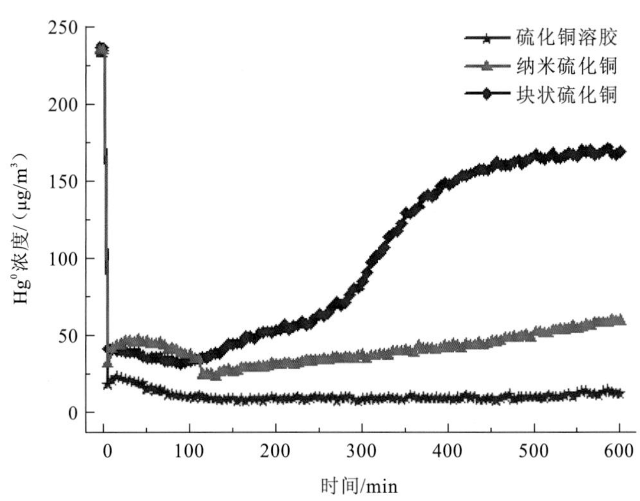

图 4.26　不同形貌的硫化铜对 Hg^0 浓度的影响

2. pH 的影响

研究 pH 对硫化铜溶胶脱汞性能的影响，结果如图 4.27（a）所示。初始状态溶胶的 pH 为 5.6，Hg^0 脱除效率基本稳定在 96%；当溶胶的 pH 为 3 时，Hg^0 脱除效率稳定在 91%；当溶胶的 pH 为 1 时，Hg^0 脱除效率随着时间的增加呈明显下降的趋势，2 h 后，脱汞效率低至 67%；在碱性条件下，Hg^0 脱除效率明显要低于酸性条件，当 pH 为 9 时，2 h 后，Hg^0 脱除效率下降至 64%，而当 pH 为 11 时，Hg^0 脱除效率仅有 60%。从图 4.27（b）中可以看出，不同 pH 条件下的脱汞效率与 Zeta 电位在一定范围内正相关。当 pH 为 5.6 时，溶胶的 Zeta 电位为-22.8 mV，此时溶胶的稳定性相对最高，对 Hg^0 的脱除效果最好，随着 pH 的变化，Zeta 电位的绝对值降低，溶胶的稳定性变差，Hg^0 脱除效率逐渐降低。因此，最佳 pH 为 5.6。

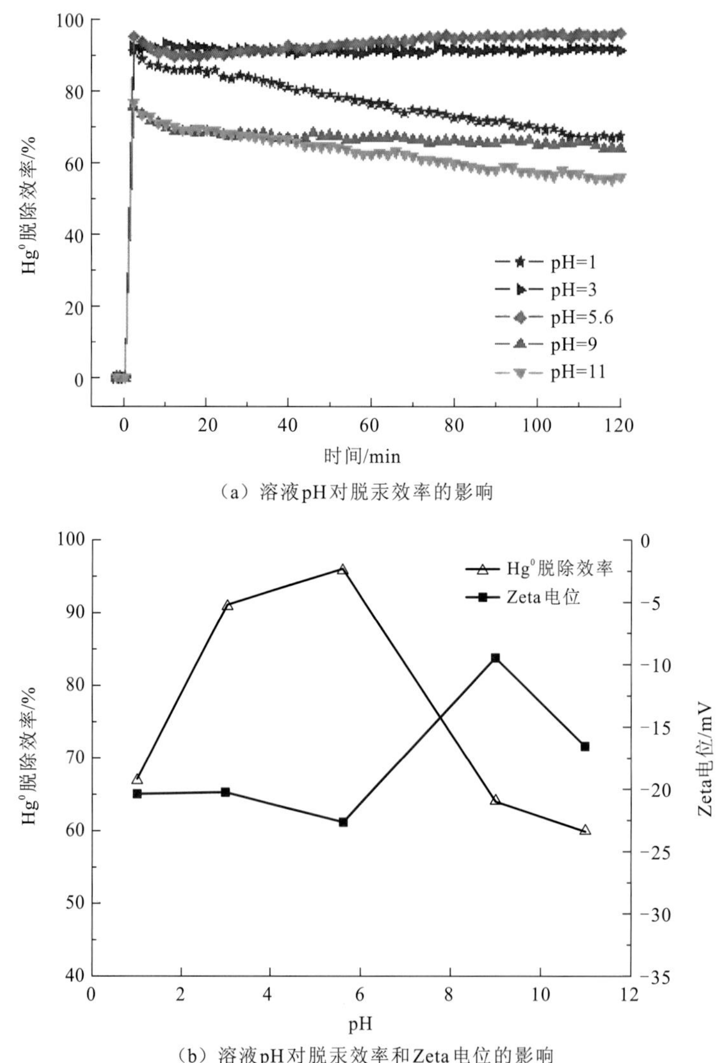

（a）溶液pH对脱汞效率的影响

（b）溶液pH对脱汞效率和Zeta电位的影响

图 4.27　溶液 pH 对脱汞效率的影响及溶液 pH 对脱汞效率和 Zeta 电位的影响

3. 温度的影响

研究温度对硫化铜溶胶脱汞效率的影响，结果如图 4.28 所示。40 min 内，35 ℃、45 ℃、55 ℃的脱汞效率均能稳定维持在 95%以上，而 25 ℃的脱汞效率则较低；40 min 后，25 ℃的脱汞效率缓慢上升最后稳定维持在 96%，随着温度的升高，单质汞的脱除效果呈逐渐下降的趋势，35 ℃、45 ℃、55 ℃时的脱汞效率分别为 97%、88%和 76%，说明 35 ℃为最佳反应温度。45 ℃、55 ℃硫化铜溶胶出现了不同程度的团聚，溶液中有明显的沉淀生成，图 4.29 中 SEM 图分析表明胶体颗粒在反应后发生了明显的团聚和板结。

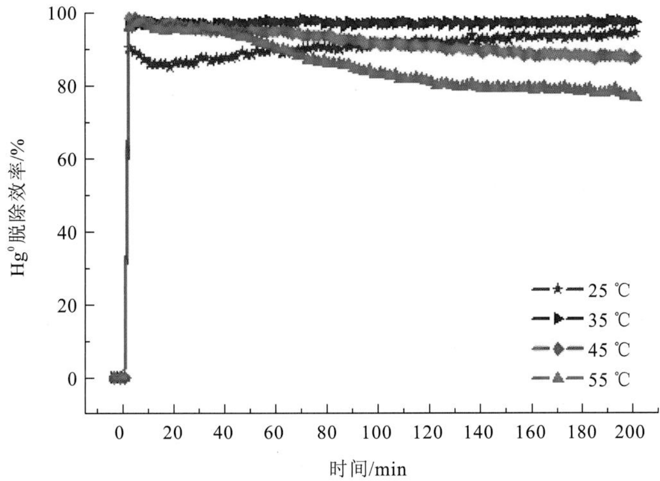

图 4.28　温度对硫化铜纳米溶胶脱除 Hg^0 的影响

图 4.29　初始胶体颗粒和温度反应后颗粒的 TEM 图和 SEM 图

4. 烟气气氛的影响

考察 SO_2 和 O_2 对硫化铜溶胶脱汞性能的影响，结果如图 4.30 所示。从图 4.30（a）可知，40 min 时，Hg^0 的脱除效率维持在 96%；通入 4% SO_2，2 h 后 Hg^0 的脱除效率维持在 90.5%，此时溶液 pH 为 3.6，说明硫化铜溶胶具有一定的抗硫性能，受一定浓度 SO_2 影响后仍保持较高的脱汞效率。但通入 8%SO_2 后，2 h 后 Hg^0 脱除效率下降至 76.1%，此时溶液 pH 为 1.2，说明过高浓度 SO_2 的引入对 Hg^0 的脱除存在明显的抑制作用。从图 4.30（b）可知，通入 8%的氧气后 Hg^0 的脱除效率可以从 94%上升至 96%，说明氧气对硫化铜溶胶脱汞有一定的促进作用。

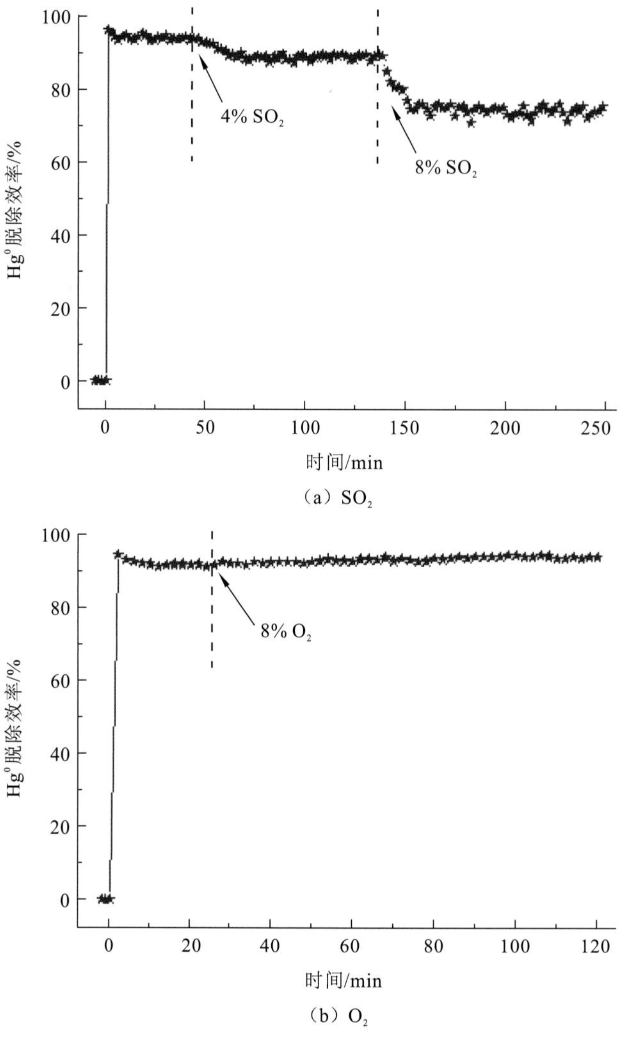

图 4.30　SO_2 和 O_2 对 Hg^0 脱除效率的影响

5. 金属离子的影响

研究 Fe^{3+}和 Hg^{2+}对脱汞性能的影响，结果如图 4.31 所示。从图 4.31（a）可知，加入 0.08 mmol/L 的 Fe^{3+}时，脱汞效率从 96%降低至 94%。提高 Fe^{3+}的浓度至 0.40 mmol/L 时，20 min 内脱汞效率维持在 94%左右，然后脱除效率迅速下降至 36%。加入较高浓度的 Fe^{3+}，20 min 后开始出现沉淀，说明 Fe^{3+}的存在影响了溶胶的分散稳定性，胶体颗粒发生了团聚，Hg^0 脱除效果降低。加入 0.08 mmol/L 的 Hg^{2+}时，溶胶对 Hg^0 的脱除效率迅速降低至 79%，说明 Hg^{2+}与 Hg^0 形成了竞争吸附。从图 4.31（b）可知，当向溶液中加入 0.40 mol/L 的 Hg^{2+}时，单质汞的释放浓度高于模拟烟气中初始汞的浓度，说明硫化铜胶体颗粒促进了 Hg^0 的再释放。

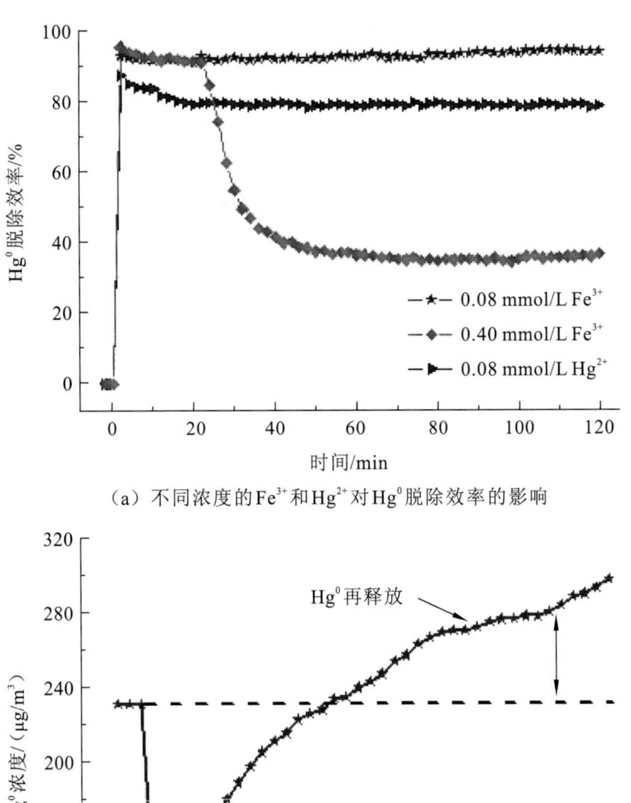

（a）不同浓度的 Fe^{3+} 和 Hg^{2+} 对 Hg^0 脱除效率的影响

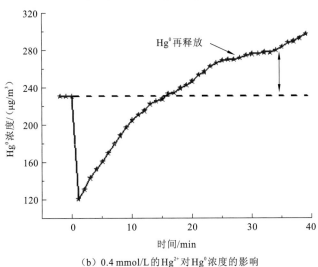

（b）0.4 mmol/L 的 Hg^{2+} 对 Hg^0 浓度的影响

图 4.31　不同浓度的 Fe^{3+} 和 Hg^{2+} 对 Hg^0 脱除效率的影响及 0.4 mmol/L 的 Hg^{2+} 对 Hg^0 浓度的影响

综上所述，硫化铜胶体脱除 Hg^0 的最佳条件为：pH5.6，温度 35 ℃，烟气中 SO_2 浓度不超过 4%，无明显的 Fe^{3+} 和 Hg^{2+}。在最佳条件下，硫化铜胶体的单质汞脱除效率超过 97%。

4.2.4　硫化铜溶胶的脱汞机制

硫化铜溶胶具有优异的脱汞性能，为揭示其脱汞机制，对 Cu∶S=1∶1.2 条件下合成的硫化铜溶胶反应 7 d 后的产物进行程序升温解吸实验（Hg-TPD），结果如图 4.32 所示。解吸温度从 50 ℃上升至 600 ℃的过程中，175 ℃和 248 ℃处出现两个特征峰，分别对应黑色硫化汞（β-HgS）和红色硫化汞（α-HgS）的特征峰，说明溶胶与 Hg^0 反应后

生成了 β-HgS 和 α-HgS（Rumayor et al.，2015b；Rumayor et al.，2013）。

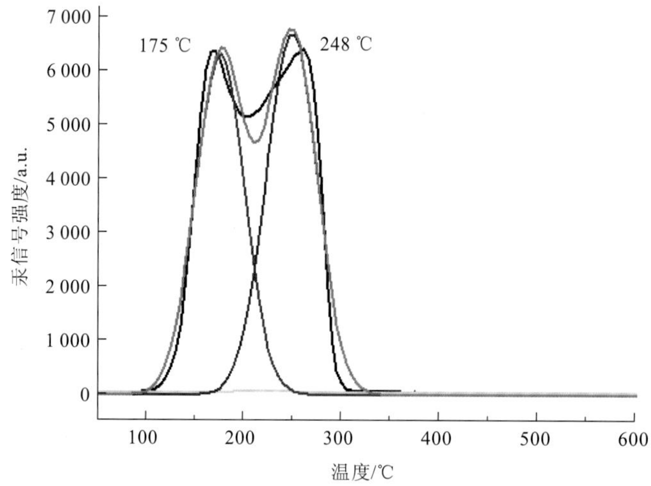

图 4.32　硫化铜溶胶反应后样品的 Hg-TPD 图

对比反应前后胶体颗粒的拉曼光谱，结果如图 4.33 所示。反应后的样品在 474 cm^{-1} 处出现了特征峰，该位置为 Cu_2S 的特征峰，相比反应前 CuS 溶胶在 475 cm^{-1} 处的峰发生了明显的左移。说明反应后溶胶颗粒从 CuS 转变为 Cu_2S。同时，反应后的图谱在 280 cm^{-1} 和 315 cm^{-1} 处出现了两个较弱的峰，其中 315 cm^{-1} 处对应硫化铜的特征峰，280 cm^{-1} 处对应 HgS 的特征峰（Gotoshia et al.，2008；Perez-Alonso et al.，2006），通过反应前后胶体颗粒主要物相的对比进一步确认胶体颗粒与单质汞反应后生成了 HgS，这一结果与 Hg-TPD 的分析结果相符合。

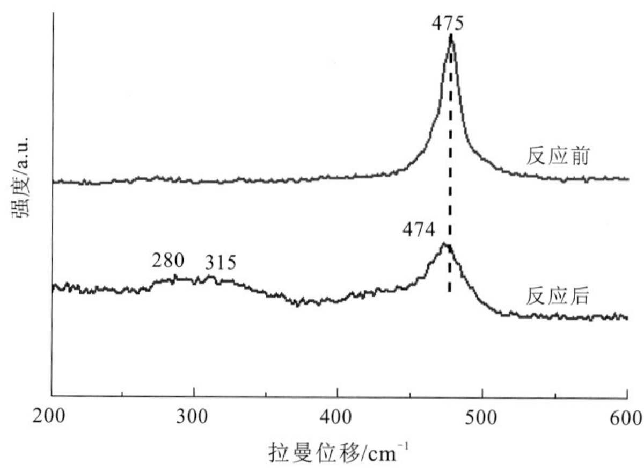

图 4.33　胶体颗粒反应前后的拉曼光谱

对脱汞反应后的胶体颗粒进行 XPS 表征，结果如图 4.34 所示。元素 Hg 在结合能 100.39 eV 和 104.44 eV 处的峰，分别对应 Hg $4f_{7/2}$ 和 Hg $4f_{5/2}$ 的特征峰，说明样品中的汞主要以二价汞的形式存在，结合 XPS 拉曼光谱分析可知反应后样品中的 Hg 主要以化合物 HgS 的形式存在。元素 Cu 分别在结合能为 932.21 eV 和 951.99 eV 的位置出现了 Cu $2p_{1/2}$ 和 Cu $2p_{3/2}$ 的特征峰，该位置对应 Cu(II)或 Cu(I)的特征峰位置，但反应前后峰的位置和强度几乎没有发生变化，无法对其进一步分析。反应后的元素 S 分别在结合能为 161.89 eV 和 163.00 eV 处出现了 S $2p_{1/2}$ 和 S $2p_{3/2}$ 的特征峰，说明 S 主要以 S^{2-} 的形式存在。反应后 XPS 图谱中，S 元素在结合能 169.17 eV 处的峰消失，反应前该位置的峰推测为胶体颗粒中生成的附着态的 S^0 与空气发生氧化反应生成的 SO_4^{2-} 对应的特征峰。反应后峰消失的原因可能是溶胶在合成后直接在氮气的鼓泡作用下与 Hg^0 发生反应，生成的附着态的 S^0 与 Hg^0 发生化学吸附作用生成 HgS。同时，反应后胶体颗粒中 S^{2-} 的面积比反应前 S^{2-} 的面积增加了 58.3%，说明存在 $S^0+Hg^0 \longrightarrow HgS$ 的反应过程。

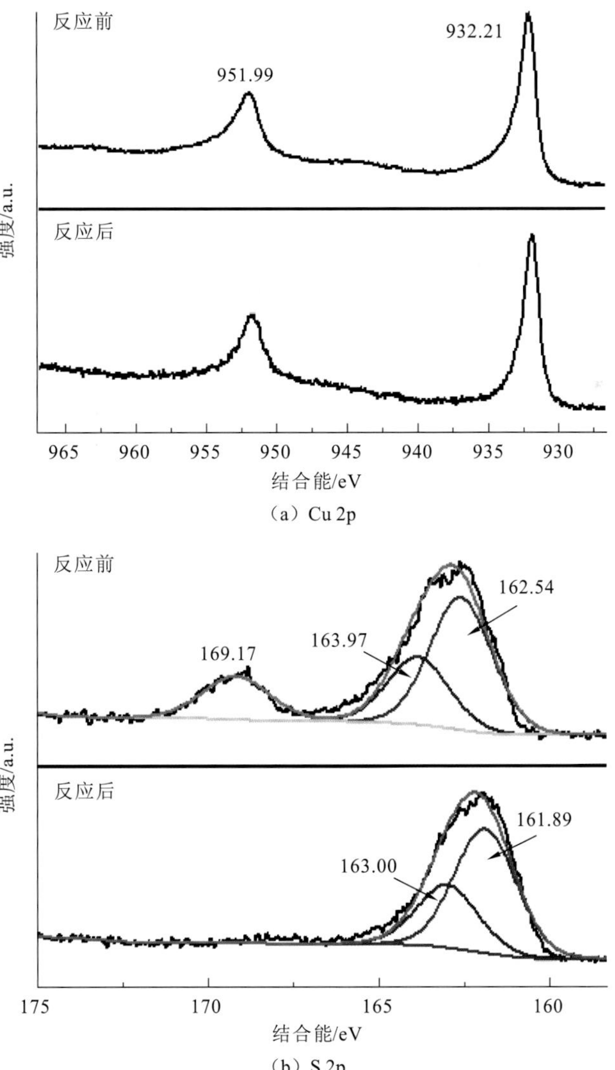

（a）Cu 2p

（b）S 2p

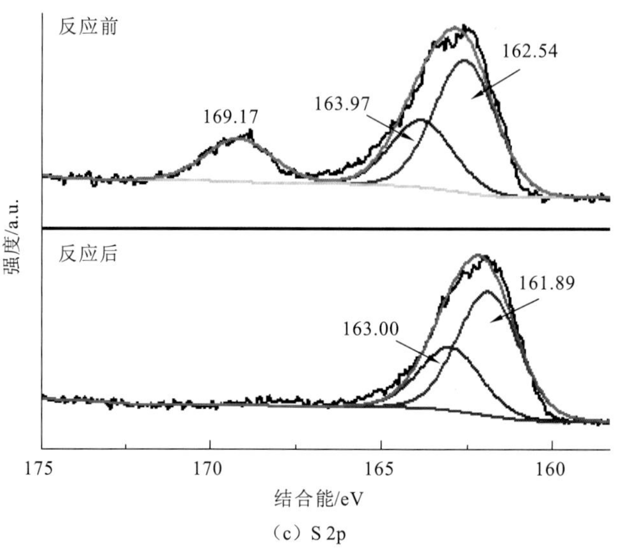

（c）S 2p

图 4.34　胶体颗粒反应前后的 Cu 2p、S 2p 及反应后 Hg 4f 的 XPS 图

根据以上分析，推测硫化铜溶胶对 Hg^0 的吸附主要是化学吸附过程，Hg^0 与 CuS 的反应路径可能有两种，Hg^0 与 CuS 反应生成硫化亚铜和硫化汞，或者 Hg^0 直接置换硫化铜中的铜得到硫化汞，反应式为

$$2CuS + Hg^0 \longrightarrow Cu_2S + HgS \tag{4.16}$$

$$CuS + Hg^0 \longrightarrow HgS + Cu \tag{4.17}$$

同时，在溶胶生成的过程中，可能生成了附着态的 S^0，S^0 也参与了 Hg^0 的吸附氧化过程，生成硫化汞，反应式为

$$S^0 + Hg^0 \longrightarrow HgS \tag{4.18}$$

4.3　均相纳米硫分散液捕汞

单质硫与 Hg^0 的亲和力强，可形成稳定的硫化汞（HgS，$K_{sp}=4\times10^{-53}$），且单质硫作为一种轻质且富含硫位点的材料，其理论汞吸附容量高达 6.26 g/g，远高于目前被广泛研究且抗硫性能优异的金属硫化物。但硫磺在水中分散性和亲水性差，极大地限制了脱汞效果，实际汞吸附容量通常不高于 160 μg/g。材料纳米化能够很好地改善单质硫的表面特性和分散性。为此，利用冶炼过程中的二氧化硫烟气在液相中形成硫胶体，采用酸催化技术加快纳米硫颗粒的形成，在低温低压的条件下简单、高效地制备出均相纳米硫磺分散液。合成的纳米硫分散均匀、形貌均一、尺寸微小，理论上具有丰富的活跃位点和优异的亲水性、分散性，其分散液能够实现 Hg^0 的高效脱除。

4.3.1　均相纳米硫分散液的制备

使用亚硫酸调节二氧化硫烟气吸收液的 pH 至 3.5，加入硒粉作为催化剂，100 ℃条件下搅拌转速为 20 r/min，当溶液的 pH 降至 1.8，停止加热，获得的黄色颗粒进行 XRD 分析，结果如图 4.35 所示，主要成分为单斜硫。

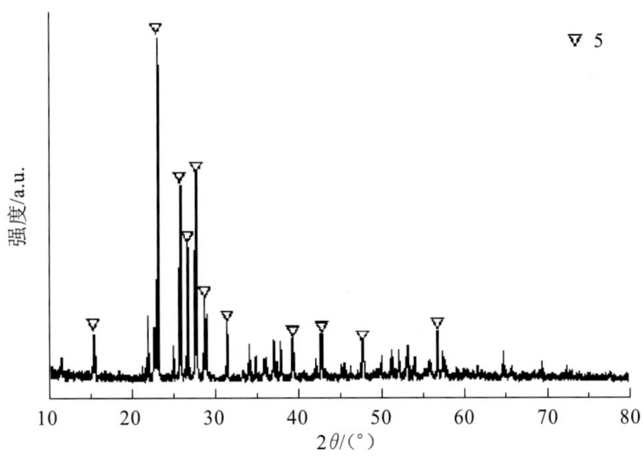

图 4.35　黄色颗粒的 XRD 图

采用 UV-Vis 观测反应溶液的透光率变化，与标准物质（$NaHSO_4$、Na_2SO_4、Na_2SO_3、$NaHSO_3$ 和 Na_2SeSO_3）对比，结果如图 4.36 所示。UV-Vis 透光率在 230～350 nm 处有明显的变化，$NaHSO_3$ 在 235 nm 处特征峰的强度逐步降低，$NaHSO_3$ 被逐步消耗。同时，图 4.36 中曲线均红移说明生成了 Na_2SeSO_3，其化学反应式为

$$2NaHSO_3 + Se \longrightarrow Na_2SeSO_3 + H_2SO_3 \tag{4.19}$$

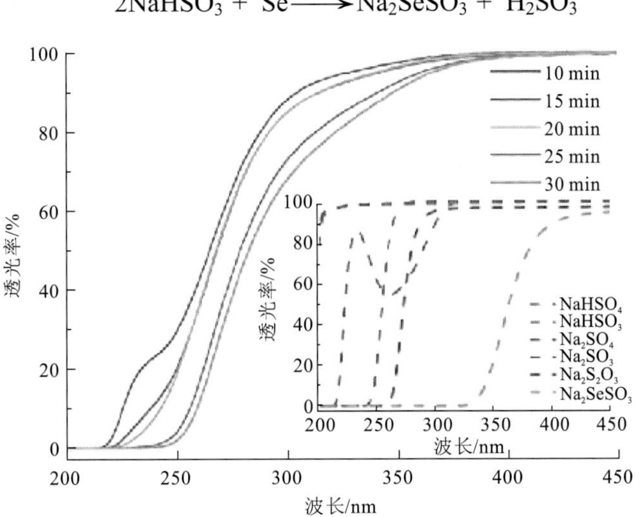

图 4.36　反应初期的 UV-Vis 透光率变化

小图为标准物质的 UV-Vis 透光率图

随着反应的进行，溶液 pH 持续下降，当 pH 在 1.5～3.0 时，溶液在无氧条件无明显变化，暴露在空气中会迅速变红。Na_2SeSO_3 在高温酸性条件下水解生成 Se^{2-}，随后与 HSO_3^- 快速反应，其化学反应式为

$$Na_2SeSO_3 + H_2O \longrightarrow Na_2SO_4 + H_2Se \tag{4.20}$$

$$2H_2Se + 2NaHSO_3 \longrightarrow S + 2Se + 3H_2O + Na_2SO_3 \tag{4.21}$$

$Na_2S_2O_3$ 存在于 pH 为 1.5 的溶液中，$Na_2S_2O_3$ 来源于 S 与 HSO_3^- 的反应。类似的，Se 与 HSO_3^- 重新生成了 Na_2SeSO_3，其化学反应式为

$$S + Na_2SO_3 \longrightarrow Na_2S_2O_3 \tag{4.22}$$

$$Se + Na_2SO_3 \longrightarrow Na_2SeSO_3 \tag{4.23}$$

当 pH 小于 1.2 时，$Na_2S_2O_3$ 发生酸解，得到结构、性质稳定的 S_8，并以胶体硫的形式析出，溶液首先出现乳白色，持续加热条件下变成深黄色，其化学反应式为

$$Na_2S_2O_3 + H^+ \longrightarrow S_8 + Na_2SO_3 \tag{4.24}$$

综上，硒催化亚硫酸氢钠转化的反应机理示意图如图 4.37 所示。

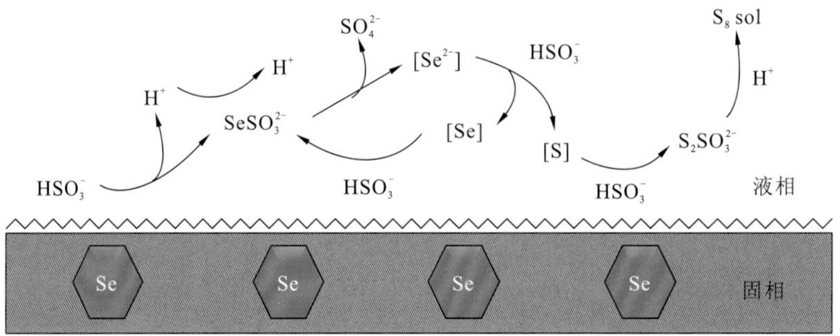

图 4.37　催化反应机理示意图

二氧化硫制备硫磺的流程图如图 4.38 所示。添加饱和十二烷基苯磺酸钠（sodium dodecyl benzene sulfonate，SDBS）水溶液和酸到过滤液中以控制硫颗粒的成核与生长过程，得到了尺寸在 10 nm 左右的纳米硫分散液。

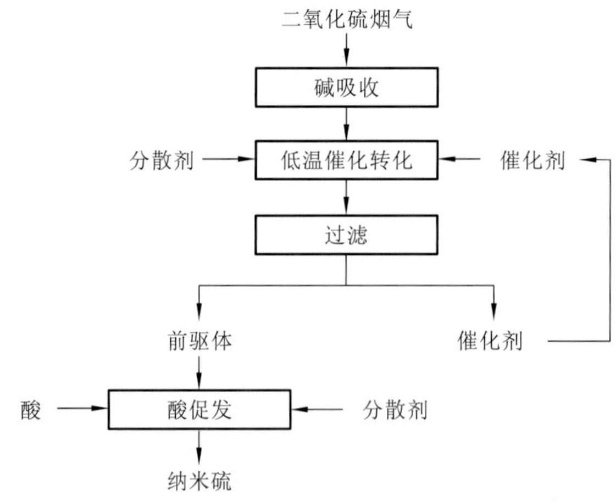

图 4.38　纳米硫分散液合成工艺流程图

4.3.2 均相纳米硫分散液的表征

图 4.39（a）展示了纳米硫分散液和块状硫混合液的照片及两者的丁铎尔现象检测结果图。控制形貌获得的纳米硫分散液呈淡蓝色的半透明状态，硫磺颗粒在溶液中均匀分散，红外光照射下形成了清新的光路，丁铎尔现象明显，最终成稳定分散的胶体状态。未进行形貌控制的块状硫溶液呈淡黄色，但溶液浑浊且红外光无法穿透，未形成胶体。以上结果说明纳米硫分散液中硫磺颗粒的亲水性和分散性相比块状硫有大幅度改善。对经渗析、冻干处理后纳米硫颗粒进行 TEM 及其 EDS 表征，结果如图 4.40（b）所示。纳米硫颗粒尺寸<10 nm，分散均匀，物质组成主要是 S 元素（Cu、C、O 元素是碳膜与铜网上的元素）。

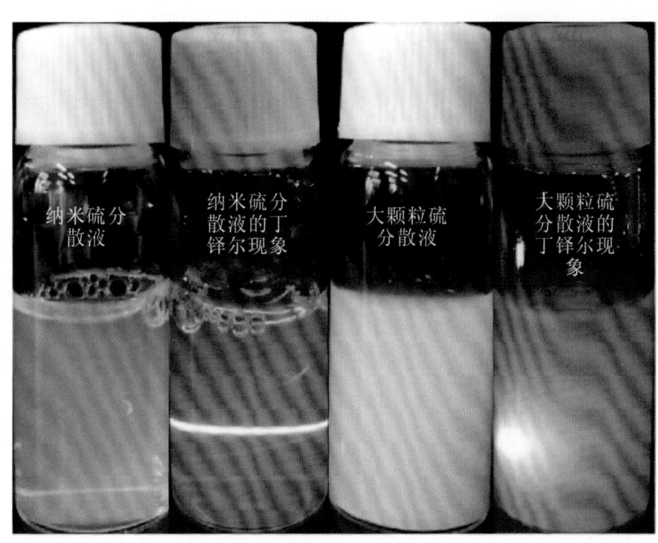

（a）纳米硫颗粒的TEM图

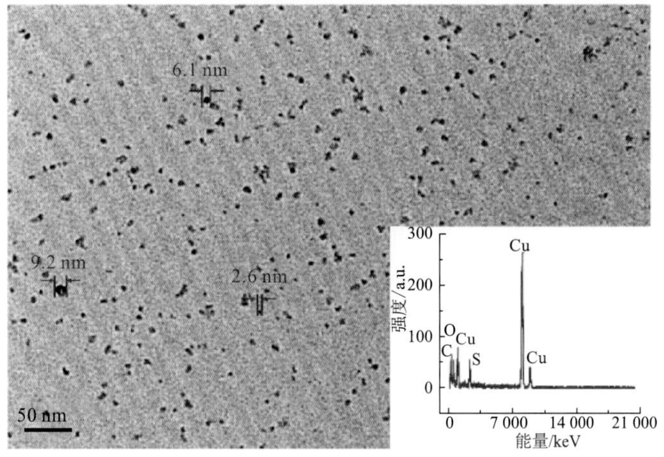

（b）纳米颗粒的EDS检测结果

图 4.39　纳米硫分散液和块状硫混合液的照片及两者的丁铎尔效应对比

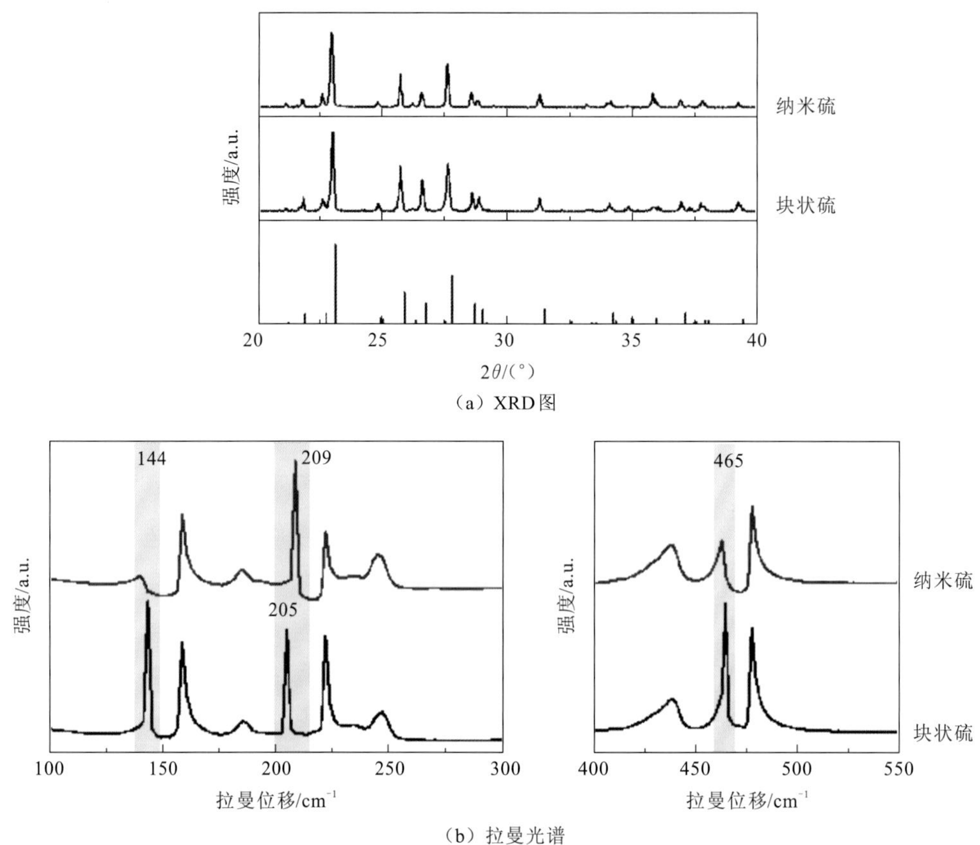

（a）XRD图

（b）拉曼光谱

图 4.40　纳米硫和块状硫的 XRD 图和拉曼光谱

对纳米硫和块状硫进行 XRD 与拉曼表征，研究其结构差异，结果如图 4.40 所示。图 4.40（a）对比了纳米硫和块状硫的 XRD 特征峰图谱，纳米硫与块状硫在 22.95°、25.76°、26.61°和 27.66°处都出现了明显的特征峰，分别对应正交 α-硫（PDF 08-0247）在（222）、（026）、（311）和（040）晶面处的衍射峰，说明纳米硫和块状硫的物相均为正交 α-硫。但纳米硫在 2θ=26.61°上的峰相比块状硫出现了弱化，这可能是由纳米硫颗粒的大幅度减小或其结构缺陷造成的。拉曼光谱显示纳米硫的弯曲振动峰出现在约 209 cm^{-1} 处，相比块状硫在 205 cm^{-1} 处的弯曲振动峰出现了明显的偏移，同时纳米硫在 144 cm^{-1} 和 465 cm^{-1} 处的伸缩振动峰相比块状硫也有明显的减弱。以上结构变化进一步说明纳米硫相对块状硫而言出现了更多的结构缺陷，结构缺陷可作为反应活性位点，有利于单质汞的脱除。

4.3.3　均相纳米硫分散液脱汞性能

1. 氮气气氛下的脱汞性能

对比纳米硫、升华硫和块状硫在氮气气氛下的脱汞效率，结果如图 4.41（a）所示。

只有不到 3% Hg^0 被商业升华硫脱除，块状硫的脱汞率也从开始的 15%下降到 3%，当纳米硫作为单质汞脱除剂时，最初脱汞率可达到 86%，之后缓慢下降到 43%左右。纳米硫分散液的脱汞性能在商业升华硫和块状硫的基础上得到了大幅度提升。

在氮气气氛下进行 23 h 的饱和吸附实验考察纳米硫分散液脱汞稳定性，结果如图 4.41（b）所示。初始汞浓度为 350 μg/m^3 的模拟烟气通入纳米硫分散液中，汞浓度立即下降至 48 μg/m^3，23 h 后汞穿透。积分计算纳米硫分散液的单质汞吸附容量为 566 μg/g，较块状硫（约 6 μg/g）提升了 94 倍。

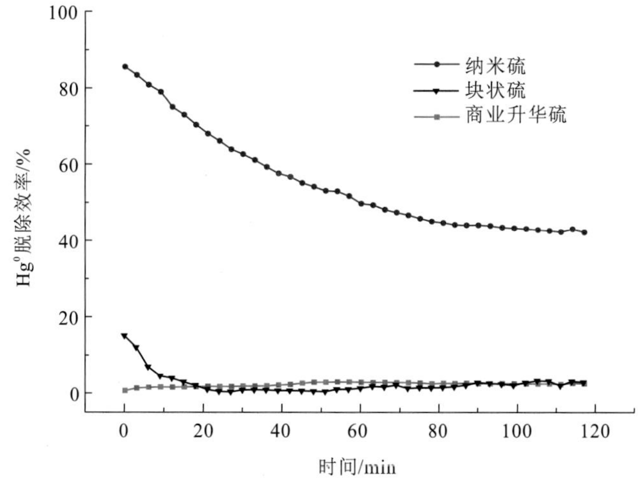

（a）纳米硫、块状硫及商业升华硫的洗涤脱汞性能

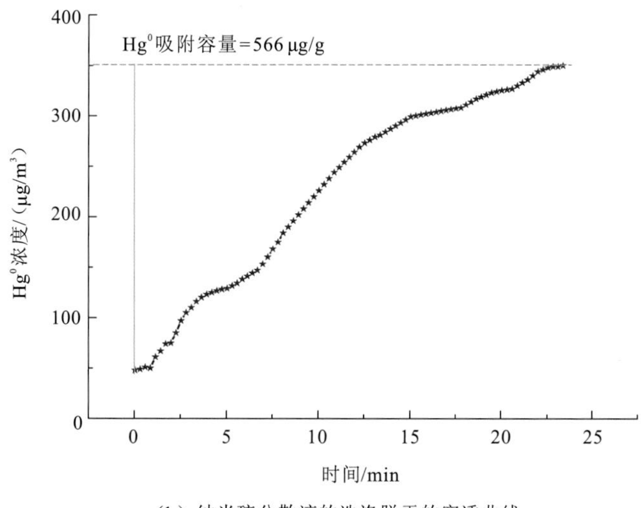

（b）纳米硫分散液的洗涤脱汞的穿透曲线

图 4.41　纳米硫、块状硫及商业升华硫的洗涤脱汞性能及纳米硫分散液的洗涤脱汞的穿透曲线

2. 二氧化硫对脱汞性能的影响

研究了二氧化硫对纳米硫分散液脱汞性能的影响，结果如图 4.42 所示。在无二氧化

硫的气氛下，脱汞效率快速下降至 43%；当 SO_2 体积分数仅为 0.1%时，脱汞效率只降至 65%；当 SO_2 体积分数为 1%～16%时，脱汞率均保持在 95%。为进一步考察二氧化硫烟气气氛下纳米硫分散液脱汞稳定性，开展了 6%二氧化硫气氛下 120 h 的洗涤脱汞实验，脱汞效率维持在 92%以上，表明二氧化硫促进纳米硫分散液的脱汞性能。

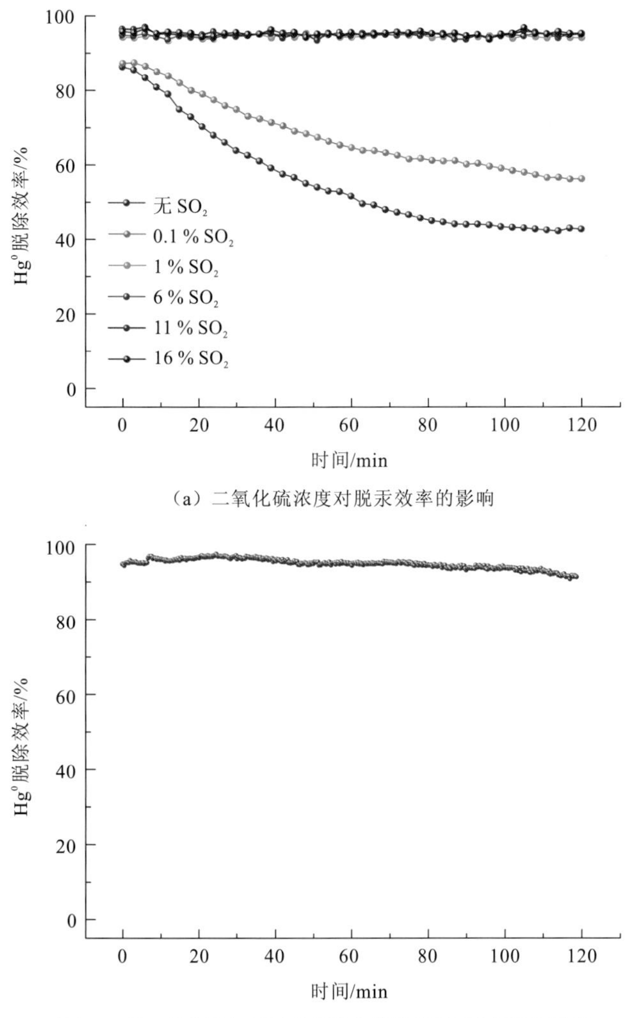

（a）二氧化硫浓度对脱汞效率的影响

（b）6 %的二氧化硫气氛下纳米硫分散液长时间洗涤脱汞效率

图 4.42　二氧化硫浓度对脱汞效率的影响及 6%的二氧化硫气氛下纳米硫分散液长时间洗涤脱汞效率

3. 洗涤液 pH 和温度的影响

考察了洗涤液 pH 和温度对其脱汞性能的影响，如图 4.43 所示。在无二氧化硫气氛下，洗涤液在 pH 为 0.4～2.5 时的脱汞效率仅为 43.1%～48.6%，在碱性条件下几乎没有脱汞效果；在加入 6% SO_2 的条件下，洗涤液在 pH=0.4 时的脱汞效率为 73.1%，当 pH 不小于 1.1，脱汞效率提高至 94.5%以上，甚至在碱性条件下达到 97.9%。根据 Fine 等（1987）和 Martin 等（1981）的研究，在 pH=0.4 时，WFGD 洗涤液中 S(IV)主要是以 H_2SO_3 和/或

$SO_{2(aq)}$的形式存在，而当 pH=1.1～9.5 时，则以 HSO_3^-和/或 SO_3^{2-} 为主。说明 S(IV)的形态转变可能对纳米硫分散液的脱汞性能起到了至关重要的作用。

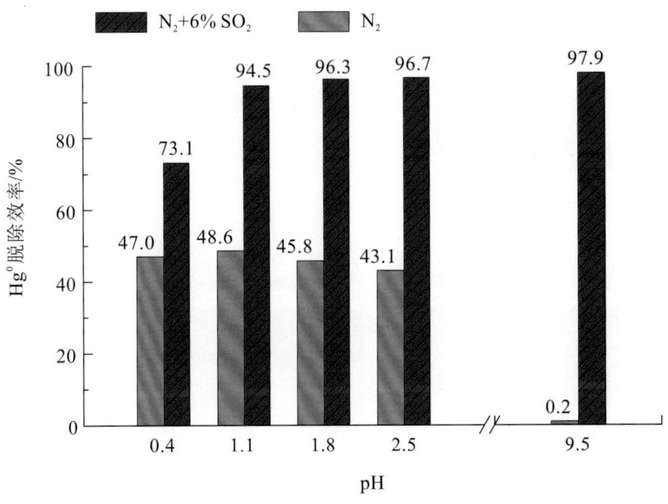

（a）洗涤液pH的影响

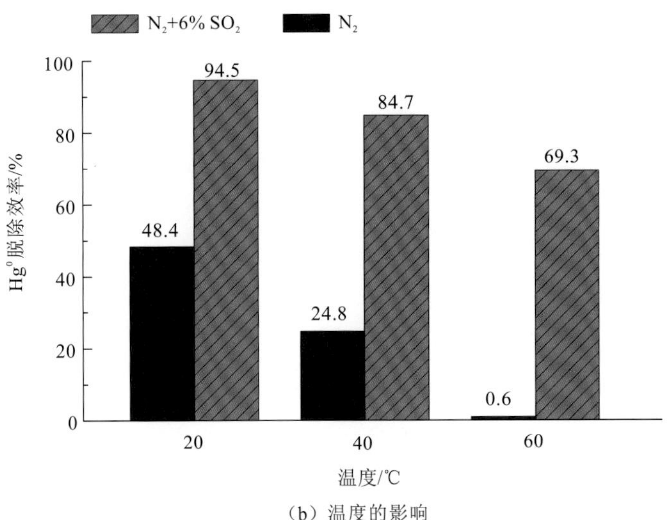

（b）温度的影响

图 4.43 洗涤液 pH 的影响和洗涤液温度的影响

在无二氧化硫的气氛时，随着温度从 20 ℃升高至 60 ℃，脱汞效率从 48.4%迅速下降至 0.6%；在有二氧化硫的气氛下，随着温度的升高，脱汞效率下降程度减缓，从 94.5%下降至 69.3%。不同温度下纳米硫分散液的丁铎尔现象如表 4.4 所示。随着温度的升高，纳米硫逐渐沉淀，溶液由乳白色变成底部具有黄色沉淀的透明溶液，丁铎尔现象逐渐减弱，主要原因是纳米硫颗粒在高温的洗涤环境中发生奥斯特瓦尔德熟化导致颗粒长大。

表 4.4　不同温度下纳米硫分散液及其丁铎尔现象的照片

烟气	温度/℃		
	20	40	60
N_2	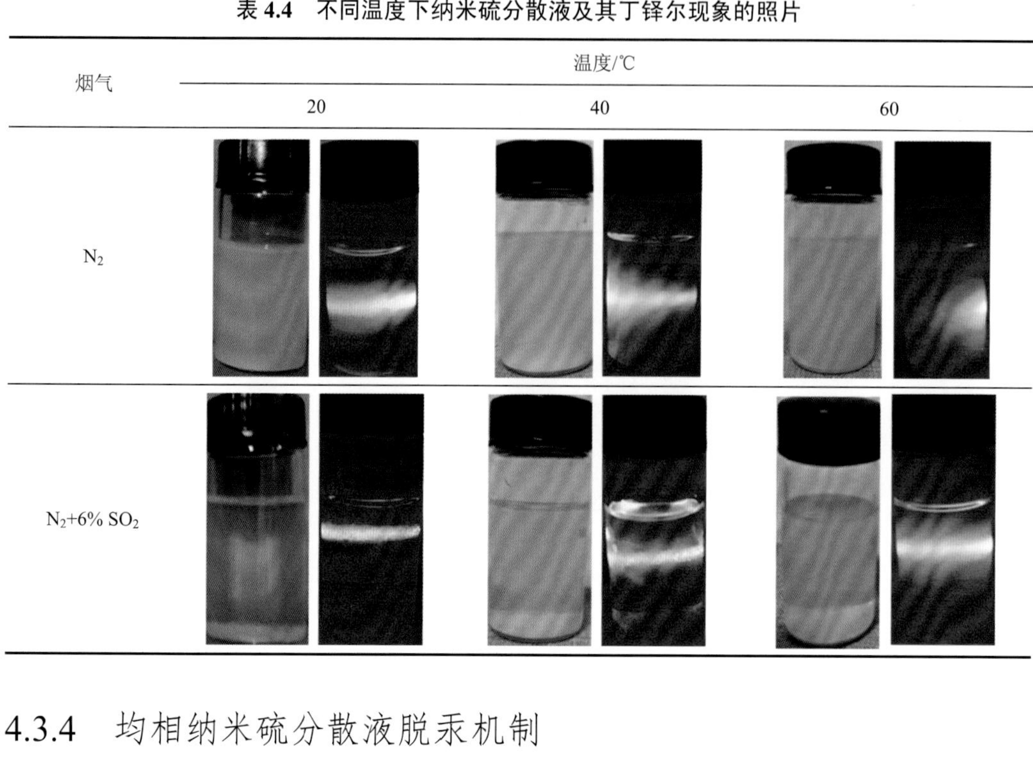		
N_2+6% SO_2			

4.3.4　均相纳米硫分散液脱汞机制

上述实验现象和结果证实 S(IV)的存在形式对纳米硫分散液脱汞性能至关重要，为此，在添加 SO_2 气氛前后考察了 S(IV)存在形式的转变，结果如图 4.44 所示。在无 SO_2 的条件下，溶液的 pH 逐渐上升至 2.7 左右并保持稳定，SO_3^{2-} 和 $S_2O_3^{2-}$ 的浓度逐渐下降，并且洗涤脱汞的效率也逐渐降低。通入 SO_2 后，其化学反应式为

$$SO_2 + H_2O \rightleftharpoons SO_3^{2-} + 2H^+ \tag{4.25}$$

$$SO_3^{2-} + S \longrightarrow S_2O_3^{2-} \tag{4.26}$$

$$S_2O_3^{2-} \xrightarrow{H^+} S_{new} + SO_3^{2-} \tag{4.27}$$

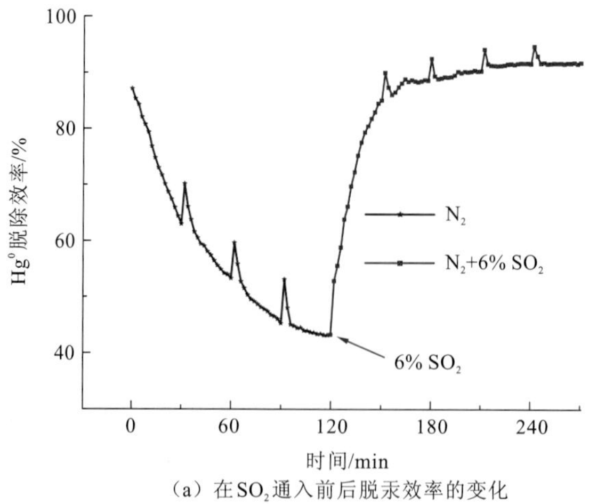

（a）在 SO_2 通入前后脱汞效率的变化

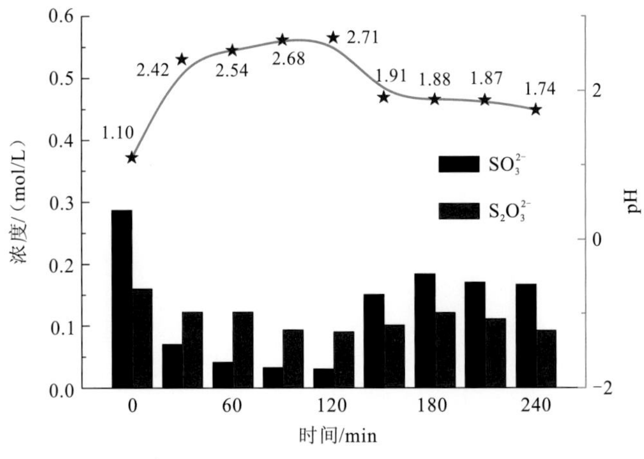

（b）溶液pH、SO_3^{2-}和$S_2O_3^{2-}$浓度的变化

图 4.44　在 SO_2 通入前后脱汞效率的变化和溶液 pH、SO_3^{2-} 和 $S_2O_3{}^{2-}$浓度的变化

经研究发现洗涤后汞的存在形式为物理截留汞、可溶态汞、胶体态汞、沉淀态汞和其他形态汞。通过热处理逐步分离解析各形态汞的占比，结果如表 4.5 所示。汞主要存在形态为胶体态汞和沉淀态汞，其占总汞的比例分别为 87.47%和 10.53%。对两种形态的汞进行拉曼光谱表征，结果如图 4.45 所示。沉淀态汞的弯曲振动峰由 S—S 的 244.8 cm^{-1} 偏移至 246.3 cm^{-1}，而胶体态汞则偏移至 247.7 cm^{-1}，推测是因为硫与汞反应生成的在 252.0 cm^{-1} 处有特征峰的α-HgS 导致。

$$Hg^0{}_{(g)} + 表面_{(S)} \longrightarrow Hg^0{}_{(ads)} \quad (4.28)$$

$$Hg^0{}_{(ads)} + S_{new} \longrightarrow HgS \quad (4.29)$$

表 4.5　洗涤后各种形态汞的占比

汞的种类	占总汞的比例/%
总捕集汞	100
汞测定汞	98.17
物理截留汞	0.05
可溶态汞	0.12
胶体态汞	87.47
沉淀态汞	10.53
其他汞	1.83

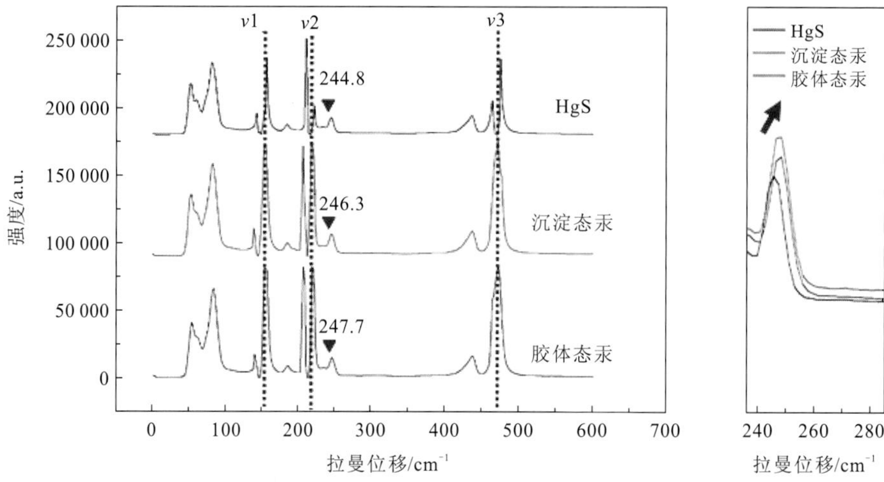

图 4.45　沉淀态汞和胶体态汞的拉曼光谱表征结果

为进一步确认沉淀态汞和胶体态汞的汞是以α-HgS 的形式存在，对分离的沉淀态汞和胶体态汞进行 XPS 表征，结果如图 4.46 所示。Hg $4f_{7/2}$ 和 Hg $4f_{5/2}$ 在 100.79 eV 和 104.70 eV 结合能的峰为 Hg^0 的特征峰，说明纳米硫对单质汞具有一定的吸附能力，气态的单质汞先在纳米硫表面被吸附，如反应式（4.28）所示。Hg $4f_{7/2}$ 和 Hg $4f_{5/2}$ 在 100.79 eV 和 104.70 eV 的峰为 HgS 的特征峰，证实了吸附在硫表面的单质汞进一步被氧化成稳定的 HgS，如反应式（4.29）所示。因此推断纳米硫脱汞的反应路径为：SO_2 不断将易熟化长大的纳米硫活化成新生态硫，高活性的新生态硫对单质汞的吸附和氧化性大大提升，吸附后的单质汞与新生态硫发生化合反应生成了稳定的 HgS，因此将烟气中的单质汞捕获。

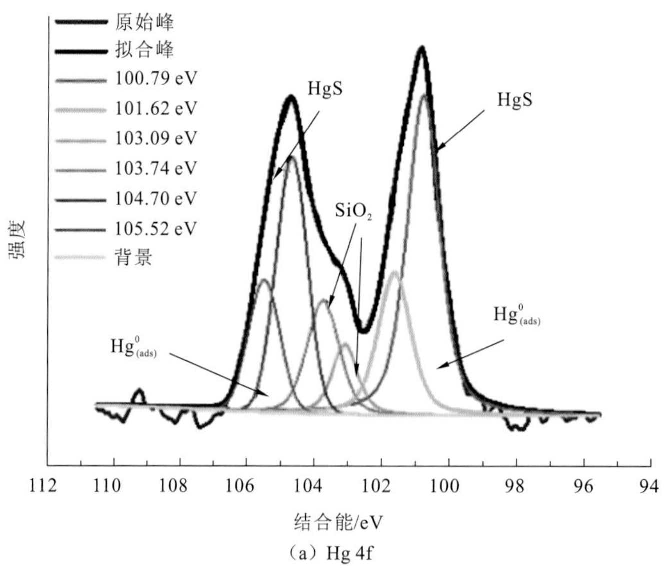

（a）Hg 4f

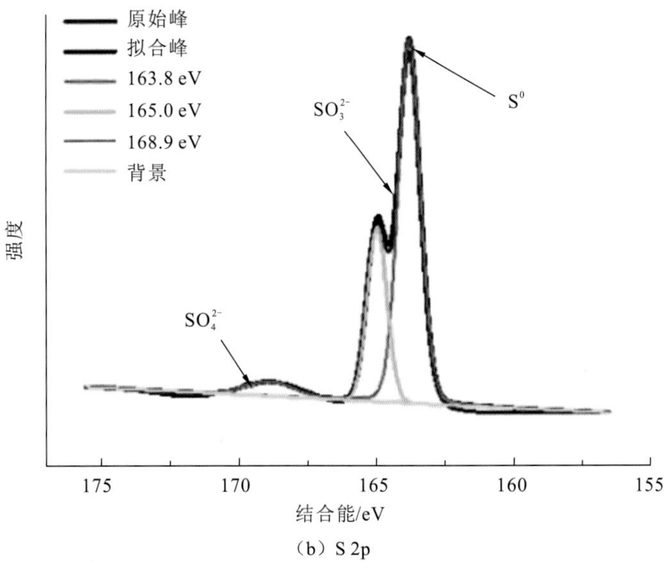

（b）S 2p

图 4.46　沉淀态汞和胶体态汞的 Hg 4f 和 S 2p XPS 表征结果

第 5 章　有色冶金含汞废物资源化回收技术

汞是国民经济发展所需的一种重要战略资源。随着《关于汞的水俣公约》的实施，原生汞的开采将被禁止，因此，对有色冶金含汞废物资源化回收是解决汞来源的必然途径。有色冶金烟气汞经催化转化-湿法洗涤过程会形成含汞废液和含汞固体废物。本章将选取典型的酸性含汞废液和高汞酸泥为研究对象，采用控电位电沉积、配位浸出等技术实现有色金属冶炼行业含汞副产物中的汞资源化回收。

5.1　酸性含汞溶液中电沉积回收汞

目前采用电沉积的方法回收铜、锌等金属已经成为回收和精炼金属的主流工艺之一。金属汞离子由于其具有较高的氧化电位（理论 E=0.85 V）很容易在阴极还原成金属汞，电解技术已经成为汞脱除、回收、精炼等领域的重要手段。本节将以硫脲（Tu）配位氧化强化湿法洗涤过程形成的酸性硫脲汞溶液为处理对象，采用电沉积方法将溶液中汞还原成金属汞，同时电解后的硫脲溶液可以再次返回到洗涤净化过程中，从而实现汞的资源化和硫脲的循环利用。

5.1.1　电沉积过程电位的确定

1. 电沉积过程阴极极化曲线

极化曲线是一种获取金属沉积电位的重要方法。本小节将采用慢电位扫描速率（0.005 V/s）的线性电位扫描法建立沉积电流密度与电位间的阴极极化曲线关系。分别选取 0.05 mol/L H_2SO_4 溶液、0.05 mol/L H_2SO_4+0.1 mol/L Tu 溶液、0.05 mol/L H_2SO_4 + 0.1 mol/L Tu +1.115 mmol/L Hg^{2+}溶液作为电解液，使用 Ag/AgCl 参比电极进行阴极极化测试，其结果如图 5.1 所示。从图 5.1 中可以看出，随着阴极电位的负移，硫酸溶液的阴极极化曲线在-0.6～0.1 V 的电流几乎为 0，当电位低于-0.6 V 时，电流密度急速升高，出现一个明显的还原峰 c，此时阴极表面开始出现气泡，所以当电位低于-0.6 V 后开始有 H_2 产生，c 峰对应的反应为阴极上 H_2 的析出反应。当溶液中加入 0.1 mol/L 硫脲后，阴极电位在 0.1 V 时有正向电流，且电流随着电位的负移而逐渐减少，对应的反应为硫脲的氧化反应；当阴极电位超过-0.7 V 时，阴极上有气体析出，此时对应的阴极上有 H_2 的析出反应。当 Hg^{2+}加入溶液中后，在-0.4～0.1 V，电流密度的变化规律与硫脲溶液相似，但其电流密度较小，这是因为 Hg^{2+}与溶液中 Tu 形成稳定 $Hg(Tu)_x^{2+}$ 配合物降低了 Hg^{2+}阴极上的析出的反应活性。硫脲汞电解液的阴极极化曲线在-0.57 V 左右出现一个还原峰 a，其析出电位为-0.45 V，对应的反应为阴极上 Hg^{2+}的还原反应；在电位-0.7～-0.6 V 出现一个平台，此平台为汞的稳定析出区间；当电位超过-0.7 V 后出现 H_2 的析出峰 c。通过不同电解液的阴极极化曲线分析，可以确定硫脲汞溶液中汞的析出电位为-0.45 V，电位在-0.7～-0.45 V，溶液中 Hg^{2+}都可以稳定地析出。

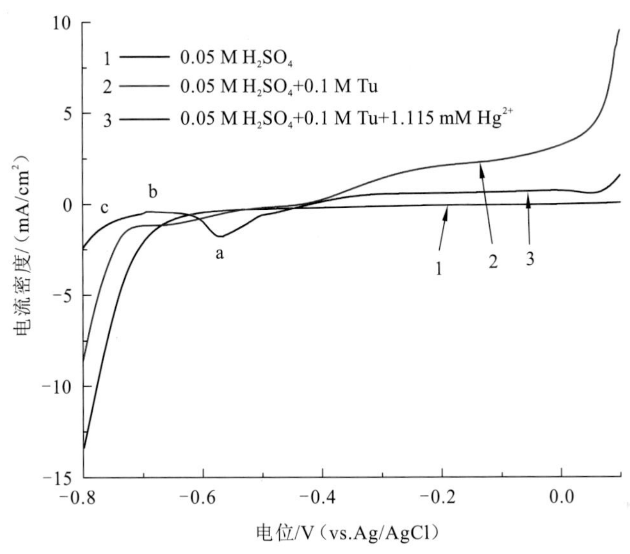

图 5.1　硫脲体系 Hg^{2+}还原的阴极极化曲线

2. 其他杂质对阴极极化曲线的影响

实际洗涤液中含有 Fe^{3+}、Cu^{2+}和 SO_3^{2-} 等离子，会对硫脲汞溶液阴极极化曲线产生影响。其中 Fe^{3+}对汞电沉积过程极化曲线的影响，如图 5.2 所示。曲线 1 为 Fe^{3+}+Tu 体系的阴极极化曲线，当阴极电位为-0.4 V 时，阴极电流为 0，表明阴极表面电化学处于平衡阶段；随着电位的负移，阴极电流开始增大，说明溶液中 $Fe(Tu)_2^{3+}$ 被加速还原。曲线 2 和曲线 3 分别为 Hg^{2+} + Tu 和 Hg^{2+} + Fe^{3+} + Tu 混合体系的阴极极化曲线。曲线 3 在-0.53 V 和-0.65 V 有两个还原峰。与曲线 2 对比可知，-0.53 V 处的峰代表 $Hg(Tu)_4^{2+}$ 的还原，-0.65 V 处的峰代表 $Fe(Tu)_2^{3+}$ 和 $Hg(Tu)_4^{2+}$ 在电极上的共同还原。上述结果表明，电位区间-0.8～-0.6 V 为溶液中 $Fe(Tu)_2^{3+}$ 和 $Hg(Tu)_4^{2+}$ 共同还原区；电位在-0.6～-0.45 V 时，阴极上主要发生 $Hg(Tu)_4^{2+}$ 的还原反应。因此，当溶液中存在 Fe^{3+}时，汞电沉积的电位适宜控制在-0.6～-0.45 V。

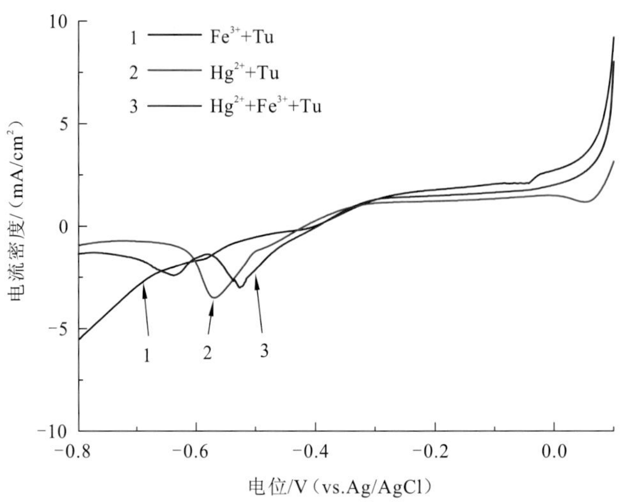

图 5.2　Fe^{3+}对电沉积过程阴极极化曲线的影响

图 5.3 为 Cu^{2+}对电沉积过程阴极极化曲线的影响。当电解液为 Cu^{2+} + Tu 混合液时，阴极极化曲线在−0.28 V 和−0.71 V 出现两个对应的还原峰，其分别对应着 $Cu(Tu)_2^{2+}$ 还原成 $Cu(Tu)_2^{+}$ 和 $Cu(Tu)_2^{+}$ 还原成 Cu。当 Cu^{2+}存在于电解液中时，汞的还原峰左移至−0.54 V，此时−0.71 V 对应着溶液中铜和汞离子在阴极的共同析出。从图上可以得出，溶液中 Cu^{2+}会很大程度地影响汞的还原过程，溶液中 $Cu(Tu)_2^{+}$ 优先 $Hg(Tu)_4^{2+}$ 还原，当电位超过−0.6 V 后，此时金属铜和金属汞在阴极上共同析出。为了降低铜离子的影响，汞电沉积过程电位应该在−0.55～−0.45 V。

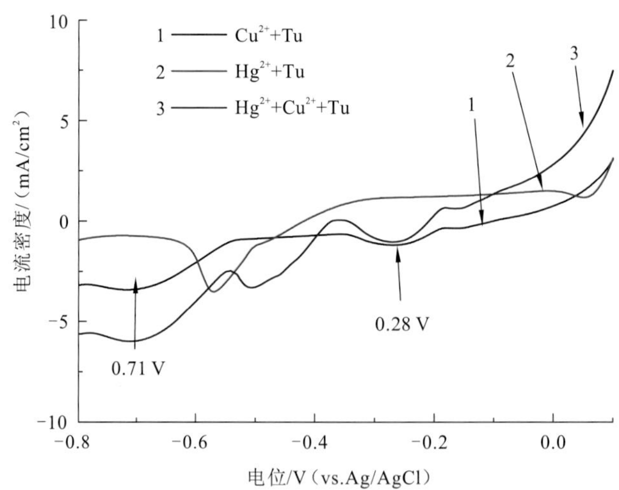

图 5.3　Cu^{2+}对电沉积过程阴极极化曲线的影响

图 5.4 为 H_2SO_3 对电沉积过程阴极极化曲线的影响。从图中曲线 3（Hg^{2+} + H_2SO_3 +

Tu 混合溶液）可以看出，在电位−0.5～0.1 V，溶液中 H_2SO_3 对阴极上电流变化影响不大，当电位负移至−0.6 V 后，阴极上电流明显增大，其可能是由于溶液中 H_2SO_3 的被还原成了低价态硫（如 $S_4O_6^{2-}$ 或 $S_2O_3^{2-}$）。在阴极电位超过−0.6 V 时溶液中 H_2SO_3 的存在不会影响汞的还原。

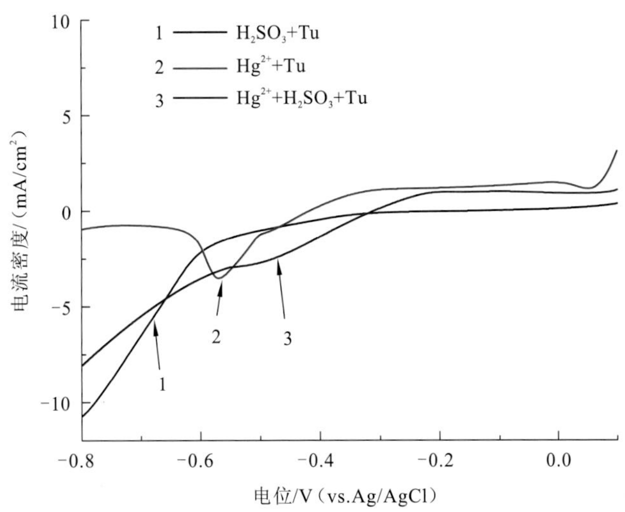

图 5.4　H_2SO_3 对电沉积过程阴极极化曲线的影响

上述研究结果表明，通过控制阴极电位在−0.55～−0.45 V 时，溶液中 H_2SO_3 和 Fe^{3+} 对汞的析出没有影响。此时，虽然溶液中 Cu^{2+}会被还原成 $Cu(Tu)_2^+$，但汞仍可以选择性沉积在阴极上。因此，从硫脲溶液中汞选择性沉积的角度分析，阴极电位在−0.55～−0.45 V 区间为汞沉积的优势区域。

5.1.2　汞溶液电解回收汞工艺

回收工艺的研究主要包括阴极材料的选择、电解质及操作条件的优化等内容。

1. 阴极材料的选择

在电解回收汞的过程中，电极材料是溶液中汞离子得到电子还原成单质汞的载体，应具备以下性质：①电极材料需要有良好的导电性，并且能在较大的电位区域内保持稳定；②电极表面均一，且不易产生氧化膜，不与溶剂或者支持电解质反应；③可以通过简单的方法实现电极表面的净化和汞的回收。

基于以上要求，本小节将选择铜、石墨和玻碳三种电极材料作为阴极。在电位为−0.55 V（相对于 Ag/AgCl 参比电极）、溶液温度为 20 ℃、搅拌速率为 100 r/min、汞浓度为 223 mg/L 的条件下进行恒电位电解，实验结果如表 5.1 所示。电解过程中，铜、石墨、玻碳电极上的电流密度分别为 6.15 mA/cm²、6.34 mA/cm² 和 7.27 mA/cm²；电解 3 h

后，汞的回收效率分别为 88.81%、70.23%和 66.95%。表明铜优于其他两种电极材料，其原因主要有：①电极表面的电子传输速率更快，利于发生氧化还原反应；②汞在铜电极表面以稳定的铜汞合金形式存在，避免玻碳电极表面液体金属汞的形成，降低了搅拌过程单质汞的溶解和挥发；③电极对溶液中离子没有吸附性，避免电极吸附离子而提高汞的析出电位。

表 5.1 不同阴极材料回收汞的主要参数

电极材料	电解时间/h	电流密度/（mA/cm^2）	槽电压/mV	电解后汞浓度/（mg/L）	汞回收效率/%
铜	3	7.27	1 012～1 070	36.12	88.81
石墨	3	6.34	945～984	66.38	70.23
玻碳	3	6.15	937～965	73.67	66.95

2. 电解质的影响

电解质种类和浓度是决定电解能耗和电解产物的重要因素。本实验选择 NaCl 和 Na_2SO_4 作为电解质，在上节所述的实验条件下，研究其浓度对汞回收效率的影响，结果如图 5.5 所示。随着电解质浓度从 0.08 mol/L 升高到 0.24 mol/L 时，汞的回收效率从 80.42%上升到 85.24%；浓度继续升高至 0.32 mol/L 时，汞回收效率变化不大，这说明当电解质浓度超过 0.24 mol/L 后继续增加电解质并不能提高汞的回收效率。相比于 NaCl，相同浓度下 Na_2SO_4 的电解回收汞效率均更优。经优化，0.24 mol/L 的 Na_2SO_4 电解质浓度是最佳条件。

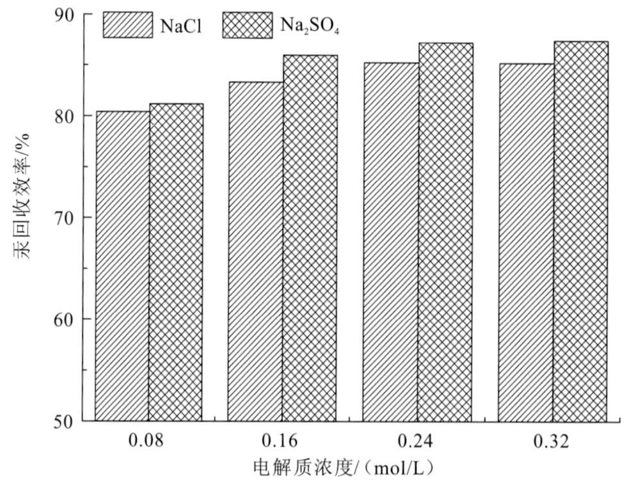

图 5.5 不同电解质及浓度对汞回收效率的影响

3. 电解液温度和搅拌速率的影响

其他实验条件不变，考察不同电解液温度对汞回收效率的影响，结果如图 5.6（a）

所示。当溶液温度从 20 ℃上升到 50 ℃时，汞的回收效率从 80.4%提高到 85.9%，说明提高电解液温度有利于汞的回收。溶液温度的提高会促进溶液中 $Hg(Tu)_4^{2+}$ 向电极表面的迁移扩散过程，同时可以降低汞还原过程的活化能，提高金属汞的回收率。在本章研究硫脲脱汞实验过程中发现，溶液温度的升高不利于硫脲稳定性的提高，过高温度对汞回收效率提升幅度不大。因此电解液温度适合选择在 30～40 ℃。

图 5.6(b)为温度 25 ℃下搅拌速率对汞回收率的影响。当搅拌速率从 0 升高到 100 r/min 时，汞的回收效率从 57.56%快速上升到 82.42%，表明反应物的扩散是影响汞还原的重要因素之一。当搅拌速率从 100 r/min 升高到 1 000 r/min 时，汞的回收率从 82.42%仅升高到 87.14%，这表明搅拌速率高于 100 r/min 后，反应不再受扩散控制步骤的限制。因此，电解过程中搅拌速率应控制在 100 r/min 以上。

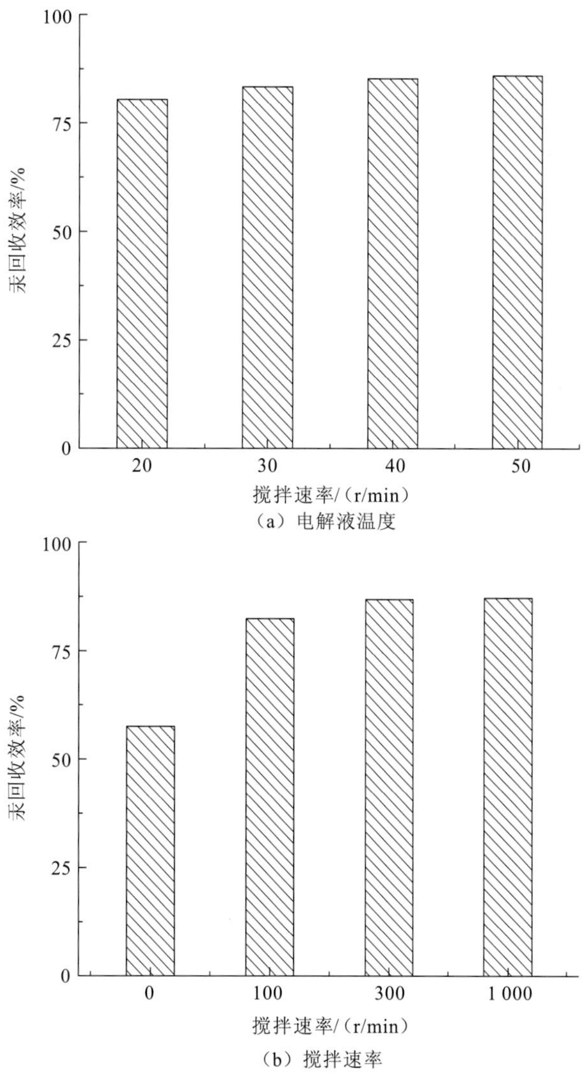

（a）电解液温度

（b）搅拌速率

图 5.6　电解液温度和搅拌速度对汞回收效率的影响

4. 电流效率及 SO_3^{2-} 的影响

以铜片作为阴极电极，电解质为 0.24 mol/L Na_2SO_4，在电解液温度为 25 ℃，搅拌速度为 200 r/min、电解电位为-0.55 V 的条件下对硫脲汞溶液进行电解，研究电流效率随时间的变化及 SO_3^{2-} 浓度对电流效率的影响。电流效率随时间的变化关系曲线如图 5.7（a）所示。从图中可以看出，在电解 8 h 汞的回收效率可达 99.5%，但电流效率仅有 7.4%。在电解 10 min 时，电流效率仅仅为 33.8%，随着电解时间的延长，电流效率不断降低。造成电解过程中电流效率不高的原因为：①电解过程中，硫脲在阳极氧化形成的二硫甲脒等中间产物在阴极得到还原；②溶液中 Fe^{3+}、Cu^{2+}等杂质离子在阴极上被还原成低价态离子；③阴极上还原得到汞在溶液中二硫甲脒作用下又会被氧化溶解到溶液中，造成电流效率的下降。

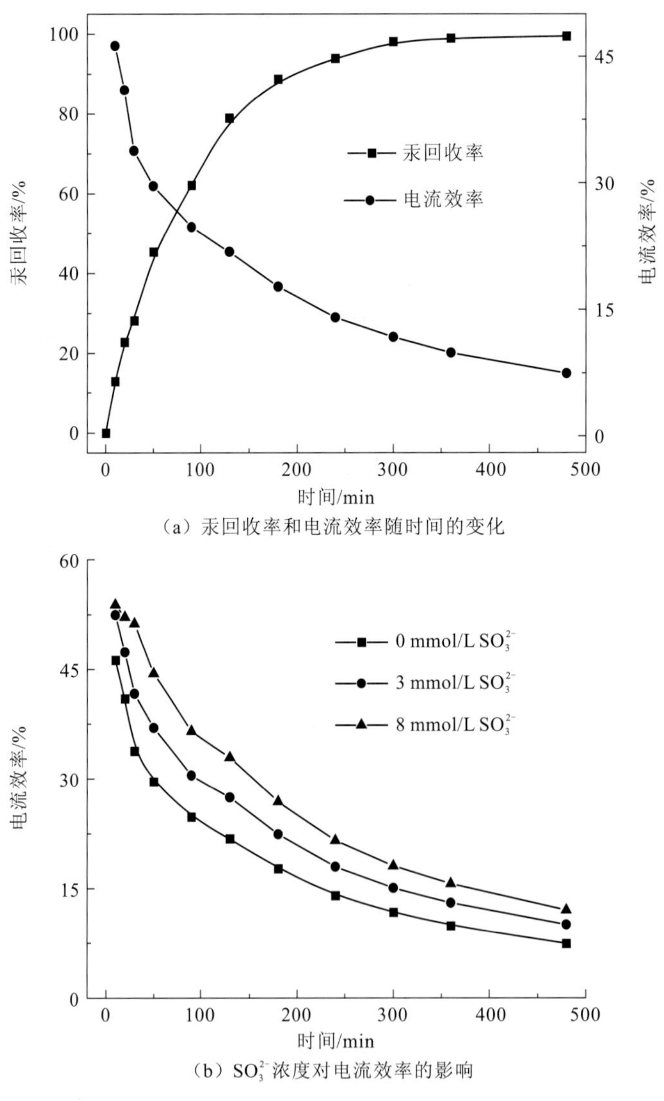

（a）汞回收率和电流效率随时间的变化

（b）SO_3^{2-} 浓度对电流效率的影响

图 5.7　汞回收率和电流效率随时间的变化和 SO_3^{2-} 浓度对电流效率的影响

为了提高电解过程中的电流效率，降低硫脲在阳极的氧化量，考察了 SO_3^{2-} 对电流效率的影响，其结果如图 5.7（b）所示。当溶液中加入 SO_3^{2-} 后，电流效率得到显著提升，且随着 SO_3^{2-} 浓度的升高而升高。因此，电解过程中溶液中存在一定量的 SO_3^{2-} 有利于提高电流效率。但高浓度 SO_2 溶液可以消耗电子生成单质硫（Fornés et al.，2016），因此需合理控制 SO_3^{2-} 加入量以防止硫磺析出影响汞的电解回收。

5. 电解产物的表征

为确定电极上产物的形貌和成分，对电解 1 h 后铜片和石墨电极上的产物进行 SEM 和 EDX 分析，结果分别如图 5.8 和表 5.2 所示。从 5.8（a）中可以看出，在石墨片层的边缘有亮色的金属物质生成，且局部有球状产物。对其进行 EDX 分析（表 5.2）可知，图中区域 1 主要由 S 和 Hg 组成，同时含有少量的 Na 和 Cl 元素，说明石墨电极吸附了溶液中 NaCl 和 $Hg(Tu)_4^{2+}$；区域 2 中汞的含量升高表明此区域有单质汞的形成；区域 3 中汞的含量上升到 78.09%，此部分应该是单质汞。通过上述讨论可知，石墨电极可以吸附溶液中金属离子，汞会首先在石墨片层的边缘析出，并最终形成球形的汞滴吸附在石墨上。

（a）石墨阴极

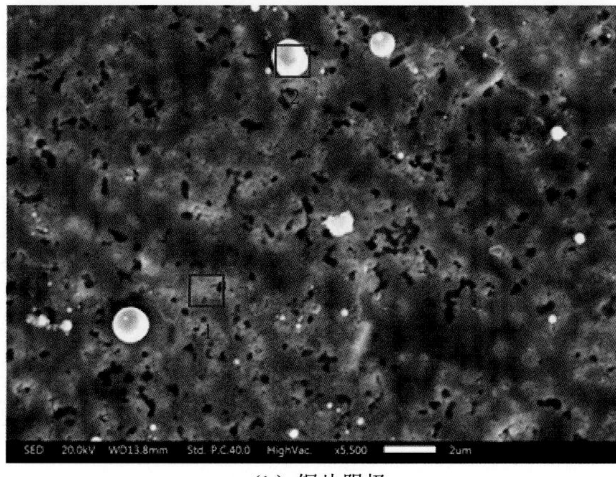

（b）铜片阴极

图 5.8　电位为−0.55 V 下电解 1 h 后的石墨阴极和铜片阴极的 SEM 图

表 5.2　石墨电极和铜片电极不同区域 EDX 元素分析结果　（单位：%）

元素	石墨电极			铜片电极	
	区域 1	区域 2	区域 3	区域 1	区域 2
Na	11.68	10.77	2.49	0	0
Cl	13.11	14.86	4.90	0	0
S	53.07	35.43	14.53	0.54	0.34
Hg	22.15	38.94	78.09	99.46	99.66

与石墨电极不同，铜片电极上有致密的膜形成，通过分析其中汞含量高达 99.46%（由于电极为铜片，分析时将铜作为背景扣除），同时电极表面也有部分球状颗粒析出，通过 EDX 分析其为纯度为 99.66%的金属汞（区域 2），整个电极表面并没有检测到 S 的存在，这说明表面没有吸附态的 $Hg(Tu)_4^{2+}$。同时发现，铜电极表面的汞很难通过传统方法剥离，只能在 200 ℃的密闭空间内保温 20 min，电极上的单质汞可挥发回收。

5.1.3　汞电沉积过程反应机理

1. 电沉积反应的可逆性判断

循环伏安曲线法是研究反应可逆性有效手段。如果反应体系可逆，则在电位向相反方向扫描过程中也会出现相对应的氧化峰/还原峰。不同类型的电极反应可以得到不同的循环伏安曲线，根据峰电位和峰电流的关系可判断反应的可逆性。

为鉴别汞的电极反应的可逆性，研究不同扫描速率下的循环伏安行为，如图 5.9 所示。研究发现，当扫描速率为 0.01～0.05 V/s 时，氧化峰的峰电流 $i_{p,c}$ 与还原峰的峰

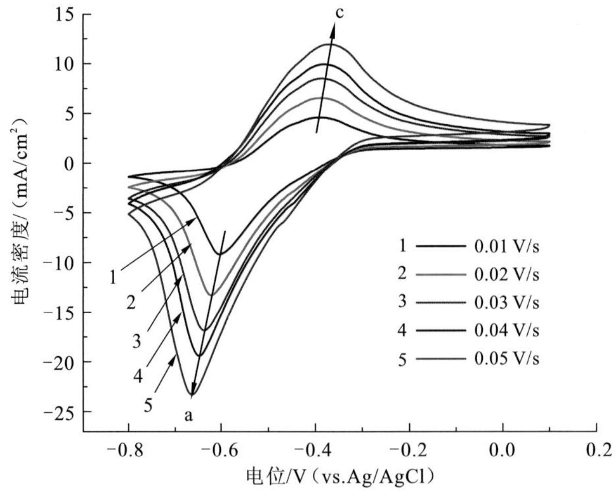

图 5.9　不同电位扫描速率对阴极循环伏安曲线的影响

电流 $i_{p,a}$ 的比值为 1.5～1.6，存在较大差异，且还原峰会随着扫描速率的增加而负移。根据图 5.9 绘制电位扫描速率 $v^{1/2}$ 和峰电流的关系图 5.10，证实扫描速率 $v^{1/2}$ 和峰电流呈正线性关系。上述结果充分说明汞的还原是非可逆过程。

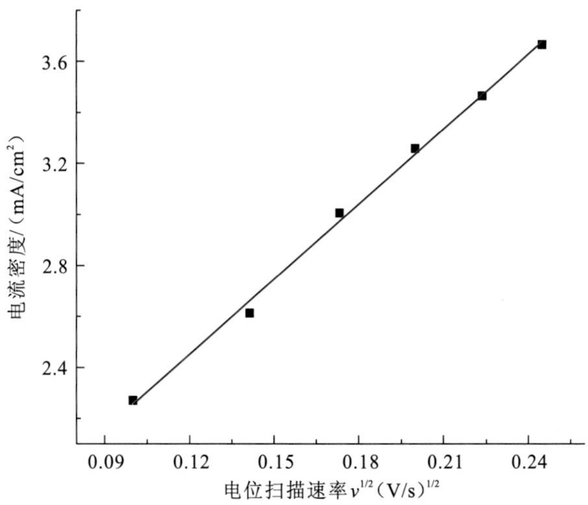

图 5.10　电位扫描速率 $v^{1/2}$ 和峰电流的关系

2. 电沉积过程控制步骤确定

电化学反应受电化学过程控制和扩散过程控制，两者可以用电化学反应过程的活化能来判断。一般而言，当扩散过程控制时，反应活化能较低，通常在 12～16 kJ/mol；当电化学控制时，反应活化能较高，通常在 40 kJ/mol 以上；当反应活化能介于 16～40 kJ/mol 时，为电化学过程和扩散过程的混合控制。

研究获取不同电解温度下硫脲汞电解的阴极极化曲线，如图 5.11 所示。当电解液的

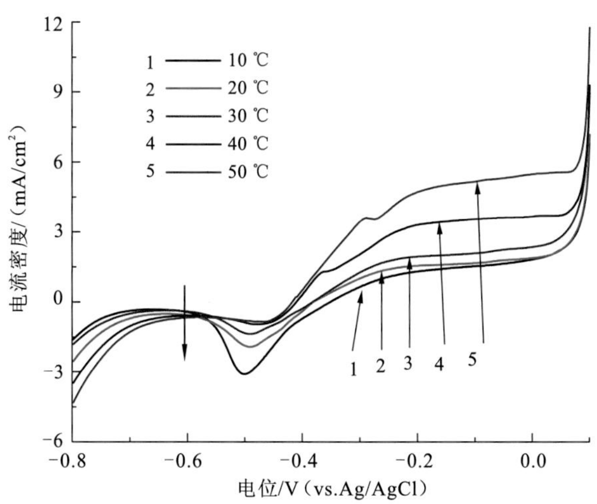

图 5.11　不同电解温度下硫脲汞电解的阴极极化曲线

温度低于 40 ℃时，随着电解液温度的上升，汞的还原峰电位显著正移；当电解液的温度达到 40 ℃以上时，还原峰电位正移的趋势消失。当电解温度较低时，汞还原过程的稳定区的电流密度随着温度的升高而增大，即升高电解液温度有利于汞还原的进行。

根据 Arrhenius 方程（式 5.1）可知，化学反应速率的对数与 $1/T$ 呈线性关系。根据图 5.11 绘制不同过电位下电流密度 i 对数与 $1/T$ 之间的关系图 5.12。在 0.05～0.25 V 的过电位下，电流密度 i 对数和 $1/T$ 之间均呈线性关系。通过 Arrhenius 方程计算得到的不同电位下的反应活化能均介于 16.52～28.57 kJ/mol（表 5.3），符合电化学和扩散混合控制的特征。

$$k=A\exp(-E_a/RT) \tag{5.1}$$

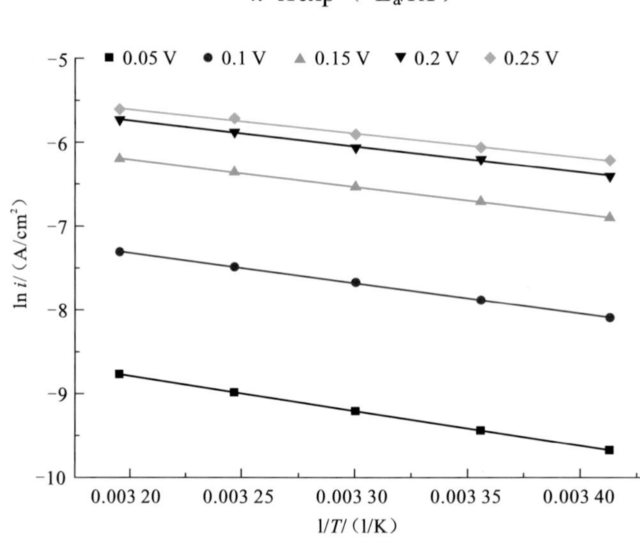

图 5.12　不同过电位下电流密度与电解液温度之间的关系

汞离子浓度为 223 mg/L；硫脲浓度为 7.6 g/L；硫酸浓度为 0.05 mol/L

表 5.3　不同过电位下阴极汞电沉积的表观活化能

过电位 E/V	表观活化能 E_a/（kJ/mol）
0.05	16.52
0.10	17.02
0.15	17.88
0.20	22.82
0.25	28.57

进一步利用阻抗测试分析汞电沉积过程的控制步骤。图 5.13 为开路电位下的电化学阻抗图谱。在高频区汞电沉积阻抗图谱近似半圆弧形，说明电沉积过程受电化学动力学

控制；在低频区阻抗曲线从半圆弧逐渐转变成直线，呈现出扩散控制的特征。上述结果进一步证实汞电沉积过程受电化学和扩散混合控制。

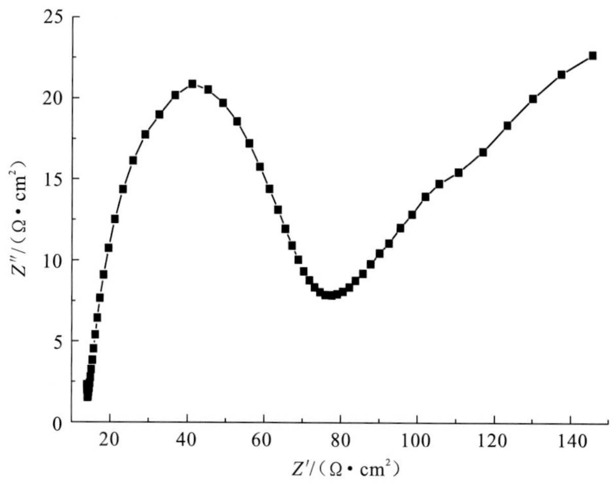

图 5.13　硫脲汞溶液电沉积过程的 Nyquist 图

电解液温度为 25 ℃；汞浓度为 223 mg/L；硫脲浓度为 0.1 mol/L；正弦波的振幅为 10 mV；频率范围为 100 kHz～0.01 Hz

3. 前置转化反应的判定

当配离子过量时，金属离子一般以最高配位数存在。高配位数的配合物在电还原过程中可能存在前置转化反应。发生前置转化反应时，电极表面高配位的配合离子会发生配位离子解离。在 Hg-Tu 电解液中汞主要以 $Hg(Tu)_4^{2+}$ 形式存在，假设其电沉积过程中电极表面存在前置转化反应，其中间形态为 $Hg(Tu)_x^{2+}$，则有以下反应过程：

$$Hg(Tu)_4^{2+} \longrightarrow Hg(Tu)_x^{2+} + (4-x)Tu \tag{5.2}$$

$$Hg(Tu)_x^{2+} + 2e \longrightarrow Hg + xTu \tag{5.3}$$

当电解液中硫脲浓度远高于汞离子浓度时，在恒电流条件下通过拉普拉斯变换解扩散方程，并假定电解初始时电极表面 $Hg(Tu)_x^{2+}$ 的浓度为 0，电极表面前置转换后 $Hg(Tu)_x^{2+}$ 的表面浓度的表达式为

$$i_k \tau^{1/2} = \frac{nF\pi^{1/2}D^{1/2}C_0}{2} - \frac{\pi^{1/2}C_{Tu}{}^{4-x}i_k}{2K(k_1+k_{-1})^{1/2}}\mathrm{erf}[(k_1+k_{-1}C_{Tu}{}^{4-x})^{1/2}\tau^{1/2}] \tag{5.4}$$

式中：k_1 和 k_{-1} 分别为前置转化反应（5.2）的正、逆反应速率常数；K 为正逆反应速率常数的比值，即 k_1/k_{-1}；C_0 为电解质中汞的总浓度，mol/cm³，其满足 $C_0 = C_{Hg(Tu)_4^{2+}} + C_{Hg(Tu)_x^{2+}}$；$i_k$ 为恒电流密度，mA/cm²；D 为扩散系数，cm²/s；erf[ ]为误差函数；τ 为过渡时间，s。

当 $Hg(Tu)_4^{2+}$ 配合离子直接在电极上放电时，$i_k << \frac{2K(k_1+k_{-1})^{1/2}}{\pi^{1/2}C_{Tu}{}^{4-x}}$，式（5.4）中第二项可以忽略不计，简化为

$$i_k\tau^{1/2}=\frac{nF\pi^{1/2}D^{1/2}C_0}{2} \tag{5.5}$$

此时 $i_k\tau^{1/2}$ 只与溶液初始 $Hg(Tu)_4^{2+}$ 浓度有关，与电流 i_k 无关。基于上述推导，汞还原过程中有无前置转化反应可以通过 $i_k\tau^{1/2}$ 和 i_k 的关系曲线判断：当两者关系为平行 i_k 的直线时，还原过程无前置转化过程。图 5.14 为 Hg-Tu 溶液的 1 mA 恒电流阶跃的电位-时间曲线，其中存在一个电流变化阶梯，对应的过渡时间 τ 为 13.59 s。图 5.15 为电流在 0.5 mA、0.8 mA、1.0 mA、1.2 mA 及 1.5 mA 条件下 $i_k\tau^{1/2}$ 与 i_k 的关系曲线，$i\tau^{1/2}$ 随着 i 的增加而增加，两者的关系不是平行于 i 的一条直线，因此可以判断 $Hg(Tu)_4^{2+}$ 还原过程中存在前置转化过程。

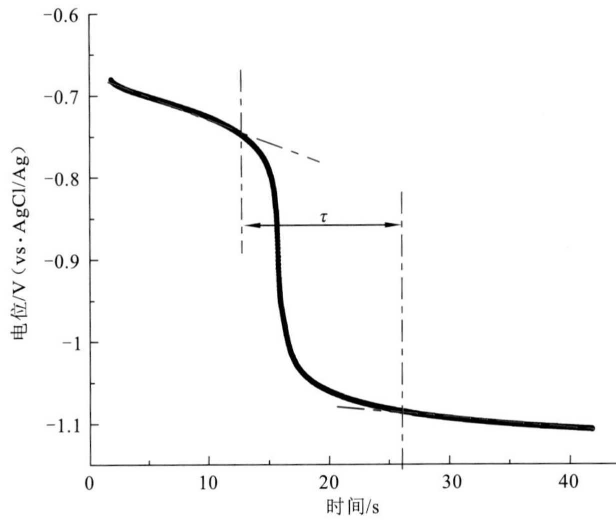

图 5.14　恒电流阶跃的电位-时间曲线

电解液温度为 25 ℃；汞浓度为 223 mg/L；阶跃电流为 1 mA

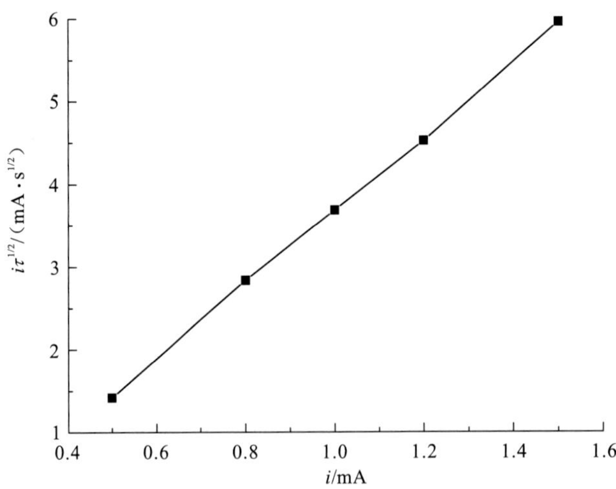

图 5.15　不同恒电流阶跃过程的 $i\tau^{1/2}$ 与 i 的关系曲线

由于电极表面 $Hg(Tu)_4^{2+}$ 的还原存在前置转化反应，式（5.4）中误差函数的幅度 $(k_1+k_{-1})^{1/2}\tau^{1/2}$ 变化应大于2，可认为 $\mathrm{erf}\left[(k_1+k_{-1})^{1/2}\tau^{1/2}\right]\approx 1$，式(5.4)可以简化为式(5.6)。

$$i_k\tau^{1/2}=\frac{nF\pi^{1/2}D^{1/2}C_0}{2}-\frac{\pi^{1/2}C_{Tu}^{4-x}i_k}{2K(k_1+k_{-1})^{1/2}} \tag{5.6}$$

使用 B 表示式（5.6）的斜率，对其取对数可得

$$\lg B=\lg\frac{\pi^{1/2}C_{Tu}^{4-x}}{2K(k_1+k_{-1})^{1/2}}=\lg\frac{\pi^{1/2}}{2K(k_1+k_{-1})^{1/2}}-(4-x)\lg C_{Tu} \tag{5.7}$$

此时恒电流 $i_k\tau^{1/2}$ 和 i_k 的关系的斜率 $\lg B$ 与溶液中硫脲的浓度有关。在硫脲浓度分别为0.08 mol/L、0.1 mol/L、0.12 mol/L 和 0.15 mol/L 条件下建立 $i_k\tau^{1/2}$-i_k 关系曲线[图 5.16(a)]。随着硫脲浓度的增加，$i_k\tau^{1/2}$-i_k 曲线的斜率 B 不断增加，根据式(5.7)作对数 $\lg B$ 与对数 $\lg C_{Tu}$ 关系图，其结果如图 5.16（b）所示。$\lg B$ 对 $\lg C_{Tu}$ 的斜率为反应过程中 $Hg(Tu)_4^{2+}$ 解离的硫脲分子数，即 $4-x$。通过计算可知，直线的斜率约为 1.18，说明 $Hg(Tu)_4^{2+}$ 在电极表面的前置转化中间产物为 $Hg(Tu)_3^{2+}$。

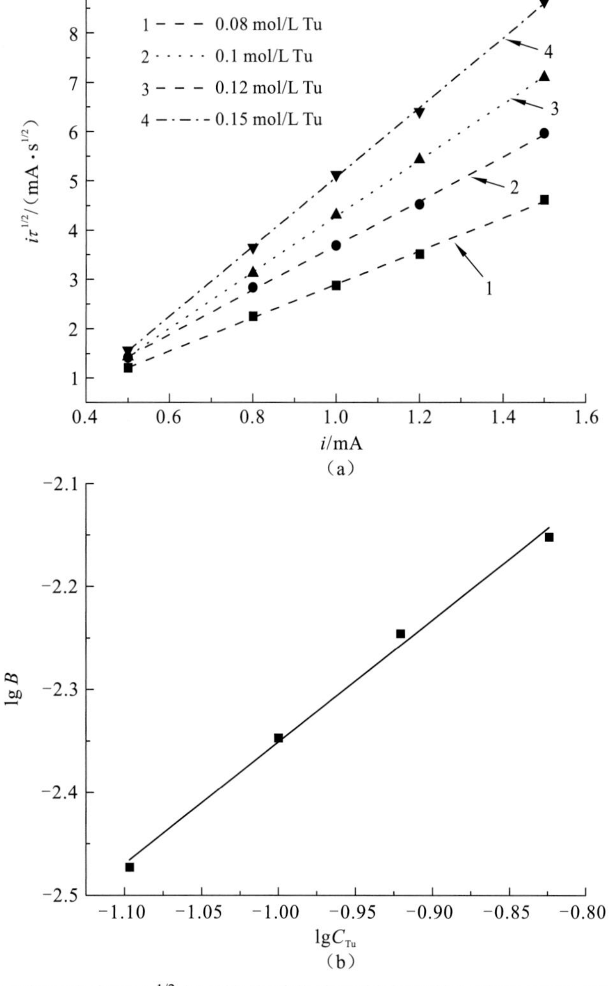

图 5.16　不同硫脲浓度下 $i\tau^{1/2}$ 与 i 的关系曲线和斜率对数与硫脲浓度对数之间的关系

4. 汞还原的分步反应历程

不同扫描速率下汞还原的阴极极化曲线如图 5.17 所示。当扫描速率为 10 mV 时，此时极化曲线只在−0.57 V 出现一个还原峰；当扫描速率为 2 mV 时，此时曲线上在−0.55 V 和−0.59 V 出现两个还原峰，其分别对应汞的连续两次单电子转移过程。因此，汞的还原总反应是由两个单电子转移步骤组成的双电子传递过程。

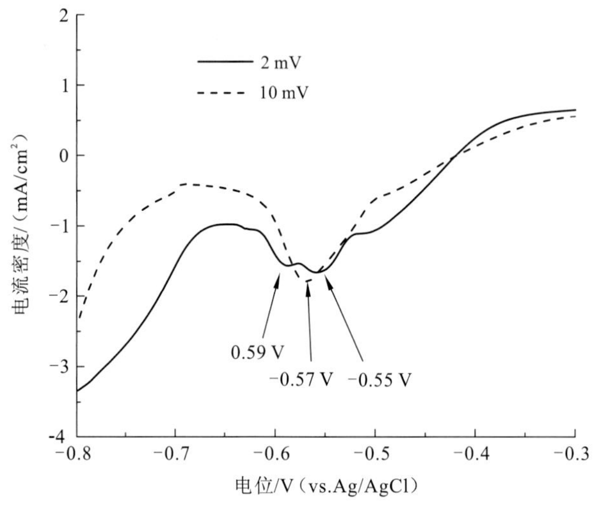

图 5.17　不同扫描速率下汞还原的阴极极化曲线

综上可知，$Hg(Tu)_4^{2+}$ 在阴极上的还原分为三步：第一步为电极表面 $Hg(Tu)_4^{2+}$ 前置转化为 $Hg(Tu)_3^{2+}$；第二步为生成的 $Hg(Tu)_3^{2+}$ 得到电子生成 $Hg(Tu)_3^{+}$；第三步为 $Hg(Tu)_3^{+}$ 得电子生成金属汞。整个反应历程可以用式（5.8）～式（5.10）表示。

$$Hg(Tu)_4^{2+} \longrightarrow Hg(Tu)_3^{2+} + Tu \tag{5.8}$$

$$Hg(Tu)_3^{2+} + e \longrightarrow Hg(Tu)_3^{+} \tag{5.9}$$

$$Hg(Tu)_3^{+} + e \longrightarrow Hg + 3Tu \tag{5.10}$$

5.1.4　汞还原动力学参数

1. 表观传递系数的测定

Tafel 曲线是极化曲线中电位与电流对数呈现线性关系的区域，可用于研究电极反应的表观传递系数。实验以 223 mg/L 的 Hg^{2+}、0.1 mol/L 的硫脲与 0.05 mol/L 的硫酸为电解质，所得 Tafel 曲线如图 5.18 所示。阴极电位在 0.44～0.46 V 时与电流密度对数呈线性关系，阳极电位在 0.13～0.17 V 时与电流密度对数呈线性关系，即 Tafel 区。计算可得阴极 Tafel 区的斜率为 0.114，截距为 0.525。根据 Tafel 方程得出阴极过程表观传递系数 α 为 0.518。同理可得阳极表观传递系数 α 为 1.321。

$$E=\frac{-2.303RT}{\alpha nF}\lg i_0+\frac{2.303RT}{\alpha nF}\lg i \tag{5.11}$$

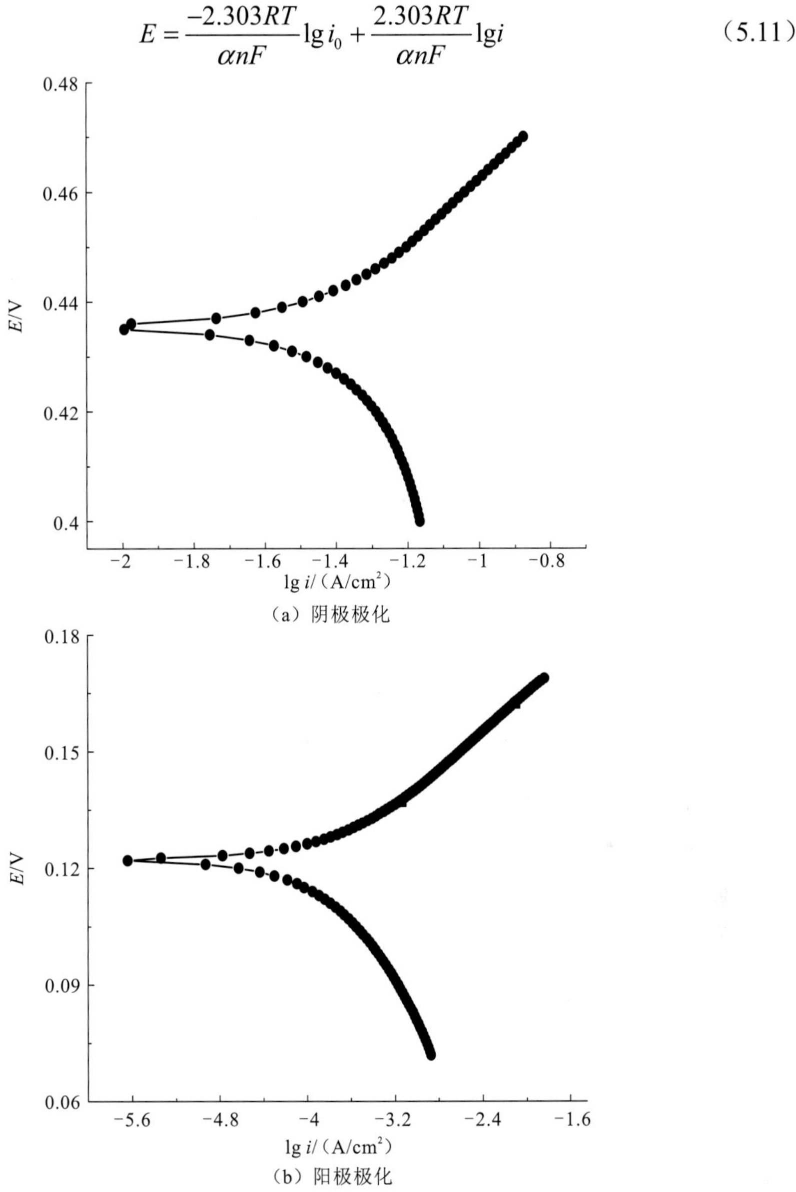

图 5.18　硫脲汞溶液电沉积过程阴极极化曲线图和阳极极化曲线图

2. $Hg(Tu)_4^{2+}$ 的扩散系数 D_0

对于 $Hg(Tu)_4^{2+}$ 电沉积过程中阴极峰电流与扩散系数 D_0 的关系可以用 Randles-Sevcik 方程表示。

$$i_p=0.4958nF^{3/2}A(RT)^{-1/2}D_0^{1/2}C_0^*v^{1/2}(\alpha n_a)^{1/2} \tag{5.12}$$

式中：A 为电极面积，cm^2；F 为法拉第常数 96 485.3，C/mol；T 为温度，K；D_0 为扩散系数，cm^2/s；v 为扫描速率，V/s；C_0 为反应物本体浓度，mol/cm^3；α 为阴极表观传递系数。

在扫描速度为 0.01 V/s、温度为 298 K、$Hg(Tu)_4^{2+}$ 浓度为 1.115×10^{-3} mol/L 的条件下，通过循环伏安法测定得到峰电流 i_p 为 -9.18×10^{-3} A。将 α=0.518 和 A=2 cm^2 代入式(5.12)可得阴极汞电沉积过程的扩散速率常数 D_0 为 6.26×10^{-3} cm^2/s。

3. 控制步骤的反应计量数

在连续单电子转移过程中，反应速率最低的单电子转移过程是多电子转移反应的控制步骤。多电子转移总反应发生一次需该控制步骤完成若干次，该次数称为反应的计量数，用 v 表示，满足式（5.13）。

$$v = \frac{n}{\alpha_1 + \alpha_2} \tag{5.13}$$

式中：α_1 和 α_2 分别为阴极和阳极的表观速率常数，即 0.518 和 1.321；n 为总反应的转移电子数，即 2。计算可得 v=2/（0.518+1.321）=1.09≈1，说明阴极电沉积回收汞的过程中控制步骤的反应计量数为 1。

4. 反应级数的测定

对于电极表面电化学反应，电流和溶液中反应物的活度满足式（5.14）。

$$i = nFk_f\left[a_0\right]^p \tag{5.14}$$

式中：k_f 为电化学反应速率常数；a_0 为反应物的活度；p 为电化学的反应级数。对其两边取对数可得

$$\lg i = \lg\left(nFk_f\right) + p\lg a_0 \tag{5.15}$$

基于上述理论，在温度 25 ℃、扫描速度 10 mV/s 下测量不同汞浓度时阴极和阳极的稳态极化曲线。计算过程中使用浓度代替活度，在电位为−0.55 V 时得到电流密度 i 和活度 a_0 的对数关系，如图 5.19 所示。图 5.19（a）中直线的斜率为 0.876，所以汞在阴极上发生电化学的反应级数为 1；图 5.19（b）中的斜率为 0.06，所以汞在阳极上的反应级数为 0。

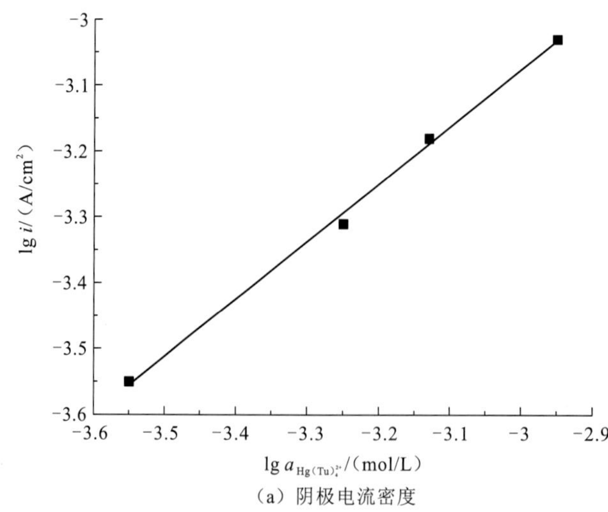

（a）阴极电流密度

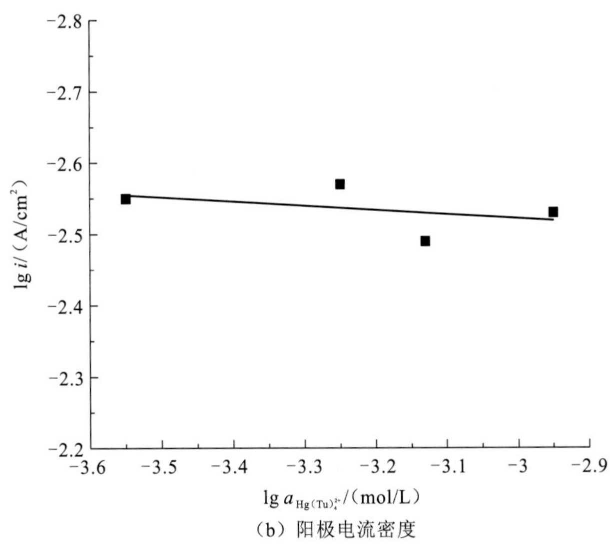

（b）阳极电流密度

图 5.19　溶液中汞活度对数与阴极电流密度对数和阳极电流密度的关系曲线

5. 电化学反应的控制步骤

对于多电子转移过程，可以使用表观传递系数来验证电解反应机理和确定反应的速控步骤。阴极和阳极的表观传递系数满足如下关系：

$$\alpha_{阴}=\frac{\gamma}{v}+\alpha r \tag{5.16}$$

$$\alpha_{阳}=\frac{2-\gamma}{v}+\alpha r \tag{5.17}$$

式中：$\alpha_{阴}$ 和 $\alpha_{阳}$ 分别为阴极和阳极的表观传递系数；γ 为速控步骤前的电子转移数；r 为速控步骤的电子转移数；α 为速控步骤的传递系数；v 为速控步骤的反应计量数。

假设汞还原过程中第一个电子转移过程为电化学反应的控制步骤，则此时速控步骤前的电子转移数 γ 应为 0，速控步骤的电子转移数 r 应为 1，速控步骤的反应计量数 v 应为 1。经过计算，此时阴极和阳极的表观传递系数分别为 0.5 和 1.5，与实验测量值一致，因此假设成立，即阴极表面汞还原过程中的第一个电子步骤为电化学反应的控制步骤。

5.2　冶炼含汞固废碘化法选择性回收汞

冶炼含汞固废主要来源于湿法洗涤过程产生的污酸渣及电除雾过程中形成的含汞酸泥。目前此类含汞固废缺乏有效的资源化回收方法。本节将介绍碘化浸出-湿法提取的选择性回收汞新方法，以实现含汞固废的资源化处理。

5.2.1　冶炼含汞固废理化性质

1. 元素组成

采用 XRF 对污酸渣和酸泥的元素组成进行测定，结果列于表 5.4，其 Hg 质量分数分别为 0.52%和 22.06%，满足汞矿石工业品位要求（0.08%～0.10%），可作为汞资源利用。

表 5.4　冶炼污酸渣和酸泥的元素组成

含汞固废	元素质量分数/%									
	Hg	Pb	Zn	Cu	Cd	Ca	As	Se	S	Cl
污酸渣	0.52	0.18	2.45	0.09	0.18	23.23	0.11	0.43	20.54	0.03
酸泥	22.06	21.26	6.16	0.54	0.23	0.04	0.075	27.67	6.98	0.12

2. 物相与形态

采用 XRD 对冶炼污酸渣和酸泥进行了物相组成分析，结果如图 5.20 所示。污酸渣主要由石膏（$CaSO_4 \cdot 2H_2O$）组成，未能检测出汞的物相；酸泥主要由辰砂（HgS）、硒化汞（HgSe）、硒（Se）和铅矾（$PbSO_4$）组成。

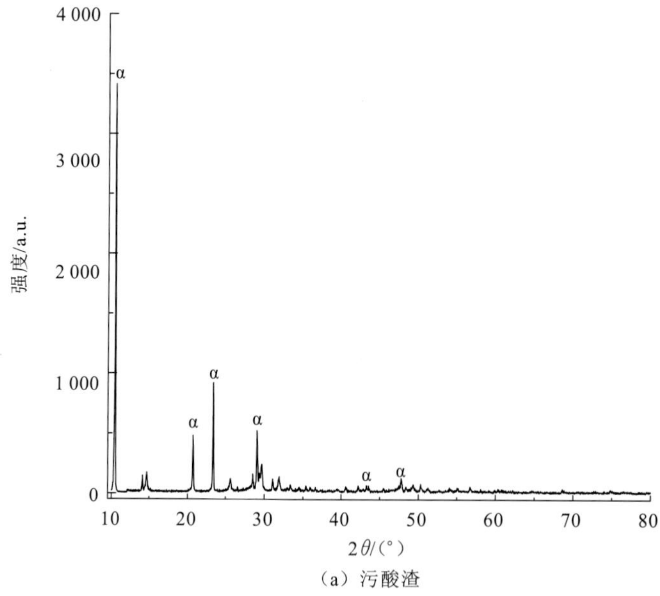

（a）污酸渣

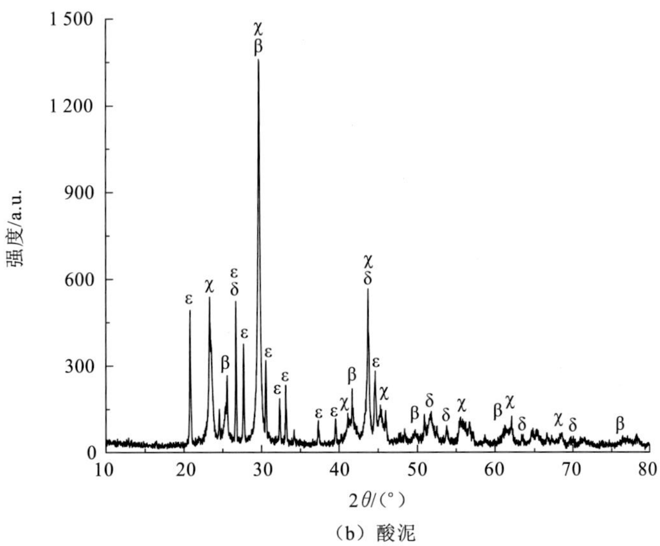

（b）酸泥

图 5.20　冶炼污酸渣和酸泥的 XRD 图谱

α 为 $CaSO_4·2H_2O$，PDF 33-0311；β 为 HgS，PDF 06-0261；χ 为 HgSe，PDF 08-0469；δ 为 Se，PDF 06-0362；ε 为 $PbSO_4$，PDF 36-1461

采用程序升温处理进一步分析了污酸渣中汞的赋存形态，发现其主要以 Hg_2Cl_2、$HgSO_4$ 和 HgS 的形式存在，如图 5.21 所示。Hg_2Cl_2 主要来源于烟气中部分 Hg^0 与溶液中的 $HgCl_2$ 反应[式(5.18)]；$HgSO_4$ 主要来源于溶液中的 Hg^{2+} 与 SO_4^{2-} 形成的沉淀[式(5.19)]；HgS 主要来源于 Hg^{2+} 与烟气 SO_2 反应中间产物 $HgSO_3$ 的自身歧化[式（5.20）]，以及硫化沉淀过程中形成的 HgS[式（5.21）]，占总汞量的 60%以上。

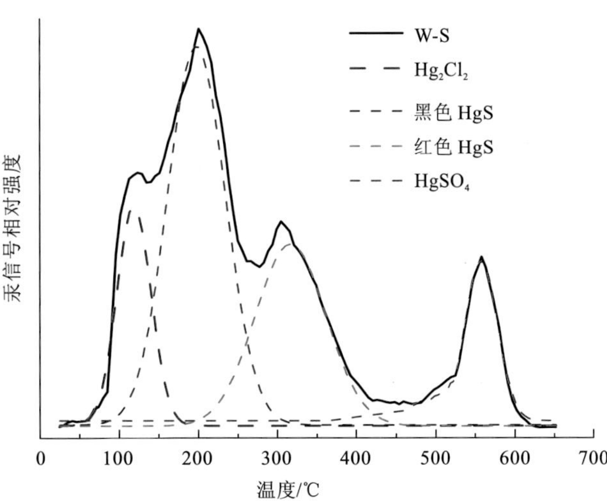

图 5.21　冶炼污酸渣的程序升温热处理过程中汞的释放行为

$$HgCl_{2(aq)} + Hg^0 = Hg_2Cl_{2(s)} \tag{5.18}$$

$$Hg^{2+}_{(aq)} + SO_{4\ (aq)}^{2-} === HgSO_{4(s)} \quad (5.19)$$

$$4HgSO_3 === HgS_{(s)} + 3HgSO_{4(s)} \quad (5.20)$$

$$Hg^{2+}\ S^{2-} === HgS_{(s)} \quad (5.21)$$

5.2.2 碘化法选择性浸出汞的影响因素

汞离子（Hg^{2+}）的亚层 d 轨道充满 18 个电子，其可与卤族元素形成稳定的配合物。通常，含汞配体的稳定性取决于 Hg^{2+}与配体离子的电负性差异大小，即配体离子的电负性越小，其与 Hg^{2+}形成配合物的稳定性越强。本小节将基于汞易与电负性较小的碘形成稳定的配合物的特征，采用含碘溶液对冶炼含汞固废进行强化浸出，以实现汞的选择性高效提取。

1. 碘离子浓度影响

图 5.22 为碘离子浓度对冶炼污酸渣和酸泥中汞浸出效率的影响。从图中可知，随着碘离子浓度从 0.02 mol/L 升高到 0.1 mol/L，污酸渣中汞浸出效率从 61.89%升高至 81.22%，酸泥中汞的浸出效率从 41.43%升高到 58.22%；继续提高碘离子浓度对汞的浸出率无显著影响。因此，碘离子的最佳浸出浓度为 0.1 mol/L。两者汞浸出效率的差异主要归因于含汞物相组成的差异。

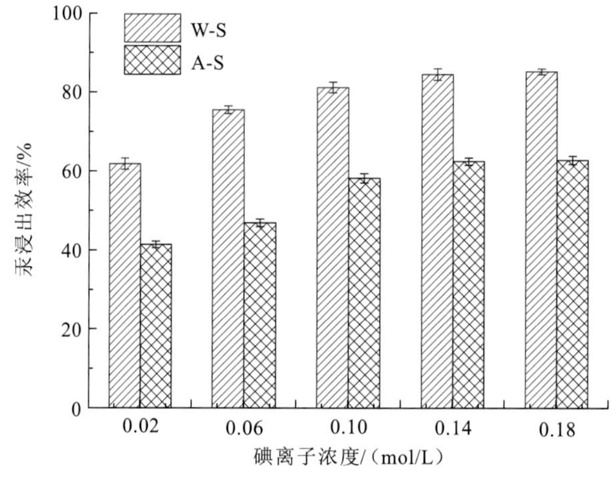

图 5.22　碘离子浓度对冶炼污酸渣和酸泥中汞浸出率的影响

浸出液体积为 100 mL；渣量为 10 g；反应时间为 60 min；反应温度为 30 ℃；搅拌速率为 500 r/min；溶液 pH 为 2.5

2. 氧化剂筛选

为进一步提高汞的浸出率，提出了氧化剂协同浸出的新思路。分别考察了氧化剂种类和浓度对冶炼污酸渣和酸泥中汞浸出率的影响，结果如图 5.23 所示。当 $Fe(NO_3)_3$、H_2O_2

和 NaClO 三种氧化剂的浓度提高至 0.06 mol/L 时，污酸渣中汞的浸出效率均超过 99%，酸泥中汞的浸出效率均高于 96%，说明氧化剂可协同碘离子提高汞的浸出效率。

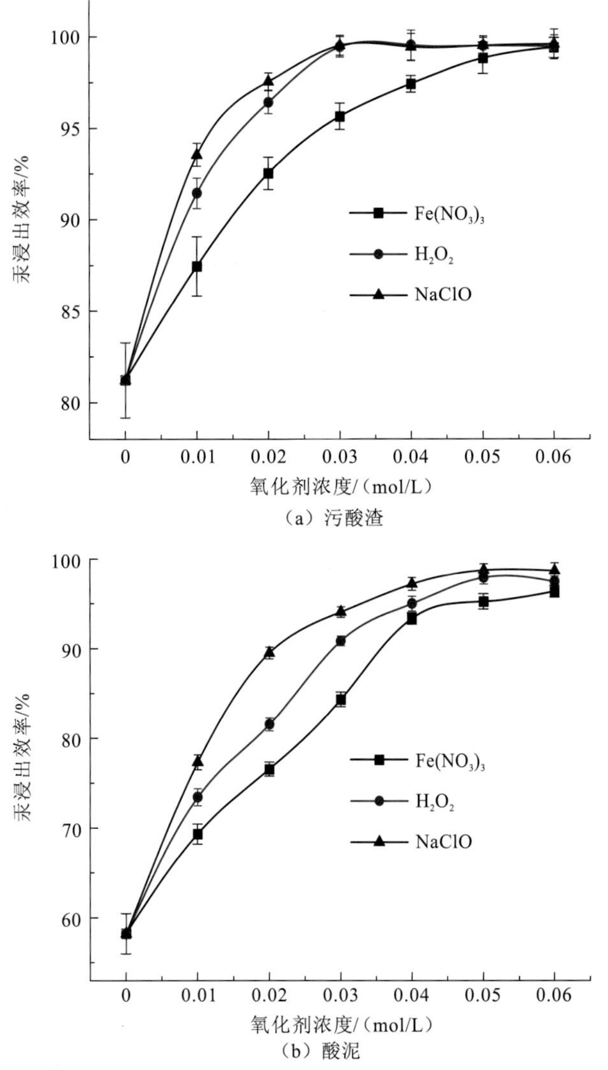

图 5.23　不同氧化剂种类和浓度对冶炼污酸渣和酸泥中汞浸出率的影响

在浸出过程中，除考虑汞的浸出率外，还应考察杂质元素的浸出浓度，如表 5.5 所示。当使用 NaClO 时，污酸渣的浸出液中 Pb^{2+}、Zn^{2+}的浓度分别达到 0.98 mol/L、2.25 mol/L，酸泥浸出液中 Pb^{2+}、Cd^{2+}的浓度分别达到 15.32 mg/L、35.72 mg/L。其原因可能是 Cl^-与 Pb^{2+}、Cd^{2+}的配位稳定常数 $\lg\beta_{PbCl_3^-}$ 和 $\lg\beta_{CdCl_4^{2-}}$ 高达 3.23 和 2.8，促进了杂质元素的浸出。当使用 H_2O_2 时，浸出液中杂质离子浓度也较高，这可能是由 H_2O_2 的强氧化性造成的。当使用 $Fe(NO_3)_3$ 时，浸出液中杂质离子浓度远低于 NaClO 和 H_2O_2，因此 $Fe(NO_3)_3$ 是最优的氧化剂，其最佳的浓度为 0.04 mol/L。

表 5.5　不同氧化剂种类和浓度下浸出液中主要元素的浓度

氧化剂	浓度/（mol/L）	污酸渣浸出液中主要元素浓度/（mg/L）						酸泥浸出液中主要元素浓度/（mg/L）					
		Hg	Pb	Zn	Cu	Cd	Ca	Hg	Pd	Zn	Cu	Cd	Se
$Fe(NO_3)_3$	0	542.94	0.09	0.46	0.02	0.12	14.86	4 561.11	0.76	13.46	0.11	1.45	0.24
	0.01	584.65	0.15	0.57	0.03	0.21	11.28	5 430.35	2.89	63.91	0.18	4.45	0.84
	0.02	618.61	0.23	0.62	0.03	0.24	8.72	5 994.22	5.32	106.52	0.24	6.67	1.12
	0.03	639.47	0.19	0.66	0.05	0.23	5.14	6 605.07	8.03	156.01	0.32	8.53	1.48
	0.04	651.37	0.25	0.63	0.04	0.27	4.35	7 310.69	9.64	177.76	0.28	8.55	1.57
	0.05	658.79	0.24	0.65	0.06	0.32	3.64	7 457.92	10.23	195.06	0.36	9.08	1.62
	0.06	657.92	0.31	0.72	0.05	0.34	3.57	7 544.82	10.51	198.26	0.32	9.17	1.59
H_2O_2	0	542.94	0.09	0.46	0.02	0.12	14.86	4 579.52	0.76	13.46	0.11	1.45	0.24
	0.01	611.39	0.27	0.89	0.04	0.28	15.25	5 775.51	3.02	103.45	0.28	8.45	1.57
	0.02	644.68	0.43	1.06	0.03	0.39	14.98	6 411.64	6.34	212.43	0.34	13.58	1.98
	0.03	664.87	0.69	1.56	0.05	0.53	13.76	7 145.28	8.84	279.32	0.42	15.32	2.28
	0.04	665.61	0.77	1.76	0.06	0.67	14.77	7 470.81	10.08	304.32	0.45	16.25	2.46
	0.05	665.34	0.79	1.85	0.07	0.74	15.46	7 699.63	11.21	327.57	0.38	17.04	2.53
	0.06	665.07	0.81	1.88	0.07	0.82	15.51	7 665.03	11.87	332.83	0.41	18.81	2.48
NaClO	0	542.94	0.09	0.46	0.02	0.12	14.86	4 582.37	0.76	13.46	0.11	1.45	0.24
	0.01	625.49	0.32	1.05	0.03	0.23	16.35	6 441.85	3.42	93.67	0.33	7.78	1.84
	0.02	652.24	0.53	1.19	0.05	0.25	15.96	7 498.12	5.98	232.08	0.45	13.39	2.72
	0.03	665.48	0.89	1.57	0.07	0.43	16.62	7 970.45	9.12	319.38	0.54	22.31	3.17
	0.04	664.88	0.85	1.76	0.06	0.66	17.03	7 779.73	12.34	324.77	0.51	26.14	
	0.05	665.41	0.91	1.82	0.08	0.82	16.33	7 985.85	14.06	357.42	0.53	30.81	
	0.06	665.95	0.98	2.25	0.07	0.91	16.78	7 853.61	15.32	392.11	0.57	35.72	

3. 溶液 pH 的影响

为研究溶液 pH 对汞浸出效率的影响，考察 pH 为 2～5 时的汞浸出率，如图 5.24 所示。当 pH 从 2.0 上升到 5.0 时，污酸渣中汞的浸出效率从 98.41%下降到 90.41%，酸泥中汞的浸出效率从 93.63%下降到 78.45%，说明高 pH 不利于汞的浸出，其原因是高 pH 会导致 Fe^{3+}的氧化性和有效浓度降低。

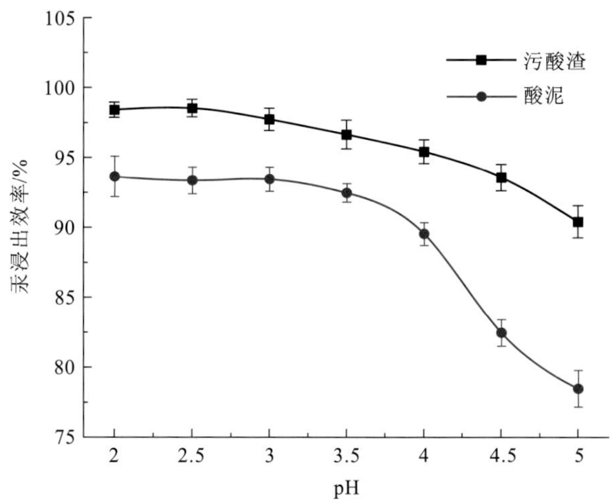

图 5.24　不同溶液 pH 对冶炼污酸渣和酸泥中汞浸出效率的影响

浸出液体积为 100 mL；渣重量为 10 g；反应时间为 60 min；反应温度为 30 ℃；搅拌速率为 500 r/min；$Fe(NO_3)_3$浓度为 0.04 mol/L

4. 溶液温度的影响

考察溶液温度对污酸渣和酸泥中汞浸出效率的影响，如图 5.25 所示。当溶液温度从 20 ℃上升到 40 ℃时，污酸渣中汞的浸出效率从 95.42%上升到 97.54%，酸泥中汞的浸出

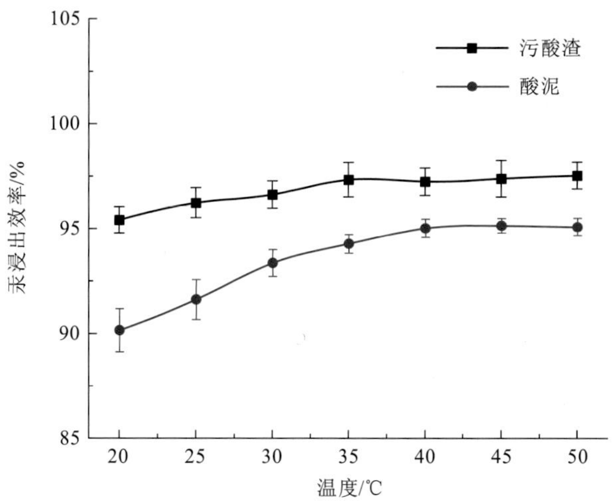

图 5.25　不同溶液温度对冶炼污酸渣和酸泥中汞浸出效率的影响

浸出液体积为 100 mL；渣重量为 10 g；反应时间为 60 min；碘离子浓度为 0.1 mol/L；搅拌速率为 500 r/min；溶液 pH 为 2.0；Fe^{3+}浓度为 0.04 mol/L

效率从90.15%上升到95.07%，说明温度升高有利于汞的浸出。继续提高温度至50 ℃后，污酸渣和酸泥中汞的浸出效率变化不大，说明此时温度已经不是限制汞浸出效率的主要因素，因此最佳的浸出温度为40 ℃。

5. 搅拌速率的影响

考察搅拌速率对污酸渣和酸泥中汞浸出率的影响，结果如图5.26所示。当搅拌速率从100 r/min提高到500 r/min的过程中，污酸渣和酸泥中汞的浸出效率均明显上升。继续提高转速至900 r/min后，汞扩散已不是控制步骤，汞浸出效率变化不明显，因此最佳搅拌速率为500 r/min。

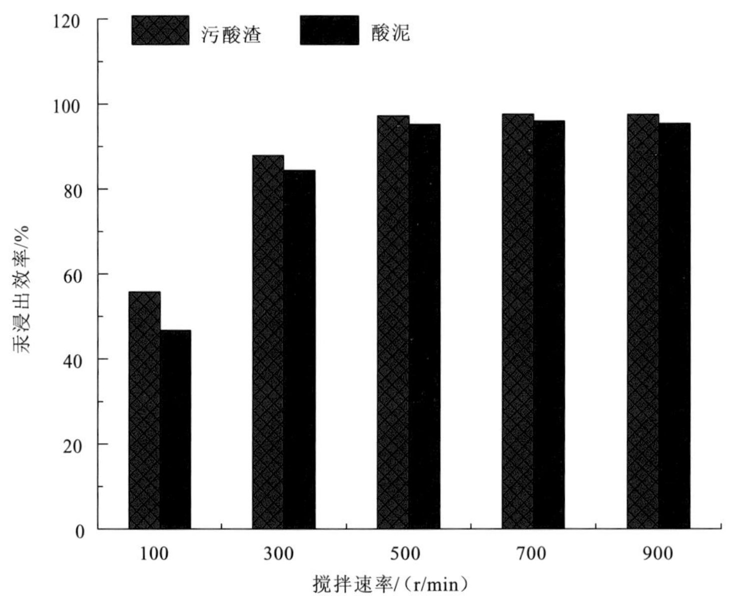

图5.26　搅拌速率对污酸渣和酸泥汞浸出的影响

通过对碘化法选择性浸出汞工艺进行研究，得出冶炼污酸渣和酸泥的最佳浸出工艺参数：碘离子浓度为0.1 mol/L、氧化剂种类为Fe^{3+}、氧化剂浓度为0.04 mol/L、溶液pH为2.0、溶液温度为40 ℃、搅拌速率为500 r/min。

5.2.3　浸出液中汞的回收和浸出液循环利用

在上述最佳工艺条件下得到含汞浸出液的元素浓度，如表5.6所示。污酸渣浸出液和酸泥浸出液中汞的浓度分别为643.41 mg/L和7 246.87 mg/L，且其他杂质成分较低，这为浸出液中汞的回收创造了有利条件。

表 5.6　最佳浸出工艺条件下污酸渣浸出液和酸泥浸出液的元素浓度

溶液	元素浓度/(mg/L)								
	Hg	Pb	Zn	Ca	Cd	Se	I	Cl	S
污酸渣浸出液	643.41	0.32	0.65	5.12	0.28	—	11 893.55	18.56	25.73
酸泥浸出液	7 246.87	10.43	165.89	0.54	8.35	2.35	12 021.03	0.54	2.32

1. 浸出液中汞的电解回收

根据配位化学原理可知，在过量碘离子（碘离子浓度是汞离子浓度几个数量级倍）背景条件下，汞主要以四配位 HgI_4^{2-} 形态赋存。根据上节研究结果，采用电沉积方法对浸出液中的汞进行回收，选取高汞酸泥浸出液为研究对象，控制电解控制条件：端电压为 0.5 V、搅拌速率为 300 r/min、电解液体积为 100 mL、极间距为 3 cm 和电解面积 8 cm^2，分析电解过程中汞回收效率和电流效率随时间的变化关系，如图 5.27 所示。当电解时间达到 300 min 时，浸出液中汞的回收效率超过 98%，继续增加电解时间，电流效率降低至 31.74%，汞的回收效率无明显增加，故 300 min 为最优电解时间。

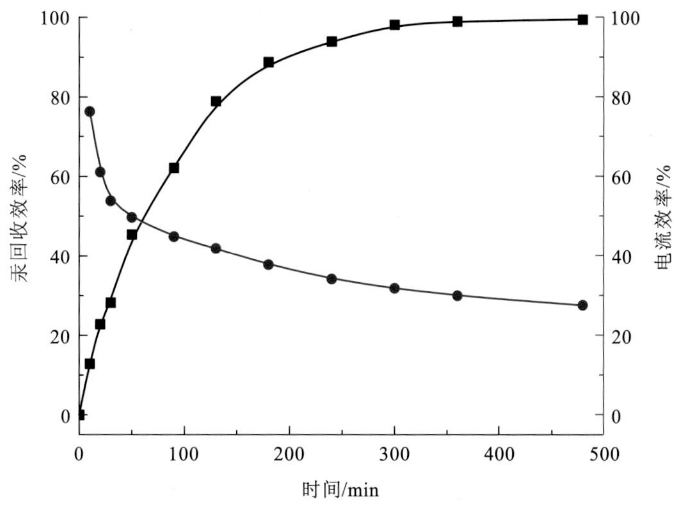

图 5.27　电解酸泥浸出液回收汞过程中回收效率和电流效率随时间的变化

2. 阴极汞的形态

图 5.28 为不同电解时间下阴极上析出汞的 SEM 图。电解初始阶段，阴极片上析出的汞主要以球形存在。随着电解时间的延长，阴极片上析出更多的汞，此时汞开始团聚并形成致密的片层。表 5.7 为图 5.28（c）中阴极片上析出单质汞的 EDS 元素分析结果，汞的质量分数可达 99.1%，证明析出汞为单质汞。

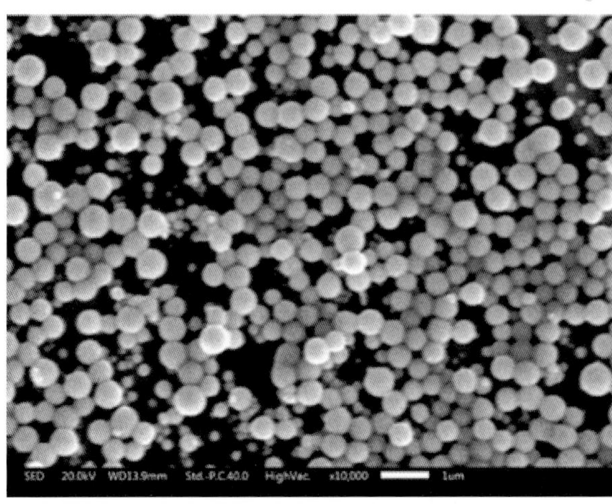

（a）10 min

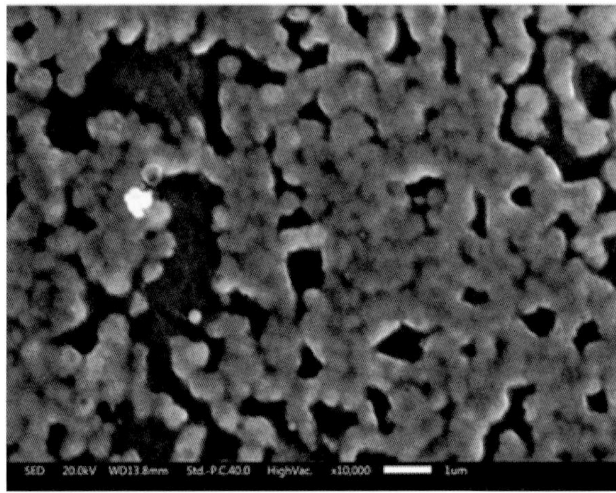

（b）20 min

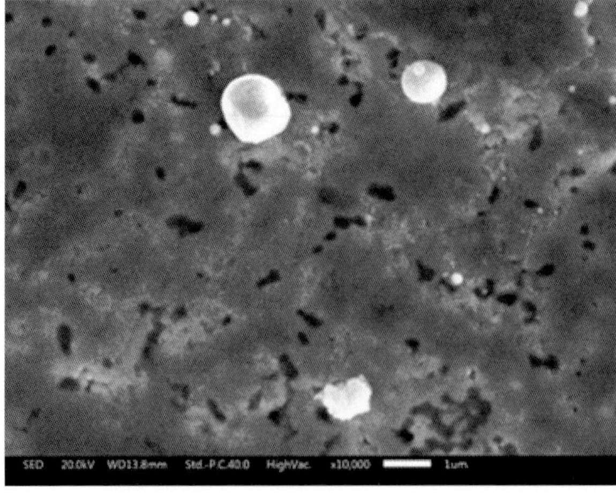

（c）40 min

图 5.28　电解时间分别为 10 min、20 min、40 min 的阴极片上沉积汞的 SEM 图

表 5.7　图 5.31（c）上 EDS 元素分析结果

元素	原子百分数/%	质量分数/%
K	0	0
Zn	0	0
Pb	0.23	0.24
I	1.04	0.66
Hg	98.73	99.10

3. 浸出液循环使用性能

电解液多次循环利用的结果如图 5.29 所示。经过 5 个循环周期，循环浸出液对污酸渣和酸泥中汞的浸出效率可分别保持在 96%和 93%以上，这说明碘化法具有良好的循环稳定性，这对降低含汞冶炼固废的处置成本具有重要意义。

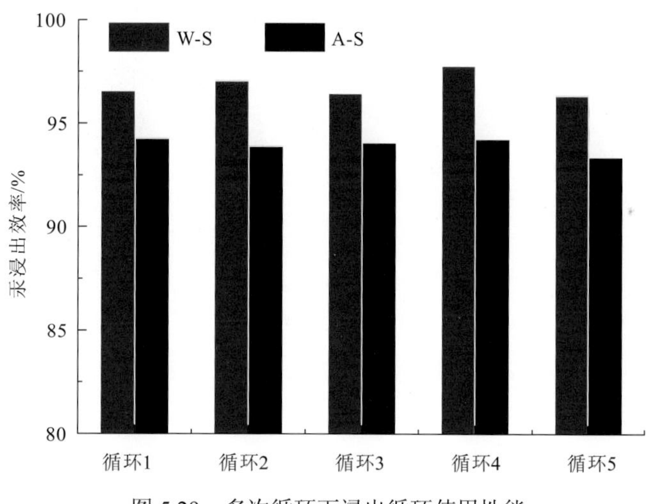

图 5.29　多次循环下浸出循环使用性能

5.2.4　冶炼含汞固废浸出动力学

本小节将采用常规收缩核模型研究冶炼含汞固废中汞的浸出动力学。图 5.30（a）和 5.30（b）是采用液膜扩散模型、化学反应模型和固体产物模型拟合污酸渣和酸泥中汞浸出动力学的结果，三种动力学模型分别用 $1-(1-x)^{2/3}$、$1-(1-x)^{1/3}$ 和 $1-3(1-x)^{2/3}+2(1-x)$与时间的比进行拟合。液膜扩散模型、化学反应模型和固体产物模型拟合污酸渣中汞浸出率的线性相关系数分别为 0.878 5、0.961 4 和 0.984 9，酸泥中汞浸出率拟合的线性相关系数分别为 0.955 2、0.984 3 和 0.993 9。固体产物模型拟合的线性相关性最高，表明固态产物扩散是汞浸出的动力学控制步骤。$1/T$ 和 $\ln k$ 之间的 Arrhenius 关系图如图 5.31 所示。

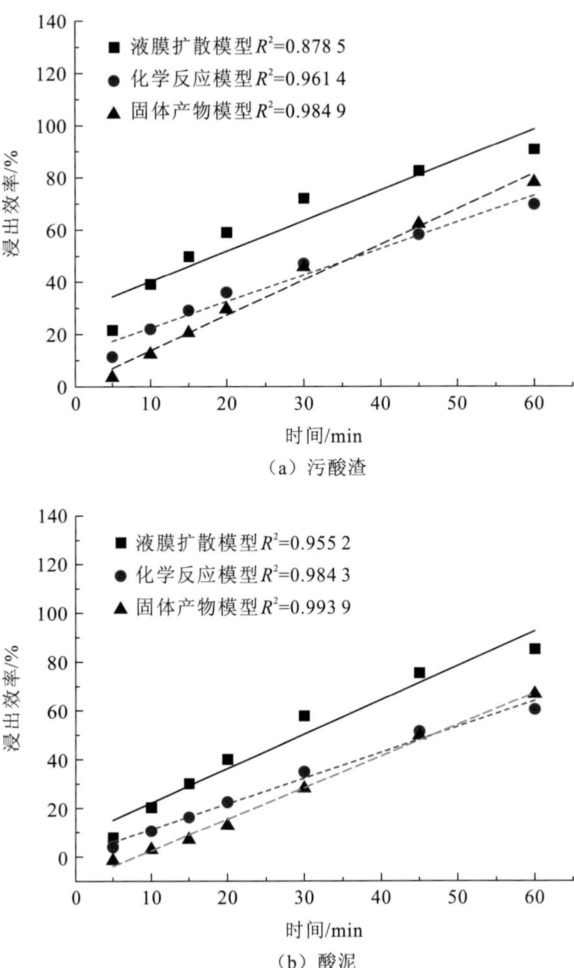

（a）污酸渣

（b）酸泥

图 5.30　污酸渣和酸泥浸出数据与动力学模型拟合结果

实验条件：I^-浓度为 0.1 mol/L；Fe^{3+}浓度为 0.04 mol/L；初始 pH 为 2.5；温度为 40 ℃；搅拌速率为 500 r/min；固液比为 1/4

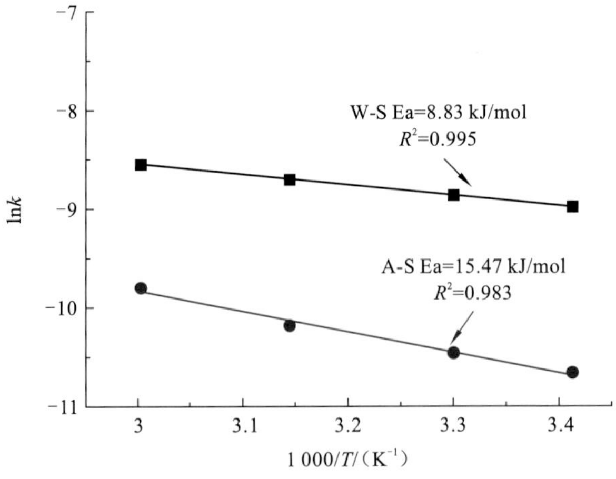

图 5.31　1/T 和 ln$k$ 之间的 Arrhenius 关系图

1. 不同形态汞的浸出效果

对不同溶液成分浸出前后的冶炼渣进行程序升温热处理，以判断不同汞化合物浸出的难易程度，如图 5.32 所示。对于污酸渣而言，在碘离子溶液浸出后，位于 558 ℃的 $HgSO_4$ 特征峰消失，说明 $HgSO_4$ 可在无氧化剂的碘离子溶液中完全溶解。根据溶解前后特征峰面积可知，Hg_2Cl_2（位于 118 ℃）和 HgS（位于 195 ℃和 316 ℃）的溶解比例分别约为 87.64%和 68.73%；对于酸泥而言，碘离子的汞浸出率小于 30%，而浸出后酸泥中 92.23%的汞是 HgSe，表明 HgSe 很难在碘离子溶液中溶解。根据上述结果，不同汞化合物在碘溶液中的溶解难易顺序为：HgSe＜HgS＜Hg_2Cl_2＜$HgSO_4$。加入 Fe^{3+}后，剩余的 HgSe 和 HgS 可完全溶解，说明氧化剂有利于两者的浸出。

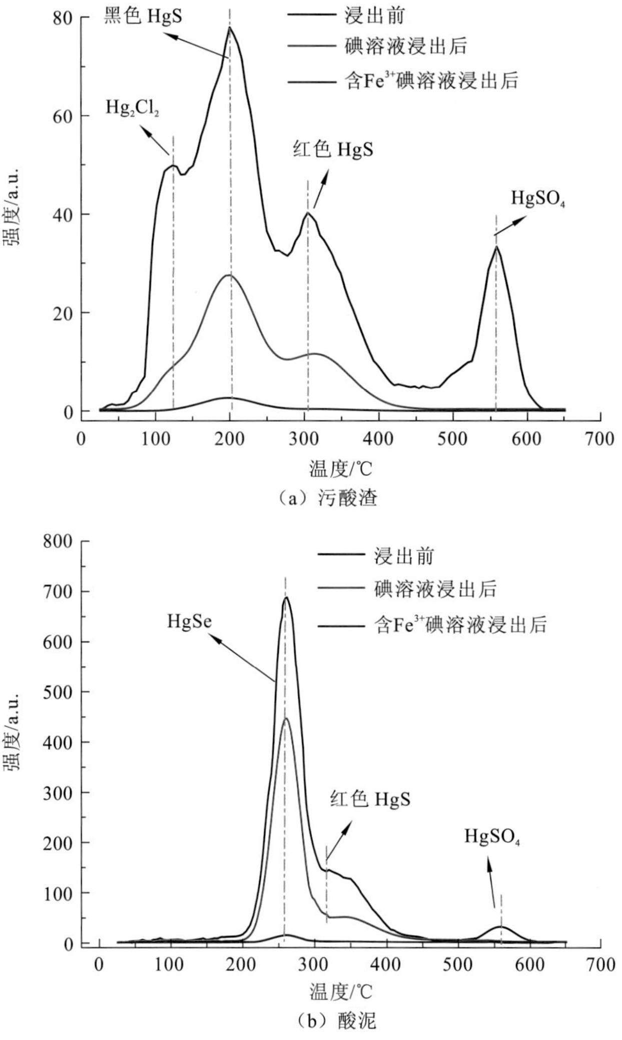

（a）污酸渣

（b）酸泥

图 5.32　不同溶液浸出后污酸渣和酸泥的汞热解曲线

对浸出后酸泥进行 SEM 和 EDS 分析（图 5.33），浸出后酸泥中出现了单质硫和单质

硒，其应该为 HgSe 和 HgS 在碘溶液中的分解产物。浸出过程中的化学反应可以表示为

$$HgSO_4 + 4I^- \Longrightarrow HgI_4^{2-} + SO_4^{2-} \tag{5.22}$$

$$2Hg_2Cl_2 + 16I^- + O_2 + 4H^+ \Longrightarrow 4HgI_4^{2-} + 4Cl^- + 2H_2O \tag{5.23}$$

$$HgS + 4I^- + 2Fe^{3+} \Longrightarrow HgI_4^{2-} + 2Fe^{2+} + S \tag{5.24}$$

$$HgSe + 4I^- + 2Fe^{3+} \Longrightarrow HgI_4^{2-} + 2Fe^{2+} + Se \tag{5.25}$$

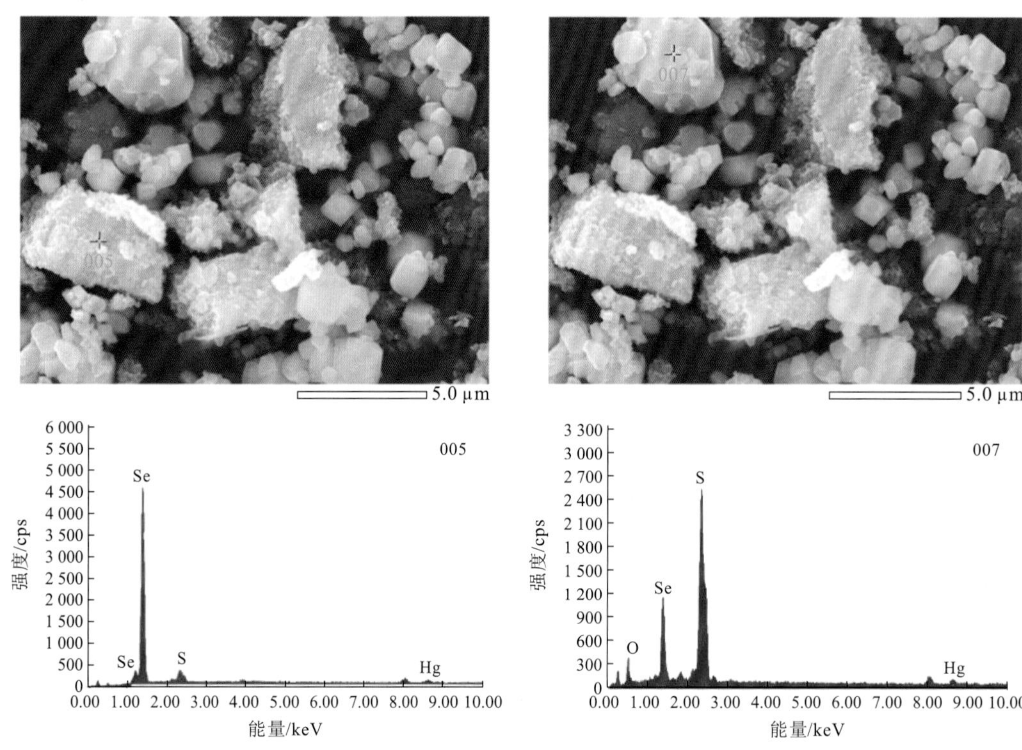

图 5.33　酸泥残渣的 SEM 和局部 EDS 分析图

5.2.5　冶炼含汞固废浸出后毒性浸出评价

毒性浸出测试是评价冶炼废渣污染危害性的重要参数。目前常用的评价毒性的方法为中国标准浸出程序（Chinese standard leaching tests，CSLT）和 EPA 标准毒性特征浸出程序（toxicity characteristic leaching procedure，TCLP）。CSLT 测试过程：配置质量比为 2∶1 的 H_2SO_4 和 HNO_3 混合酸溶液，并将上述溶液 pH 调节至 3.2；取 10 g 待测样品加入 100 mL 混合溶液中，得到的混合物以 30 r/min 的转速翻转振荡 18 h；反应后，使用孔径为 0.6～0.8 mm 的玻璃纤维滤膜进行过滤，并使用 ICP-OES 对滤液进行检测分析。TCLP 测试过程：浸出液为乙酸溶液，pH 调节至 2.88；取 5 g 待测样品加入 100 mL 制备好的乙酸溶液中，并以 30 r/min 的转速翻转振荡 18 h；用孔径为 0.6～0.8 mm 的玻璃纤维滤膜进行过滤，并使用 ICP-OES 对滤液进行检测分析。对浸出前后的污酸渣和酸泥进行 CSLP 和 TCLP 毒性评价，其浸出结果如表 5.8 所示。

表 5.8　CSLT 和 TCLP 浸出液中重金属离子的浓度　（单位：mg/L）

项目			Hg	Pb	Cu	Cd	As	Se
浸出前	CSLT	W-S	0.82	0.39	3.79	0.12	0.11	—
		A-S	1.43	82.42	0.06	—	0.08	7.64
	TCLP	W-S	1.24	3.17	2.64	0.08	0.23	—
		A-S	2.57	194.45	0.13	0.02	0.11	8.45
浸出后	CSLT	W-S	0.03	0.37	3.56	0.11	0.23	—
		A-S	0.02	78.45	0.05	—	0.05	49.76
	TCLP	W-S	0.02	3.53	3.04	0.10	0.17	—
		A-S	0.05	112.43	0.12	0.02	0.08	47.75
标准值	CSLT		0.10	5.00	100.00	1.00	5.00	1.00
	TCLP		0.20	5.00	15.00	1.00	5.00	1.00

从表 5.8 中可知，未使用碘化法处理污酸渣和酸泥前，采用 CSLT 和 TCLP 方法得到渗滤液中汞的浓度均高于对应的标准值。对于浸出处理后的污酸渣和酸泥，用 CSLT 和 TCLP 方法得到渗滤液中汞浓度则明显低于对应的标准值，即汞污染风险得到有效的控制。上述结果说，碘化法处理含汞废渣有助于减少废渣对环境的危害。

参 考 文 献

侯鸿斌, 2001. 韶关冶炼厂汞回收工艺及生产现状分析. 湖南有色金属(5): 18-20.

林星杰, 苗雨, 刘楠楠, 2015. 铅冶炼过程汞流向分布及产排情况分析. 有色金属(冶炼部分) (7): 60-62.

宋敬祥, 2010. 典型炼锌过程的大气汞排放特征研究. 北京: 清华大学.

唐德保, 1981. 硫酸软锰矿法净化炼汞尾气中的汞. 有色金属(冶炼部分) (4): 14-16.

唐冠华, 2010. 碘络合-电解法除汞在硫酸生产中的应用. 有色冶金设计与研究, 31(3): 23-24.

王庆伟, 2011. 铅锌冶炼烟气洗涤含汞污酸生物制剂法处理新工艺研究. 长沙: 中南大学.

王亚军, 梁兴印, 秦飞, 等, 2015. 铅冶炼过程铅和汞的流向与分布. 有色金属(冶炼部分) (2): 58-62.

吴清茹, 2015. 中国有色金属冶炼行业汞排放特征及减排潜力研究. 北京: 清华大学.

许波, 2000. 玻利登-诺津克除汞技术及应用. 有色冶金, 29(6): 10-12.

张晓玲, 1992. 铅烟净化处理: 漂白粉净化法. 环境保护(11): 20, 17.

张玉宙, 1987. 铅锌烧结机烟气制酸除汞技术. 硫酸工业(4): 8-11.

AMAP/UNEP, 2013. Technical background report for the global mercury assessment 2013. Arctic Monitoring and Assessment Programme, Oslo, Norway/UNEP Chemicals Branch, Geneva, Switzerland.

BEEBE R A, SUMMERS D B, 1928. Copper sulfate as the deacon chlorine catalyst? Journal of the American Chemical Society, 50(1): 20-24.

CHI G, SHEN B, YU R, et al., 2017. Simultaneous removal of NO and Hg^0 over Ce-Cu modified V_2O_5/TiO_2 based commercial SCR catalysts. Journal of Hazardous Materials, 330: 83-92.

CUI Y, DAI W L, 2016. Support morphology and crystal plane effect of Cu/CeO_2 nanomaterial on the physicochemical and catalytic properties for carbonate hydrogenation. Catalysis Science & Technology, 6: 7752-7762.

DYVIK F, BORVE K, 1987. Method for the purification of gases containing mercury and simultaneous recovery of the mercury in metallic form: 美国, 4640751. 1987-02-03[2020-11-08].

EPIFANI M, ANDREU T, ABDOLLAHZADEH-GHOM S, et al., 2012. Synthesis of ceria-zirconia nanocrystals with improved microstructural homogeneity and oxygen storage capacity by hydrolytic sol-gel process in coordinating environment. Advanced Functional Materials, 22: 2867-2875.

FAN X, LI C, ZENG G, et al., 2012. The effects of Cu/HZSM-5 on combined removal of Hg^0 and NO from flue gas. Fuel Processing Technology, 104: 325-331.

FINE J M, GORDON T, SHEPPARD D, 1987. The roles of pH and ionic species in sulfur dioxide-and sulfite-induced bronchoconstriction 1-3. American Review of Respiratory Disease, 136: 1122-1126.

FORNÉS J P, BISANG J M, 2016. Cathode depassivation using ultrasound for the production of colloidal sulphur by reduction of sulphur dioxide. Electrochimica Acta, 213: 186-193.

GAO Y, ZHANG Z, WU J, et al., 2013. A critical review on the heterogeneous catalytic oxidation of elemental mercury in flue gases. Environmental Science & Technology, 47(19): 10813-10823.

GHORISHI S B, SEDMAN C B, 1998. Low concentration mercury sorption mechanisms and control by calcium-based sorbents: Application in coal-fired processes. Journal of the Air & Waste Management Association, 48: 1191-1198.

GHORISHI S B, KEENEY R M, SERRE S D, et al., 2002. Development of a Cl-impregnated activated carbon for entrained-flow capture of elemental mercury. Environmental Science & Technology, 36: 4454-4459.

GONZÁLEZ-PRIOR J, LÓPEZ-FONSECA R, GUTIÉRREZ-ORTIZ J, et al., 2016. Oxidation of 1, 2-dichloroethane over nanocube-shaped Co_3O_4 catalysts. Applied Catalysis B: Environmental, 199: 384-393.

GOTOSHIA S V, GOTOSHIA L V, 2008. Laser Raman and resonance Raman spectroscopies of natural semiconductor mineral cinnabar, α-HgS, from various mines. Journal of Physics D: Applied Physics 41: 115406.

GUO Z, DU F, LI G, et al., 2006. Synthesis and characterization of single-crystal $Ce(OH)CO_3$ and CeO_2 triangular microplates. Inorganic Chemistry, 45: 4167-4169.

HOLMSTRÖM Å, HEDSTRÖM L, MÅLSNES A, 2012. Gas cleaning technologies in metal smelters with focus on mercury. Sino-Swedish Cooperation on Capacity Building for Mercury Control and Management in China (2012-2013), Beijing.

HSI H C, ROOD M J, ROSTAM-ABADI M, et al., 2001. Effects of sulfur impregnation temperature on the properties and mercury adsorption capacities of activated carbon fibers (ACFs). Environmental Science & Technology, 35: 2785-2791.

HUANG W, GAO Y, 2014. Morphology-dependent surface chemistry and catalysis of CeO_2 nanocrystals. Catalysis Science & Technology, 4: 3772-3784.

KAMATA H, MOURI S, UENO S I, et al., 2007. Mercury oxidation by hydrogen chloride over the CuO based catalyst, studies in surface science and catalysis. Studies in Surface Science and Catalysis, 172: 621-622.

KAMATA H, UENO S I, NAITO T, et al., 2008. Mercury oxidation over the $V_2O_5(WO_3)/TiO_2$ commercial SCR catalyst. Industrial & Engineering Chemistry Research, 47: 8136-8141.

KHAN M A, WANG F, 2009. Mercury-selenium compounds and their toxicological significance: Toward a molecular understanding of the mercury-selenium antagonism. Environmental Toxicology and Chemistry: An International Journal, 28: 1567-1577.

KIM M H, HAM S W, LEE J B, 2010. Oxidation of gaseous elemental mercury by hydrochloric acid over $CuCl_2/TiO_2$-based catalysts in SCR process. Applied Catalysis B: Environmental, 99: 272-278.

KONG L, ZOU S, MEI J, et al., 2018. Outstanding resistance of H_2S-modified Cu/TiO_2 to SO_2 for capturing gaseous Hg^0 from nonferrous metal smelting flue gas: Performance and reaction mechanism. Environmental Science & Technology 52, 10003-10010.

LEE C W, SRIVASTAVA R K, GHORISHI S B, et al., 2006. Pilot-scale study of the effect of selective catalytic reduction catalyst on mercury speciation in Illinois and Powder River Basin coal combustion flue gases. Journal of the Air & Waste Management Association, 56: 643-649.

LI H, WU C Y, LI Y, et al., 2011. CeO_2-TiO_2 catalysts for catalytic oxidation of elemental mercury in low-rank coal combustion flue gas. Environmental Science & Technology, 45: 7394-7400.

LI H, WU C Y, LI Y, et al., 2013a. Impact of SO_2 on elemental mercury oxidation over CeO_2-TiO_2 catalyst. Chemical Engineering Journal, 219: 319-326.

LI X, LIU Z, KIM J, et al., 2013b. Heterogeneous catalytic reaction of elemental mercury vapor over cupric chloride for mercury emissions control. Applied Catalysis B: Environmental, 132: 401-407.

LIU W, WANG W, TANG K, et al., 2016. The promoting influence of nickel species in the controllable synthesis and catalytic properties of nickel-ceria catalysts. Catalysis Science & Technology, 6: 2427-2434.

LIU W, XU H, GUO Y, et al., 2019a. Immobilization of elemental mercury in non-ferrous metal smelting gas using $ZnSe_{1-x}S_x$ nanoparticles. Fuel, 254: 115641.

LIU W, XU H, LIAO Y, et al., 2019b. Recyclable CuS sorbent with large mercury adsorption capacity in the presence of SO_2 from non-ferrous metal smelting flue gas. Fuel, 235: 847-854.

LIU Y, WANG Q, MEI R, et al., 2014. Mercury re-emission in flue gas multipollutants simultaneous absorption system. Environmental Science & Technology, 48: 14025-14030.

LIU Z, LI X, LEE J Y, et al., 2015. Oxidation of elemental mercury vapor over γ-Al_2O_3 supported $CuCl_2$ catalyst for mercury emissions control. Chemical Engineering Journal , 275: 1-7.

LIU Z, PENG B, CHAI L, et al., 2017a. Selective removal of elemental mercury from high-concentration SO_2 flue gas by thiourea solution and investigation of mechanism. Industrial & Engineering Chemistry Research, 56: 4281-4287.

LIU Z, WANG D, PENG B, et al., 2017b. Transport and transformation of mercury during wet flue gas cleaning process of nonferrous metal smelting. Environmental Science and Pollution Research, 24: 22494-22502.

MARTIN L R, DAMSCHEN D E, 1981. Aqueous oxidation of sulfur dioxide by hydrogen peroxide at low pH. Atmospheric Environment, 15(1967): 1615-1621.

MONITORING A, 2013. Technical background report for the global mercury assessment.

OCHOA-GONZÁLEZ R, DÍAZ-SOMOANO M, MARTÍNEZ-TARAZONA M R, 2013. Influence of limestone characteristics on mercury re-emission in WFGD systems. Environmental Science & Technology, 47: 2974-2981.

PACYNA E G, PACYNA J, SUNDSETH K, et al., 2010. Global emission of mercury to the atmosphere from anthropogenic sources in 2005 and projections to 2020. Atmospheric Environment, 44: 2487-2499.

PEREZ-ALONSO M, CASTRO K, MADARIAGA J M, 2006. Investigation of degradation mechanisms by portable Raman spectroscopy and thermodynamic speciation: The wall painting of Santa Maria de Lemoniz (Basque Country, North of Spain). Analytica Chimica Acta, 571: 121-128.

PRESTO A A, GRANITE E J, 2006. Survey of catalysts for oxidation of mercury in flue gas. Environmental Science & Technology, 40: 5601-5609.

PRESTO A A, GRANITE E J, 2008. Noble metal catalysts for mercury oxidation in utility flue gas. Platinum Metals Review, 52: 144-154.

RUMAYOR M, DIAZ-SOMOANO M, LOPEZ-ANTON M A, et al., 2013. Mercury compounds characterization by thermal desorption. Talanta, 114: 318-322.

RUMAYOR M, FERNANDEZ-MIRANDA N, LOPEZ-ANTON M, et al., 2015a. Application of mercury temperature programmed desorption (HgTPD) to ascertain mercury/char interactions. Fuel Processing Technology, 132: 9-14.

SAHOO T R, ARMANDI M, ARLETTI R, et al., 2017. Pure and Fe-doped CeO_2 nanoparticles obtained by microwave assisted combustion synthesis: Physico-chemical properties ruling their catalytic activity towards CO oxidation and soot combustion. Applied Catalysis B: Environmental, 211: 31-45.

SUAREZ NEGREIRA A, WILCOX J, 2013. DFT study of Hg oxidation across vanadia-titania SCR catalyst under flue gas conditions. The Journal of Physical Chemistry C, 117: 1761-1772.

SVENS K, 1985. Outokumpu Mercury Recovery. Metal News, 7: 8-12.

WANG Q, QIN W, CHAI L, et al., 2014. Understanding the formation of colloidal mercury in acidic wastewater with high concentration of chloride ions by electrocapillary curves. Environmental Science and Pollution Research, 21: 3866-3872.

WANG T, LI C, ZHAO L, et al., 2017. The catalytic performance and characterization of ZrO_2 support modification on CuO-CeO_2/TiO_2 catalyst for the simultaneous removal of Hg^0 and NO. Applied Surface Science, 400: 227-237.

WU L, FANG S, GE L, et al., 2015. Facile synthesis of Ag@CeO_2 core-shell plasmonic photocatalysts with enhanced visible-light photocatalytic performance. Journal of Hazardous Materials, 300: 93-103.

WU Q, WANG S, ZHANG L, et al., 2016. Flow analysis of the mercury associated with nonferrous ore concentrates: Implications on mercury emissions and recovery in China. Environmental Science & Technology, 50: 1796-1803.

XU H, QU Z, ZHAO S, et al., 2015. Different crystal-forms of one-dimensional MnO_2 nanomaterials for the catalytic oxidation and adsorption of elemental mercury. Journal of Hazardous Materials, 299: 86-93.

XU H, JIA J, GUO Y, et al., 2018a. Design of 3D MnO_2/Carbon sphere composite for the catalytic oxidation and adsorption of elemental mercury. Journal of Hazardous Materials, 342: 69-76.

XU W, ADEWUYI Y G, LIU Y, et al., 2018b. Removal of elemental mercury from flue gas using CuO_x and CeO_2 modified rice straw chars enhanced by ultrasound. Fuel Processing Technology, 170: 21-31.

YAN N, CHEN W, CHEN J, et al., 2011. Significance of RuO_2 modified SCR catalyst for elemental mercury oxidation in coal-fired flue gas. Environmental Science & Technology, 45: 5725-5730.

YIN R, FENG X, LI Z, et al., 2012. Metallogeny and environmental impact of Hg in Zn deposits in China. Applied Geochemistry, 27: 151-160.

ZENG H, JIN F, GUO J, 2004. Removal of elemental mercury from coal combustion flue gas by chloride-impregnated activated carbon. Fuel, 83: 143-146.

ZHANG L, YANG S, LAI Y, et al., 2020. In-situ synthesis of monodispersed Cu_xO heterostructure on porous carbon monolith for exceptional removal of gaseous Hg^0. Applied Catalysis B: Environmental, 265: 118556.

ZHAO L, LI C, LI S, et al., 2016. Simultaneous removal of elemental mercury and NO in simulated flue gas over V_2O_5/ZrO_2-CeO_2 catalyst. Applied Catalysis B: Environmental, 198: 420-430.

索　引